普通高等教育人工智能系列教

机器学习与人工智能

张举华　编著

科学出版社
北　京

内 容 简 介

本书涵盖了与人工智能相关的机器学习核心方法，包括深度卷积神经网络、循环神经网络、生成对抗网络、蒙特卡罗树搜索、强化学习。本书也包括一些应用非常广泛的机器学习方法，例如，支持向量机、决策树和随机森林、隐马尔可夫模型、聚类与自组织映射。本书还包含一些重要的大数据分析方法，如主成分分析、回归分析等。

本书可用作高年级本科生和研究生机器学习与人工智能类课程的教材或参考书，也可供相关专业科研人员参考。

图书在版编目(CIP)数据

机器学习与人工智能/张举华编著. —北京：科学出版社, 2020.6
(普通高等教育人工智能系列教材)
ISBN 978-7-03-064956-0

I. ①机… II. ①张… III. ①机器学习-高等学校-教材 ②人工智能-高等学校-教材 IV. ①TP18

中国版本图书馆 CIP 数据核字(2020) 第 069229 号

责任编辑：于海云 / 责任校对：郭瑞芝
责任印制：赵　博 / 封面设计：迷底书装

科学出版社 出版
北京东黄城根北街 16 号
邮政编码：100717
http://www.sciencep.com
北京富资园科技发展有限公司印刷
科学出版社发行　各地新华书店经销
*
2020 年 6 月第 一 版　开本：787×1092　1/16
2024 年 8 月第六次印刷　印张：14 1/4
字数：330 000

定价：59.00 元
(如有印装质量问题，我社负责调换)

前　言

人工智能作为一门学科始于 20 世纪 50 年代，最近 15 年以来，其主要的进步来自深度学习。近几年，机器学习开源平台与计算机强大计算能力的结合极大地促进了深度学习在许多科技和工程领域的应用。不同于经典的理论和方法，人工智能还处在幼年期，人类对它的未来寄予深切期望。

本书的主要内容是在作者授课讲义的基础上扩展而成的。编写过程中作者参考了新近发表的文章，也参照了一些已经出版的著作，这些文章和著作列在了书后参考文献中。

全书由 15 章构成。第 1 章是一篇人工智能的极简史，虽然参与其发展的重要人物没能一一列出，但还是希望该章能呈现出一个主要发展脉络。第 2 章是后面多个章节的基础。基础并不意味着简单，只是表明其重要。第 3 章包括线性回归和 Logistic 回归。支持向量机是一个非常优秀的分类器，呈现在第 4 章。聚类是重要的数据挖掘方法，自组织映射占据了第 5 章大部分篇幅。隐马尔可夫模型曾经是语音识别的重要算法，也是生物序列分析的里程碑式算法，放在了第 6 章。随机森林是最流行的机器学习方法之一，决策树学习、自举集聚法和随机森林共同构成第 7 章。第 8 章介绍在不完全信息博弈中得到广泛应用的蒙特卡罗树搜索方法。第 9 章 ~ 第 12 章是深度学习：第 9 章主要阐述深度卷积神经网络的理论，重点放在代价的反向传播和参数的更新上；第 10 章重点介绍几个重要的深度卷积神经网络的架构，给出深度卷积神经网络在图像分割、DNA 序列分析方面的应用案例；第 11 章是循环神经网络，重点是长短期记忆网络，作为其应用案例，我们会看到计算机怎样学习写医学影像诊断报告；第 12 章是生成对抗网络。最后 3 章是强化学习：第 13 章是状态转移模型完全已知条件下的强化学习；第 14 章是无完整模型的强化学习；第 15 章介绍深度学习与强化学习结合产生的深度 Q 网络。附录给出了深度卷积神经网络方面的 PyTorch 源代码供读者参考。

本书的出版得到了教育部教育教学改革专项和北京理工大学教材建设项目支持，在此表示感谢。还要感谢科学出版社毛莹女士和刘博先生对本书的出版给予的帮助。

本书可用作高年级本科生和研究生机器学习与人工智能类课程的教材或参考书，也可供相关专业科研人员参考。

受作者水平所限，本书的不足之处在所难免，恳请读者批评和指正。

张举华

jhzhang@bit.edu.cn

2019 年 12 月于北京

数 学 符 号

Ω	样本空间
$P(A\|B)$	将事件 B 发生的条件下，事件 A 发生的概率
$P(A,B)$	事件 A 和事件 B 的联合概率
$\mathbb{E}$	期望算子
$\mathrm{var}(X)$	一维随机变量 X 的方差
$\mathrm{cov}(X,Y)$	随机变量 X 和随机变量 Y 的协方差
$\prod_{i=1}^{n}$	连乘
x, w	小写字母表示标量
$\boldsymbol{x}$	小写黑体字母表示向量
$\boldsymbol{F}$	大写黑体字母表示矩阵或二阶及其二阶以上的张量
$\boldsymbol{w}, \boldsymbol{W}$	权值向量，权值张量
$\boldsymbol{X}$	多维随机变量或二阶及以上的张量
$\boldsymbol{I}$	单位矩阵或单位张量
$\log, \ln$	没有指定底的对数, 以 e 为底的对数
$D_{\mathrm{KL}}(p\\|q)$	KL 散度（Kullback-Leibler divergence）
$D_{\mathrm{JS}}(p\\|q)$	JS 散度（Jensen-Shannon divergence）
$\boldsymbol{X}^{\mathrm{T}}$	矩阵 $\boldsymbol{X}$ 的转置
$\boldsymbol{x}^{\mathrm{T}}$	向量 $\boldsymbol{x}$ 的转置
$\boldsymbol{w}\cdot\boldsymbol{x}$ 或 $\boldsymbol{w}^{\mathrm{T}}\boldsymbol{x}$	向量 $\boldsymbol{w}$ 和向量 $\boldsymbol{x}$ 的内积
$\boldsymbol{R}$	相关矩阵
y_i	带一个下标 i 的标量
y_{ij}	带两个下标 i 和 j 的标量
$\hat{y}_i$	y_i 的估计值
∇	梯度算子
$\nabla_{\boldsymbol{\theta}} z$	z 对参数 θ 的梯度
w^t	第 t 迭代步 w 的值
$q*$	q 的最优值
α_i	第 i 个拉格朗日乘子
z	代价或损失
$\\|\boldsymbol{w}\\|$	$\boldsymbol{w}$ 的范数
$\mathcal{L}$	拉格朗日函数或对数似然函数
$K(x,z)$	核函数
$\mathbb{R}^n$	n 维实空间

$G=(V,E)$	由集合 V 和集合 E 共同组成的图
T	树
I_G	基尼不纯度
$\boldsymbol{X}^{l+1}$	深度卷积神经网络中第 l 隐层输出的特征张量
η	学习率
$\boldsymbol{W}^l$	深度卷积神经网络中第 l 层卷积权值张量
P^l,Q^l,D^l	深度卷积神经网络中第 l 层单个特征图的尺寸和通道数
$\otimes$	克罗内克积，也表示点位乘积，二者不同
$\phi(\cdot)$	映射函数
$\lfloor x \rfloor$	实数 x 向下取整
$\lceil x \rceil$	实数 x 向上取整
i^l,j^l,d^l	定位卷积神经网络中第 l 层特征中的一个元素
$\mathrm{vec}(\boldsymbol{X})$	将张量 $\boldsymbol{X}$ 向量化
$\underset{w}{\operatorname{argmin}} f(w)$	返回使函数 $f(w)$ 取最小值的 w
$\underset{w}{\operatorname{argmax}} f(w)$	返回使函数 $f(w)$ 取最大值的 w
$A\bigcap B$	A 和 B 的交集
$A\bigcup B$	A 和 B 的并集
exp	以自然常数 e 为底的指数函数
$\boldsymbol{h}^t$	循环神经网络 t 时序处的状态
$\boldsymbol{z}\sim p_{\boldsymbol{z}}(\boldsymbol{z})$	依照分布采样
J^G	生成网络的代价函数
J^D	判别网络的代价函数
$p_g(\boldsymbol{x})$	生成器通过学习获得的概率分布
a	智能体采取的行动
s	环境状态
$\pi(a\|s)$	在状态 s 下执行行动集合 $\mathcal{A}$ 中任意行动 a 的概率
$\pi(s)$	状态 s 的确定性策略
γ	折现因子
R_t	t 时刻获得的即时奖赏
G_t	t 时刻获得的回报
$\boldsymbol{v}_{\pi}(\boldsymbol{s})$	状态值函数，即从状态 s 出发且遵从策略 π 所期望得到的回报
$\mathcal{S}$	状态集合
$\boldsymbol{P}$	转移概率矩阵
$\mathcal{A}$	行动集合
$p(r\|s,a)$	环境处于状态 s，智能体采取行动 a 时环境返回奖赏为 r 的概率
$P^a_{s's}$	智能体采取行动 a 后状态由 s 转移到 s' 的条件概率
$q_{\pi}(s,a)$	行动值函数，即从状态 s 出发，采取行动 a，随后遵从策略 π，所期望得到的回报

$p(s',r\|s,a)$	环境处于状态 s，智能体采取行动 a，环境状态由 s 转移到 s'，同时返回奖赏 r 的概率
$P_{ss'}^{\pi}$	在执行策略 π 的情况下，状态从 s 转移到 s' 的概率
R_s^{π}	在执行策略 π 的情况下，从状态 s 出发期望得到的奖赏
π^*	最优策略
$\mathrm{v}^*(s)$	最优状态值函数
R_s^a	状态 $S_t=s$ 时，智能体采取行动 a 后，即时奖赏的期望
$Q(S_t,A_t)$	行动值函数的估计值
$\boldsymbol{A}^{-1}$	矩阵 $\boldsymbol{A}$ 的逆矩阵

目　录

第1章 导　　言

1.1 机器学习的概念

机器学习起源于统计学习，适用于那些拥有大量数据但相应理论很不完善的领域。机器学习可以灵活构建由大量参数刻画的模型，由机器自动处理数据，使信息提取过程尽可能地实现自动化。机器学习的灵感来自于生物大脑的学习能力，因此，使用了一个特殊的词汇"学习"来刻画模型拟合过程。高通量数据采集技术、超大容量的数据储存能力、互联网和处理复杂模型的计算能力共同促进了机器学习方法的发展。机器学习是一门关于计算机针对特定的任务，根据"训练数据"学习预测或决策模型方面的学科。机器学习中的机器指的是计算机，而不是任何别的机器设备，学习过程就是模型的训练过程，也就是确定预测或决策模型参数的过程。学习预测或决策模型过程中有两个核心要素：模型和算法。机器学习中，模型可以是但不限于数学公式，例如，在卷积神经网络中，模型是一个图，由神经元以及神经元之间的连接构成；算法就是训练模型中的参数、逐步改善模型预测或决策性能的方法。

1959 年，计算机游戏和人工智能领域的开拓者亚瑟·塞缪尔（Arthur Samuel）提出了机器学习这个名字。汤姆·米切尔（Tom M. Mitchell）在机器学习领域提供了一个被广泛引用的、更正式的算法定义："针对某类任务 T 和性能测量 P，如果在任务 T 中通过 P 测得的一个计算机程序的性能随经验 E 而得到改善，该计算机程序就被认为从经验 E 中学习。"这个定义将侧重点放在机器通过学习提高完成任务的能力，而不是放在认知层面。这个定义继承了艾伦·图灵的建议。图灵在他的论文《计算机器和智能》中提出用"作为可以思考的人能做到的事机器也能做到吗？"取代"机器可以思考吗？"。

1.2 机器学习的类别

按照训练模型的算法、输入数据的类型、需要完成的任务或需要解决的问题，我们可以将机器学习分成有监督学习（supervised learning）、半监督学习（semi-supervised learning）、无监督学习（unsupervised learning）、强化学习（reinforcement learning）四个大类。

有监督学习中，训练模型时所采用的数据包含了模型的正确输出项。这个正确的输出项常常称作数据标签（label），其在模型训练过程中扮演监督者角色。例如，让一个儿童认识一棵银杏树，我们把他带到银杏树前，不仅仅是孩子观察这棵树，在大脑里提取这棵树的特征，而且我们还告诉他这棵树叫作银杏。孩子的大脑对银杏树建立模型时，外界有两种输入，一种是树本身，一种是树的名称。当孩子在另一个地方见到同样种类的树时，你问他这是什么树，他会告诉你这是银杏树。在这里，孩子建模的数据包含正确的输出项，即银杏树。这个正确的输出项也叫作标签，在建模时扮演了监督者的角色。分类算法和回归算法是典型的有监督学习。当输出被限定在有限数值的集合时，我们采用分类算法；回归问题中，输出在一定的范围内连续取值，不限定输出值的个数，原则上这样的输出值有无限多个。所谓半监督学习，就是训练模型的数据中只有部分数据含有正确的输出项。

顾名思义，无监督学习中，训练数学模型的输入数据中不包含输出项，也就是每一条输入数据都不带输出标签。无监督学习中不存在对反馈的响应，主要目的是识别输入数据间的共性，揭示数据的结构，发现数据中存在的特定模式。人以群聚、物以类分，聚类就是典型的无监督学习方法。一个大的数据集在空间形成一个个子集，子集内任意两个对象间的相似性都要大于子集间任意两个数据的相似性，正确找出这些子集的方法叫作聚类。不同的聚类技术对数据的结构有不同的假设，对于数据间的相似性有各自的定义和度量方法。例如，如果只考虑数据在 n 维欧几里得空间中的分布，就可以用数据间的欧几里得距离定义它们之间的相似性；而比较两个集合之间的相似性时，可以采用 Dice 系数，即先将两个集合的交集中元素个数乘以 2，再除以两个集合各自元素个数之和。

强化学习关注一个软智能体在环境中采取什么样的行动以获得最大累积回报。由于它关注问题的普遍性，强化学习被应用到许多领域，例如，博弈论、控制理论、信息理论、模拟优化、多智能体系统、群体智能、统计与遗传算法等领域。强化学习中，环境通常表示为马尔可夫决策过程（Markov decision process，MDP）。许多强化学习算法采用动态规划（dynamic programming）技术。强化学习不强求马尔可夫决策过程精确的数学模型方面的知识，被用于精确的数学模型难以获得的场合。当前，强化学习的实际应用包括汽车的自动驾驶、以人类为对手的各种游戏等。

强化学习中智能体需要清楚将要采取的行动。智能体可以先做出一个看起来合理的行动，然后观察周围世界（环境）会有怎样的反应，这是一种探索行动序列的方式。就像棋盘游戏一样，智能体可以根据对手的行动做出决策。最后，在整个一系列的行动之后，智能体得到了一些反馈信号。强化学习的思想是，在智能体得到反馈信号的同时能将信用或责任分配到所采取的所有行动，当所处的行动状态非常宽泛时采用强化学习就会面临一些挑战。

1.3　机器学习和其他领域的关系

我们有时候难以将机器学习和数据挖掘区分开来。机器学习和数据挖掘之间常常采用相同的方法，两者之间存在许多重叠，但是机器学习聚焦于建立预测模型，这些模型建立在训练数据已知特征的基础上；而数据挖掘侧重于发现数据中的未知模式，重点在于知识的发现。数据挖掘采用大量的机器学习方法，但是和机器学习的目标不一样；另外，机器学习采用大量的数据挖掘方法作为无监督学习或数据预处理步骤，以改善学习的准确度。即使是机器学习和数据挖掘的研究人员，也很容易将二者混在一起。其实，要将二者区分开来并不是非常难，机器学习是从已有知识中学习模型，用重现已有知识的能力来评价其性能的优劣；而数据挖掘的主要任务是从数据中发现未知知识。机器学习可以是有监督的，也可以是无监督的；但是，数据挖掘只能是无监督的，因为其任务就是从数据中发现知识，知识是监督者，但是它隐藏在要挖掘的数据中，挖掘前它是未知的。

机器学习和最优化联系紧密，许多学习问题在算法上都会归结到在样本组成的训练集上某种形式的代价函数（cost function）的最小化。代价函数表征学习好的模型的预测值和真实值之间的差异。例如，分类问题中，模型预测的分类结果和数据真实类别的差异。但是机器学习和最优化的目标不同：机器学习关注模型的泛化能力，也就是模型的预测能力，目标在于预测准确性；而最优化的目标是在训练集上获得代价函数的最小值。

无论在方法原理上还是理论工具上，机器学习的早期发展都和统计有着千丝万缕的联系，统计中的算法模型或多或少意味着像随机森林这样的机器学习算法。一个应用非常广泛的机器学习算法——支持向量机，就是起源于统计学习理论，最初由 B. E. Boser 等在 1992 年的一次计算学习理论的年会上引入。

1.4 人工智能的发展历程

人工智能，有时候也称为机器智能，是由机器展现的智能，不同于由人或其他动物表现出的自然智能。通俗地说，人工智能就是模仿人类的智能，如模仿人类学习和解决问题。在计算机科学中，将人工智能研究定义为对“智能体”的研究。智能体就是能够感知所处环境、最大化成功地完成任务的概率并采取相应行动的任何设备。当前，成功地理解人类语言、高水平的策略游戏、自动驾驶汽车、内容分发网络中的智慧路由、军事仿真等都被认为是人工智能。传统的人工智能问题包括推理、知识表征、规划、学习、自然语言的处理、感知等。很多方法和工具在人工智能中得到广泛应用，如搜索和数学优化、深度卷积神经网络、以统计和概率为基础的方法。推动人工智能发展的领域包罗万象，计算机科学、信息工程、数学、心理学、语言学、哲学和其他许许多多的领域都在促进人工智能的发展。真正的人工智能应该能像人一样，会学习，懂得从失败中总结经验。

人工智能领域主要有符号主义、连接主义和行为主义三个流派。符号主义认为人工智能源于数理逻辑，其对人工智能的代表性贡献是专家系统的成功开发与应用；连接主义受神经生物学启发，其代表性的贡献是提出了人工神经网络及其训练方法；行为主义认为人工智能源于控制论，研究工作的重点是模拟人在控制过程中的智能行为，各种智能机器人是其代表作。

1950 年，艾伦 • 图灵提出了现在以他名字命名的图灵测试：如果一台机器能够与人类开展对话，且人类辨别不出它的机器身份，那么这台机器就具有智能。1951 年，年仅 24 岁的马文 • 明斯基（Marvin Minskey）建造了世界上第一台神经网络计算机。

1956 年是人工智能学术研究的起始年。这一年，来自麻省理工学院的马文 • 明斯基、约翰 • 麦卡锡（John McCarthy），来自卡内基 • 梅隆大学的艾伦 • 纽厄尔（Allen Newell）、赫伯特 • 西蒙（Herbert Simon），来自国际商用机器公司（IBM）的亚瑟 • 塞缪尔（Arthur Samuel）在达特茅斯学院举办了一个研讨会，会上约翰 • 麦卡锡提出了“人工智能”一词。这次会议标志着人工智能正式诞生。会后不久，马文 • 明斯基和约翰 • 麦卡锡两人共同创建了世界上第一个人工智能实验室 —— 麻省理工学院人工智能实验室。达特茅斯学院会议的发起人和他们的学生迅速推动了人工智能的学术发展。1954 年，计算机开始学下西洋跳棋，到 1959 年，计算机在下西洋跳棋方面超越人类平均水平。达特茅斯会议后的十余年里，计算机被用来解决代数、证明逻辑定理、说英语等问题。我国数学家吴文俊等人对几何定理的机器证明做出过重大贡献。

20 世纪 60 年代中期，美国国防部投入大量财力开展人工智能研究，人工智能实验室也在世界各地建立起来。人工智能的创始人对未来满怀憧憬，赫伯特·西蒙预测“20 年内，人能做到的任何事机器也能做到”；马文·明斯基也怀抱同样的想法，认为“在一代人的时间内，创造人工智能的问题将被逐步解决”。随着人工智能的发展，人们将要面对以下困难：计算机性能不足、要解决问题的复杂度大幅提升、训练机器的数据严重不足。到 1974 年，人工智能前进的步伐不再铿锵有力，研究进展缓慢。社会舆论的压力、和政府部门合作计划的失败，导致美国和英国政府砍掉了人工智能方面的研究经费。随后的几年，人工智能迈进“寒冬”。

20 世纪 80 年代早期，专家系统在商业方面取得成功，从而复活了人工智能方面的研究。专家系统属于某种形式的人工智能程序，模拟人类专家的知识和技能。到 1985 年，人工智能的市场规模超过了 10 亿美元。日本第五代通用计算机计划激发美国和英国政府重启人工智能方面的研究。然而，由于 1987 年 Lisp 机器销售市场崩溃，人工智能再次陷落，开始了比第一次时间更长的“冬眠”。

20 世纪 90 年代晚期到 21 世纪初，新生的人工智能具有更加强大的力量，被广泛用于物流、数据挖掘、医疗诊断以及其他领域。多方面的因素促进了新世纪人工智能的成功，主要包括：由摩尔定律描述的强大计算能力提升，更加强调解决实际问题，人工智能和统计学、数学、经济之间的连接，研究者对数学方法和科学标准的献身精神。20 世纪 90 年代出现了人工智能方面的一个标志性事件，就是 1997 年 5 月 11 日，“深蓝”第一次击败人类国际象棋冠军卡斯帕罗夫，再一次在社会公众领域广泛地引发了人们对人工智能的兴趣。

21 世纪第二个十年注定是人工智能的爆发年。2011 年，在一场“危险边缘（Jeopardy）”节目中，IBM 的问题回答系统，Watson 以大比分击败两个人类冠军。更快的计算机、算法的完善、对大数据的访问促进了机器学习的进步；2012 年以来，深度学习极大地提高了模型的预测准确度。2016 年 3 月，AlphaGo 以四比一的比分击败人类一流围棋手李世石、2017 年三比零的比分击败围棋世界冠军柯洁，引发了人类社会对人工智能的现象级关注。

非常有意思的是，人工智能始于神经网络，最近十多年来人工智能的爆发也源自人工神经网络。但是此神经网络远非从前的神经网络可比。由于隐层多于一层时，误差（模型输出和真实数据之间差异的度量）不能有效地反向传播到底层，网络参数得不到有效的训练，且容易出现过拟合，老的神经网络在人工智能的第二个漫长的冬天来临时就已经奄奄一息。2006 年公开发表的几篇论文表明，老的人工神经网络已经发生了蜕变，进化成为深度卷积神经网络，从而开启了人工智能的深度学习时代。新的网络结构即使多达数百个隐层也可以得到有效的训练，避免在误差反向传播时出现梯度的消失。

深度学习得益于杰弗里·韩丁（Geoffrey Hinton）、杨立昆、约书亚·本吉奥（Yashua Bengio）等人开创性的工作。十多年来，人工智能研究领域的主要进展来自深度学习。深度学习擅长于在高维数据中发现复杂结构，因而被应用于科学、商业和政府的许多领域。深度学习极大地推进了机器对自然语言的理解，深度学习通过多处理层组成的计算模型学习数据的多层抽象表征。在语音识别、可视对象识别、目标探测，以及药物发现与基因组学等领域，深度学习体现出了它的先进性。通过反向传播算法，深度学习在大数据中发现错综复杂的结构，指示机器应该怎样调整它的内部参数。表征学习是一套给机器注入原始数据，机器自动发现分类所需要的表征的方法。深度学习是拥有多层结构的表征学习方法。从输入层开始，通过构建简单的非线性模块将低层表征转换为较高层的表征。较高层次的表征比较低层次的表征更加抽象。经过足够的变换，可以学习非常复杂的性质。

21 世纪第二个十年，尤其是近五年，深度学习和强化学习的结合诞生了深度强化学习。强化学习理论研究智能体如何优化它们对环境的控制。为了使强化学习成功地触及复杂的真实世界，智能体面临一个艰巨的任务：它们必须从高维输入中获取环境的有效表征，并利用这些表征将过去的经验推广到新的情景。虽然传统的强化学习已经在很多领域获得了成功，但是它的应用局限于环境的表征易于手工提取的领域，或者局限于能够被充分观察的低维状态空间。深度学习在高维传感输入和行动决策之间架起了桥梁。具有强大环境表征能力的深度学习和具有优秀决策能力的强化学习的结合为复杂系统的感知决策问题提供了端对端解决方案，并在人工智能领域取得了非凡的成就。

2015 年以来，优秀的开源平台，如 Theano、Caffe、TensorFlow、PyTorch、Keras、MXNet 等，极大地加速了深度学习在科学和工程领域的应用。借助这些开源平台的软件包，即使是初学者，面对专业任务，也可以通过 Python 语言搭建出性能优异的深度卷积神经网络，训练出满意的模型。

尽管人工智能在语音识别、自然语言的识别、图像的分类和分割、快速搜索、和人类对决的决策类游戏诸方面取得了令人类叹为观止的成就，但这些成绩主要来自对数据的深度学习，这里的深度指的是神经网络的隐层数。和人类的智能相比，当下的人工智能具有从大数据中学习特征的能力，但是它不具备人类根据常识进行快速逻辑推理的能力，不能洞察事件之间的微妙因果关系，而这些能力正是组成智能的关键。十几年来，人工智能的主要进步来自深度学习，而深度学习在学术上的发展已达极致，在工程和医学上的应用也已全面展开，我们正行进在通往深度学习极限的道路上，快速接近终点。当深度学习退潮后，人工智能会再次进入冬天吗？人工智能或许会有更长的冬眠，但一旦苏醒，必将超越。

1.5 机器学习和人工智能的关系

1959 年，计算机游戏和人工智能领域的开创者亚瑟·塞缪尔发明了“机器学习”这个词条。今天，机器学习的成长已经超出人工智能的范畴。在人工智能的学术起步阶段，一些研究者的兴趣点放在从数据中学习方面。为了接近问题，他们发明各种方法，包括“神经网络”。这些方法中的大多数属于感知机，后来发现它们是统计意义上的广义线性模型的重塑。

基于知识的方法的发展导致了人工智能和机器学习之间的裂隙，数据获取和表征方面的理论与实际问题让概率系统深受鼓舞。然而，到 1980 年，统计学习失宠，专家系统在人工智能中占据主导地位。虽然基于符号/知识的工作还存在于人工智能中，出现了归纳逻辑编程，但是统计已经完全脱离了人工智能领域。差不多在同一时间，人工智能和计算机科学放弃了对神经网络的研究。在人工智能领域之外，神经网络以“连接主义”继续存在着，主要研究者有约翰·霍普菲尔德（John Hopfield）、大卫·鲁姆哈特（David E. Rumelhart）、杰弗里·韩丁，20 世纪 80 年代中期，这些坚持下来的人最重要的研究成果是提出了反向传播算法。

机器学习的兴旺始于 20 世纪 90 年代，开始作为一个独立的领域发展。其研究目标也从最初的成就人工智能转变为处理科学和工程中它可以解决的问题。它的研究重点不再是从人工智能那里继承的符号化方法，而是注重从统计和概率理论中借鉴方法与模型。机器学习也受益于日益增加的数字化信息和通过互联网发布这些信息的能力。

最近十多年来，人工智能的大多数进展来自于深度学习。深度学习中的关键技术是深度神经网络，它脱胎于人工神经网络，带有强烈的联结主义色彩，其本质就是机器学习，也就是说，最近几年来，人工智能在学术上取得进步的动力来自机器学习，因为深度学习是机器学习的一个分支。1980 年，人工智能绕了一个弯，脱离机器学习，进入专家系统；机器学习以解决实际问题为目标，发展出了支持向量机、深度卷积神经网络等优秀的算法；30 年后，专家系统被搁置，计算机通过深度学习自动提取来自环境的数据的特征、制定策略、采取行动，就像大家在 AlphaZero 中看到的那样，计算机不需要人类数百年来总结出来的围棋定式。

本书面向大数据对人工智能的需求，书中的内容没有体现符号主义对人工智能的贡献。我们期待三个流派思想的融合将人工智能推向一个崭新的维度，以实现人类的新梦想。也期盼人工智能在我国大放异彩，为实现中华民族伟大复兴的中国梦贡献力量。

思考与练习

1. 对于监督学习和无监督学习，二者输入的数据有什么区别？
2. 你想象中的人工智能应该是什么样的？规划一下怎样实现你想象中的人工智能。

第 2 章　机器学习基础

机器学习是一门关于计算机针对特定的任务，根据数据学习预测或决策模型方面的学科。机器学习算法纷呈、前沿活跃、应用范围广阔。本章内容不仅包含后面各章节或几个章节具有共性的非常重要的基础知识，如贝叶斯定理、凸函数、熵和散度、过拟合和欠拟合、交叉验证、二分类模型的评价、随机梯度下降等，也包含部分数据处理的经典方法，如主成分分析等。

2.1　概率和统计基础

2.1.1　概率

在一定条件下可能出现，也可能不出现的现象称为随机现象。为观察随机现象而进行的试验（观察）称作随机试验（观察）。随机试验（观察）的每一个结果叫作样本点，样本空间 Ω 是全部样本点的集合。随机事件是样本空间的子集。当且仅当该子集中的某个元素（即样本点）在试验（观察）中出现时，此事件发生。

概率的概念起源于频率，是随机事件无限重复时频率的极限值，这样的概率被称为频率派概率。如果天气预报说明天的降水概率是百分之六十，这个概率涉及的是明天下雨确定性的水平，是明天下雨不确定性的一种度量，这样的概率称为贝叶斯概率。在本书中，我们将贝叶斯概率和频率派概率视作等同，定义如下。

对样本空间 Ω 中的每一个事件 A 都赋予具有以下三条基本性质的实数 $P(A)$：

$$(1)\ 0 \leqslant P(A) \leqslant 1 \tag{2.1}$$

$$(2)\ \sum_{A} P(A) = 1 \tag{2.2}$$

对于 Ω 中任意一组两两互斥（不可能同时发生）的事件 $A_1, A_2, \cdots, A_n$，有

$$(3)\ P\left(\bigcup_{i=1}^{\infty} A_i\right) = \sum_{i=1}^{\infty} P(A_i) \tag{2.3}$$

则称 $P(A)$ 为事件 A 的概率。

将事件 B 发生的条件下，事件 A 发生的概率称作条件概率，记作 $P(A|B)$，以区别于无条件概率 $P(A)$。

事件 A 和事件 B 同时发生的概率称为联合概率，记为 $P(A, B)$。显然，联合概率是对称的，$P(A, B) = P(B, A) = P(A) + P(B) - P(A \bigcup B)$。任何一组事件的联合概率都可以采用链式法则进行分解，例如：

$$P(A, B, C) = P(A|B, C)P(B, C) = P(A|B, C)P(B|C)P(C) \tag{2.4}$$

将式 (2.4) 推广到一般情形，对于事件 $X_1, \cdots, X_n$，联合概率为

$$P(X_1, \cdots, X_n) = P(X_1)\prod_{i=2}^{n} P(X_i|X_1, \cdots, X_{i-1}) \tag{2.5}$$

A、B 两个事件是独立的，当且仅当它们的联合概率满足：

$$P(A, B) = P(A)P(B) \tag{2.6}$$

如果 A、B 两个事件是独立的，这将自然导出：

$$P(A|B) = P(A) \text{ 以及 } P(B|A) = P(B) \tag{2.7}$$

当我们知道了一组变量的联合概率时，或许还想计算这组变量的某个子集的概率。这种定义在子集上的概率称作边缘概率（marginal probability）。对于随机事件 A 和事件 B，直接由求和法则得到边缘概率：

$$P(A) = \sum_{B} P(A, B) \tag{2.8}$$

2.1.2　随机变量

为了定量描述随机事件，定义一个随机变量。随机变量是样本空间到实数空间的映射，是随机事件的数量化。一维随机变量 X 是样本空间 Ω 到实数域 $\mathbb{R}$ 的映射，n 维随机变量 $\boldsymbol{X} = \{X_1, \cdots, X_n\}$ 是样本空间 Ω 到实数域 $\mathbb{R}^n$ 的映射。显然随机变量的取值是随机的，其取值空间称作状态空间，该空间可以是离散的，也可以是连续的。本章中，我们将随机变量用大写字母表示，随机变量的值用小写字母表示。例如，$X = x$ 表示随机变量 X 取值 x。

对于一维随机变量，定义一个函数 $F(x) = P(X \leqslant x)$，称其为累积分布函数。显然 $F(x)$ 是一个单调非降函数，且 $F(-\infty) = 0$，$F(\infty) = 1$。如果 X 是连续随机变量，且 $F(x)$ 是可导函数，则 $g(x)$ 的期望定义为

$$\mathbb{E}[g(x)] = \int g(x)\mathrm{d}F(x) = \int g(x)f(x)\mathrm{d}x \tag{2.9}$$

式中，$f(x) = \dfrac{\mathrm{d}F(x)}{\mathrm{d}x}$ 是随机变量 X 的概率密度函数。

如果 $X = \{x_1, x_2, \cdots\}$ 是取值可数离散随机变量，且

$$F(x) = \sum_{i} p_i H(x - x_i), \quad H(x - x_i) = \begin{cases} 0, \ x < x_i \\ 1, \ x > x_i \end{cases} \tag{2.10}$$

则 $\mathrm{d}F(x) = \sum\limits_{i} p_i \delta(x - x_i)\mathrm{d}x$，其中，$H(x)$ 是阶跃函数，$\delta(x)$ 是狄拉克 δ 函数。$g(x)$ 的期望为

$$\mathbb{E}[g(x)] = \int g(x)\mathrm{d}F(x) = \sum_{i}\int g(x)p_i\delta(x - x_i)\mathrm{d}x = \sum_{i} p_i g(x_i) \tag{2.11}$$

对于 n 维随机变量 $\boldsymbol{X} = \{X_1, \cdots, X_n\}$，其累积分布函数 $F(\boldsymbol{x}) = P(\bigcap_{i=1}^{n}\{X_i \leqslant x_i\})$，$\boldsymbol{x} \in \mathbb{R}^n$。如果 $\boldsymbol{X}$ 是连续随机变量，且 $F(\boldsymbol{x})$ 是可导函数，则函数 $g(\boldsymbol{x})$ 的期望定义为

$$\mathbb{E}[g(\boldsymbol{x})] = \int g(\boldsymbol{x})\mathrm{d}F(\boldsymbol{x}) = \int g(\boldsymbol{x})f(\boldsymbol{x})\mathrm{d}\boldsymbol{x} = \int g(\boldsymbol{x})f(\boldsymbol{x})\mathrm{d}x_1\cdots\mathrm{d}x_n \tag{2.12}$$

式中，$f(\boldsymbol{x})=f(x_1,\cdots,x_n)=\dfrac{\mathrm{d}F(\boldsymbol{x})}{\mathrm{d}\boldsymbol{x}}=\dfrac{\partial F(x_1,\cdots,x_n)}{\partial x_1,\cdots,\partial x_n}$。

随机变量 X 的均值 $\bar{X}$ 定义为 X 的期望。对于连续随机变量 $\bar{X}=\mathbb{E}(X)=\int xf(x)\mathrm{d}x$，对于离散随机变量，$\bar{X}=\sum_i p_i x_i$。方差是 $(X-\bar{X})^2$ 的期望，也就是

$$\mathrm{var}(X)=\mathbb{E}[(X-\bar{X})^2]=\mathbb{E}(X^2-2X\bar{X}+\bar{X}^2)=\mathbb{E}(X^2)-\mathbb{E}(X)^2 \tag{2.13}$$

随机变量 X 的波动范围由标准差表征，标准差（又名均方差）σ_x 是方差 $\mathrm{var}(X)$ 的算术平方根，即

$$\sigma_x=\sqrt{\mathrm{var}(X)} \tag{2.14}$$

在研究某个问题时，被研究对象的全体称为总体，组成总体的每一个对象称为个体，从总体中抽取的一部分个体称为总体的一个样本，样本中个体的数量称为样本的容量。一个容量为 n 的样本可看作一个 n 维随机变量 $\boldsymbol{X}=\{X_1,\cdots,X_n\}$，记 x_i 为 X_i 的观察值，$\boldsymbol{X}$ 所有可能的取值构成样本空间 Ω。样本的均值定义为

$$\hat{\mu}=\frac{1}{n}\sum_{i=1}^{n}x_i \tag{2.15}$$

样本的方差定义为

$$\hat{\sigma}^2=\frac{1}{n}\sum_{i=1}^{n}(x_i-\hat{\mu})^2 \tag{2.16}$$

样本的标准差定义为

$$\hat{\sigma}=\sqrt{\frac{1}{n}\sum_{i=1}^{n}(x_i-\hat{\mu})^2} \tag{2.17}$$

2.1.3　线性相关

对于两个随机变量 X 和 Y，构建一个变量 $Z=(X-\mathbb{E}(X))(Y-\mathbb{E}(Y))$，变量 Z 的期望 $\mathbb{E}(Z)$ 称为变量 X 和变量 Y 的协方差，记为 $\mathrm{Cov}(X,Y)$。由定义知

$$\mathrm{Cov}(X,Y)=\mathbb{E}[(X-\mathbb{E}(X))(Y-\mathbb{E}(Y))] \tag{2.18}$$

两个变量 X 和 Y 的线性相关性由皮尔逊相关系数（Pearson correlation coefficient）度量，定义为

$$\rho_{x,y}=\frac{\mathrm{Cov}(X,Y)}{\sigma_x\sigma_y} \tag{2.19}$$

式中，σ_x 和 σ_y 分别是随机变量 X 和 Y 的标准差。$\rho_{x,y}$ 的取值区间为 $[-1,1]$。当 $\rho_{x,y}>0$ 时，X 和 Y 线性正相关；当 $\rho_{x,y}<0$ 时，X 和 Y 线性负相关。当 $\rho_{x,y}$=1 时，X 和 Y 严格线性正相关，X 和 Y 的散点图分布在一条斜率大于零的直线上；当 $\rho_{x,y}=-1$ 时，X 和 Y 严格线性负相关，X 和 Y 的散点图分布在一条斜率小于零的直线上。由于皮尔逊相关系数只能反映两个变量间的线性相关程度，体现不了非线性相关，所以 $\rho_{x,y}=0$ 只能表明 X 和 Y 之间不存在线性相关性，不能排除二者之间的非线性相关性。

2.1.4　常用概率分布

有一些简单的概率分布在机器学习中被广泛地使用。

1）高斯分布

高斯分布是最常用的一种分布，它也称为正态分布。将一元正态分布记为 $N(\mu,\sigma^2)$，其概率密度函数为

$$f(x)=\frac{1}{\sqrt{2\pi\sigma^2}}\exp\left(-\frac{(x-\mu)^2}{2\sigma^2}\right) \tag{2.20}$$

对于满足高斯分布的随机变量 X，我们可以证明其均值为 μ，方差为 σ^2。当 $\mu=0$，$\sigma=1$ 时，这个分布称为标准正态分布，记为 $N(0,1)$。高斯分布的曲线为典型的钟形曲线，其中心峰的横坐标为 μ，峰的形态由 σ 调控。高斯分布具有优越性的原因之一是它与最大熵原则相关联，当可用的先验信息只有连续分布的均值 μ 和方差 σ^2 时，高斯分布具有最大熵。中心极限定理是正态分布在各个领域被广泛应用的另一个原因。中心极限定理可以表述为：对均值为 μ，方差为 σ^2 的随机变量 $X_1,X_2,\cdots,X_n$，有

$$\frac{\sqrt{n}(\bar{X}-\mu)}{\sigma}\rightarrow N(0,1) \tag{2.21}$$

式中，$\bar{X}=\frac{1}{n}\sum_i X_i$。这意味着随着 n 的增加，$\bar{X}$ 的分布形状越来越像高斯分布的形状。

对于 n 维实空间中的随机变量 $\boldsymbol{X}$，多元正态分布的概率密度函数为

$$f(\boldsymbol{x})=\frac{1}{\sqrt{(2\pi)^n\det(\boldsymbol{\Sigma})}}\exp\left(-\frac{1}{2}(\boldsymbol{x}-\boldsymbol{\mu})^{\mathrm{T}}\boldsymbol{\Sigma}^{-1}(\boldsymbol{x}-\boldsymbol{\mu})\right) \tag{2.22}$$

式中，$\boldsymbol{x}$、$\boldsymbol{\mu}$ 是 n 维空间中的列向量，$\boldsymbol{\mu}$ 是随机变量 $\boldsymbol{X}$ 的均值向量；$\boldsymbol{\Sigma}$ 是随机变量 $\boldsymbol{X}$ 的协方差矩阵，它是 $n\times n$ 的正定矩阵，其行列式的值记为 $\det(\boldsymbol{\Sigma})$。

2）指数分布

指数分布的概率密度函数为

$$f(x)=\begin{cases}0, & x<0\\ \lambda\exp(-\lambda x), & x\geqslant 0\end{cases} \tag{2.23}$$

这个分布的均值为 λ^{-1}，方差为 λ^{-2}。这个分布的一个应用场景是对突发事件等待时间的建模。在深度学习中，该分布也常用作边界点（$x=0$）的分布。

3）均匀分布

均匀分布的概率密度函数为

$$f(x)=\begin{cases}(b-a)^{-1}, & x\in[a,b]\\ 0, & \text{其他情形}\end{cases} \tag{2.24}$$

该分布的均值 $\mathbb{E}(X)=\frac{a+b}{2}$，方差 $\mathrm{var}(X)=\frac{(b-a)^2}{12}$。所有计算机随机数发生器都是依照该分布产生位于 $(0,1)$ 区间的伪随机数。

4）伯努利分布与二项分布

伯努利试验是只有两种可能结果的单次随机试验，抛掷硬币就是典型的伯努利试验，每次试验的结果要么是硬币的正面（值为 1），要么是反面（值为 0）。对于取值只有 0 或 1 两种可能性的随机变量 X，如果取 1 的概率为 θ，取 0 的概率为 $1-\theta$，则 X 服从参数为 θ 的伯努利分布：

$$f(x) = \begin{cases} \theta^x(1-\theta)^{1-x}, & x = 0\text{或}1 \\ 0, & x \neq 0\text{或}1 \end{cases} \tag{2.25}$$

伯努利分布又名两点分布或 0-1 分布。

二项分布是 n 重伯努利试验成功次数的离散概率分布，记为 $\mathrm{Binom}(n,\theta)$。抛掷 n 次硬币正面出现 x 次的概率服从二项分布：

$$f(x) = \begin{pmatrix} n \\ x \end{pmatrix} \theta^x(1-\theta)^{n-x}, \quad x = 0,1,\cdots,n \tag{2.26}$$

二项分布的均值 $\mathbb{E}(X) = n\theta$，方差 $\mathrm{var}(X) = n\theta(1-\theta)$。

2.1.5　贝叶斯定理

在物理、数学等信息贫乏的学科中，最高级的一些理论都表述为公理体系，人们使用演绎方法进行确定性推理。如果 X 能推出 Y 且 X 为真，则 Y 必定为真，这样的演绎不会产生争议。

然而，在数据信息丰富的学科，现有的经验仍然具有高度的不确定性。我们经常采用归纳法：利用可处理的数据建立模型，发现未知的知识或修正现有的知识。我们需要一种对不确定性进行表示和推理的方法。有一组简单的特定规则用于归纳、模型选择和比较，这一方法称为贝叶斯统计推断。尽管表面上看来，机器学习只是模型和学习算法的联合体，但是贝叶斯体系为不同算法技术的统一提供了一个坚实的理论基础。

对于给定了一定信息量的背景 I，事件 X 和事件 Y 的联合概率由统计学的一条公理给出

$$P(X,Y|I) = P(X|I)P(Y|X,I) \tag{2.27}$$

通常，信息量 I 不显式给出，则

$$P(X,Y) = P(X)P(Y|X) \tag{2.28}$$

因为 $P(X,Y) = P(Y,X)$，由此得到贝叶斯定理：

$$P(X|Y) = P(X)\frac{P(Y|X)}{P(Y)} \tag{2.29}$$

贝叶斯定理十分基本，从某种意义上说，由于它确切地描述了如何根据 Y 提供的新的信息修正 $P(X)$，从而得到新的 $P(X|Y)$，因而它是推理或学习的过程。$P(X)$ 称为先验概率，$P(X|Y)$ 称为给定 Y 的后验概率，而 $P(Y|X)$ 称作似然。若能够不断地补充新的信息，这个规则显然是可以迭代的。

关于决策或效用理论的理论体系是包括贝叶斯概率理论在内的更完备的理论体系，该理论注重怎样在存在不确定性的情况下得到最优的决策。

通过链规则 $P(X,Y)=P(X|Y)P(Y)$，两个以上事件的联合概率可以分解为

$$P(X,Y,Z)=P(X|Y,Z)P(Y,Z)=P(X|Y,Z)P(Y|Z)P(Z) \tag{2.30}$$

两个事件是独立的，当且仅当它们的联合概率满足：

$$P(X,Y)=P(X)P(Y) \tag{2.31}$$

2.2 凸 函 数

设 $f(\boldsymbol{x})$ 为定义在非空凸集 $X\subseteq\mathbb{R}^n$ 上的实值函数，若对于任意 $\boldsymbol{x_1}\in X$，$\boldsymbol{x_2}\in X$，以及 $\lambda\in[0,1]$，都有

$$f(\lambda\boldsymbol{x}_1+(1-\lambda)\boldsymbol{x}_2)\leqslant\lambda f(\boldsymbol{x}_1)+(1-\lambda)f(\boldsymbol{x}_2) \tag{2.32}$$

则称 $f(\boldsymbol{x})$ 是 X 上的凸函数。若只有不等式成立，则称 f 为严格凸函数。若 $-f(\boldsymbol{x})$ 是凸函数，则称 $f(\boldsymbol{x})$ 为凹函数。对于集合 $X\subseteq\mathbb{R}^n$，如果 X 中任意两点的连线上的点都在 X 内，则称集合 X 为凸集。例如，立方体就是一个凸集。图 2.1 所示的函数 $f(\boldsymbol{x})$ 是一个凸函数，对于平面上的曲线对应的凸函数，弦总是在线的上方。由凸函数的定义不难得出两个凸函数之和仍然是凸函数。关于凸函数有多个定理，在此只列出两个，不作证明。

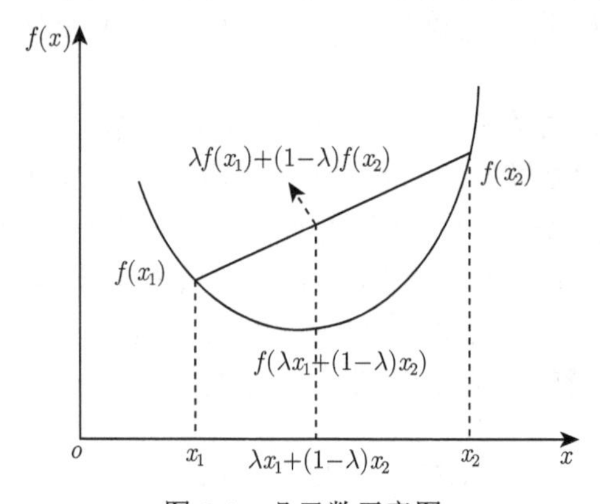

图 2.1　凸函数示意图

定理 1：多元函数是凸函数的充分必要条件是其 Hessian 矩阵半正定。

定理 2：当凸函数存在极小值时，该极小值是唯一的，也是函数的最小值。

设 $\boldsymbol{M}$ 是 n 阶由实数构成的对称矩阵。如果对任何一个非零实向量 $\boldsymbol{x}\in\mathbb{R}^n$，总是有二次型 $\boldsymbol{x}^{\mathrm{T}}\boldsymbol{M}\boldsymbol{x}\geqslant 0$，则称矩阵 $\boldsymbol{M}$ 为半正定矩阵。如果该二次型大于零，则称实对称矩阵 $\boldsymbol{M}$ 为正定矩阵。

关于凸函数，有一个著名的不等式，即 Jensen 不等式。假设函数 f 是区间 (a,b) 上的严格凸函数，则对任意 $x_i\in(a,b)$, $i=1,2,\cdots,n$，有

$$\sum_{i=1}^{n}p_if(x_i)\geqslant f\left(\sum_{i=1}^{n}p_ix_i\right) \tag{2.33}$$

式中，$\sum\limits_{i=1}^{n}p_i=1$，当且仅当所有 x_i, $i=1,2,\cdots,n$ 相等时等式成立。

2.3　极大似然估计

极大似然估计（maximum likelihood estimate，MLE），也称最大似然估计。似然用来描述已知随机变量输出结果时未知参数取特定值的概率。统计建模时，极大似然估计将使得似然最大的参数作为模型中参数的估计值。极大似然估计通常分四步进行，先确定似然函数，然后对似然函数取对数，接着寻求对数似然的最大值，最后将极大似然对应的参数作为模型中参数的估计值。似然函数的取值区间为 $(0,1)$，我们也可以取似然函数的负对数，然后寻求负对数似然的最小值。负对数似然的取值区间为 $(0,\infty)$。对于具有解析表达式的负对数似然函数，如果该函数是凸函数，则令其一阶导数等于零就有可能求得参数的估计值。在深度学习中，我们通过卷积神经网络对模型中的参数进行估计。

对于来自总体容量为 n 的样本 $(X_i,\ i=1,2,\cdots,n)$，X_i 取值 x_i 的概率为 $p(x_i;\theta)$，其中 θ 是待定参数。假设样本之间是独立的，则样本 $X_1,\cdots,X_n$ 取值 $x_1,\cdots,x_n$ 的似然函数：

$$L(\theta)=\prod_{i=1}^{n}p(x_i;\theta) \tag{2.34}$$

样本负对数似然的平均值：

$$\mathcal{L}(\theta)=-\frac{1}{n}\sum_{i=1}^{n}\ln p(x_i;\theta) \tag{2.35}$$

给定样本值，如果 $\mathcal{L}(\theta)$ 是凸函数，则通过求它的最小值就能够得到参数 θ 的估计值 $\hat{\theta}$，即

$$\hat{\theta}=\arg\min_{\theta}\mathcal{L}(\theta) \tag{2.36}$$

例如，令其一阶导数等于零：

$$\frac{\partial\mathcal{L}(\theta)}{\partial\theta}=-\frac{1}{n}\sum_{i=1}^{n}\frac{1}{p(x_i;\theta)}\frac{\partial p(x_i;\theta)}{\partial\theta}=0 \tag{2.37}$$

求得参数的估计值 $\hat{\theta}$。

2.4　熵 和 散 度

在热力学系统中，熵（entropy）用来度量系统混乱程度。和外界既无物质交换又无能量交换的系统总是自发地朝熵增方向发展，这就是著名的热力学第二定律。热力学中的熵由式 (2.38) 定义：

$$S=-k_b\sum_{a}p_a\ln p_a \tag{2.38}$$

式中，k_b 是玻尔兹曼常量；p_a 是系统处在状态 a 的概率。

让我们思考一下随机事件的发生给我们带来的信息增量。一个确定性的事件的发生不会给我们带来任何信息增量，因为我们事先知道它必然发生；一个黑天鹅事件的发生，让我们深感意外。直观上，随机事件的发生带给我们的信息增量和该事件发生的概率相关，概率

小的事件发生时携带的信息增量大于概率大的事件发生时携带的信息增量。这些直观感受应该体现在信息增量的定义中。对于以概率 $p(x)$ 发生的随机事件 $X=x$，信息增量定义为

$$I(x)=\log\left(\frac{1}{p(x)}\right)=-\log p(x) \tag{2.39}$$

从式（2.39）看出，$p(x)=1$ 时，$I(x)=0$；$p(x)\to 0$ 时，$I(x)\to\infty$。本节和下文中，我们笼统用 log 表示对数，并没有给出底是什么。在机器学习中，常用的是以 e 为底的对数。当 log 是以 e 为底的对数时，信息增量 $I(x)$ 的单位为奈特（nat）；当 log 以 2 为底时，$I(x)$ 的单位为比特（bit）。

信息增量 $I(x)$ 同样是一个随机变量，其平均值或期望称为信息熵或香农熵，简称熵，记为 $H(X)$：

$$H(X)=\mathbb{E}[I(X)]=-\mathbb{E}[\log p(x)]=-\sum p(x)\log p(x) \tag{2.40}$$

当 X 是连续随机变量时，香农熵称为微分熵。最大熵原理是概率模型（分布）学习的一个准则。最大熵原理认为，学习概率模型时，在所有可能的概率模型中，熵最大的模型是最好的模型。如果有约束条件，最大熵原理也可以表述为在满足约束条件的模型集合中选取熵最大的模型。

如果随机变量 X 的目标分布是 $p(x)$，用另一个分布 $q(x)$ 去匹配 $p(x)$，定义如下的相对熵度量两个分布的匹配程度：

$$D_{\mathrm{KL}}(p\|q)=\mathbb{E}_{x\sim p(x)}\left[\log\frac{p(x)}{q(x)}\right]=\mathbb{E}_{x\sim p(x)}\left[\log p(x)-\log q(x)\right] \tag{2.41}$$

当 X 是离散的随机变量时，有

$$D_{\mathrm{KL}}(p\|q)=\sum p(x)\log\frac{p(x)}{q(x)} \tag{2.42}$$

当 X 是连续的随机变量时，有

$$D_{\mathrm{KL}}(p\|q)=\int p(x)\log\frac{p(x)}{q(x)}\mathrm{d}x \tag{2.43}$$

相对熵也称作 KL 散度（Kullback-Leibler divergence）。从定义立即得出当且仅当 p 和 q 相同时，KL 散度为零。容易证明 KL 散度非负。一个一元函数在某个区间内是凸的，当且仅当它的二阶导数非负。显然 $-\log x$ 是凸的，因为它的二阶导数等于 $\dfrac{1}{x^2}>0$。因为对数函数是凸函数，对于离散的随机变量，应用 Jensen 不等式，有

$$\begin{aligned}D_{\mathrm{KL}}(p\|q)&=\sum p(x)\log\frac{p(x)}{q(x)}\\&=-\sum p(x)\log\frac{q(x)}{p(x)}\\&\geqslant-\log\left[\sum p(x)\frac{q(x)}{p(x)}\right]\\&=-\log\sum q(x)=-\log 1=0\end{aligned} \tag{2.44}$$

常常采用 KL 散度衡量分布 $p(x)$ 和 $q(x)$ 之间的距离，但是，这并非二者之间真正的距离，因为 KL 散度不具备对称性，$D_{\mathrm{KL}}(p\|q) \neq D_{\mathrm{KL}}(q\|p)$。

对于离散的随机变量：

$$\begin{aligned} D_{\mathrm{KL}}(p\|q) &= \sum p(x)\log\frac{p(x)}{q(x)} \\ &= \sum p(x)\log p(x) - \sum p(x)\log q(x) \\ &= -H(X) + H(p,q) \\ H(p,q) &= -\sum p(x)\log q(x) \end{aligned} \tag{2.45}$$

式中，$H(p,q)$ 称作交叉熵。

JS 散度 (Jensen-Shannon divergence) 同样用于度量分布 $p(x)$ 和 $q(x)$ 之间的相似性，定义如下：

$$D_{\mathrm{JS}}(p\|q) = \frac{1}{2}D_{\mathrm{KL}}\left(p\|\frac{p+q}{2}\right) + \frac{1}{2}D_{\mathrm{KL}}\left(q\|\frac{p+q}{2}\right) \tag{2.46}$$

显然，JS 散度具有对称性，即 $D_{\mathrm{JS}}(p\|q) = D_{\mathrm{JS}}(q\|p)$。取对数的底为 2，根据散度的定义有

$$\begin{aligned} D_{\mathrm{JS}}(p\|q) &= \frac{1}{2}\sum\left(p\log\frac{2p}{p+q} + q\log\frac{2q}{p+q}\right) \\ &\leqslant \frac{1}{2}\sum\left(p\log\frac{2p}{p} + q\log\frac{2q}{q}\right) \\ &= \frac{1}{2}\sum(p+q) = 1 \end{aligned} \tag{2.47}$$

前面已经证明的 KJ 散度非负，从而我们得出，当以 2 为对数底时，$D_{\mathrm{JS}}(p\|q)$ 在 $[0,1]$ 区间取值。

2.5　主成分分析

主成分分析是通过原变量的一些线性组合来解释数据的方差和协方差。如果原来的 m 个变量的总变差能够由几个线性组合概括，则原来 m 个变量可以由这些变量的几个线性组合替换，这些线性组合就是主成分。几个主成分中所包含的信息覆盖了原来 m 个变量所包含的信息的绝大部分，从而可以将数据降维。主成分分析还可以用来揭示重要变量间的关系。

2.5.1　数据标准化

假定有 m 个随机变量 $Y_1, \cdots, Y_m$，有一组容量为 n 的随机样本，典型数据可排成 $m\times n$ 矩阵：

$$\boldsymbol{Y} = \begin{pmatrix} y_{11} & \cdots & y_{1n} \\ \vdots & \ddots & \vdots \\ y_{m1} & \cdots & y_{mn} \end{pmatrix} = \begin{pmatrix} \boldsymbol{y}_1 \\ \vdots \\ \boldsymbol{y}_m \end{pmatrix} \tag{2.48}$$

式中，y_{ij} 是第 i 个变量的 j 次观测值；$\boldsymbol{y}_i$ 是矩阵 $\boldsymbol{Y}$ 的第 i 行元素组成的行向量，也就是第 i 个随机变量 Y_i 的 n 个观测值组成的行向量。Y_i 的样本均值为

$$\mathbb{E}(\boldsymbol{y}_i) = \frac{1}{n}\sum_{j=1}^{n} y_{ij} \tag{2.49}$$

样本方差为

$$s_{ii} = \frac{1}{n}\sum_{j=1}^{n}(y_{ij} - \mathbb{E}(\boldsymbol{y}_i))^2 \tag{2.50}$$

由于多个变量所用的测量单位可能各不相同，为避免变量间度量单位的差异，常将初始变量标准化，使每个变量的 n 个观测值均值为零，方差为 1，即变换数据，令

$$x_{ij} = \frac{y_{ij} - \mathbb{E}(\boldsymbol{y}_i)}{\sqrt{s_{ii}}} \tag{2.51}$$

数据阵变为

$$\boldsymbol{X} = \begin{pmatrix} x_{11} & \cdots & x_{1n} \\ \vdots & \ddots & \vdots \\ x_{m1} & \cdots & x_{mn} \end{pmatrix} = \begin{pmatrix} \boldsymbol{x}_1 \\ \vdots \\ \boldsymbol{x}_m \end{pmatrix} \tag{2.52}$$

式中，第 i 个随机变量 X_i 的 n 个观测值组成的行向量为

$$\boldsymbol{x}_i = \begin{pmatrix} x_{i1} & \cdots & x_{in} \end{pmatrix}, \quad i = 1, 2, \cdots, m \tag{2.53}$$

则由数据阵 $\boldsymbol{X}$ 得出协方差矩阵，也就是相关矩阵：

$$\boldsymbol{R} = \frac{1}{n}\boldsymbol{X}\boldsymbol{X}^{\mathrm{T}} = \begin{pmatrix} 1 & r_{12} & \cdots & r_{1m} \\ r_{21} & 1 & \cdots & r_{2m} \\ \vdots & \vdots & \ddots & \vdots \\ r_{m1} & r_{m2} & \cdots & 1 \end{pmatrix} \tag{2.54}$$

这是一个对称矩阵，主对角元均为 1，而且 $r_{ij} = r_{ji}$。

2.5.2 数据矩阵的正交变换

前面说过主成分是原变量的一些线性组合，这就需要对数据矩阵进行线性变换，我们来寻找这样的变换。线性变换就是将一个矩阵和数据矩阵相乘，当然最重要的是求出变换矩阵中的所有元素。

假设存在正交矩阵 $\boldsymbol{L}$，对数据阵 $\boldsymbol{X}$ 做如下线性变换：

$$\boldsymbol{Z} = \boldsymbol{L}\boldsymbol{X} \tag{2.55}$$

使得 $\boldsymbol{z}_1, \boldsymbol{z}_2, \cdots, \boldsymbol{z}_m$ 之间互不相关，也就是

$$\boldsymbol{z}_i\boldsymbol{z}_j^{\mathrm{T}} = 0, \quad i \neq j \tag{2.56}$$

其中

$$\boldsymbol{z}_i = \begin{pmatrix} z_{i1} & \cdots & z_{in} \end{pmatrix} = \sum_{j=1}^{m} L_{ij}\boldsymbol{x}_j \tag{2.57}$$

$\boldsymbol{z}_i$ 的均值为

$$\mathbb{E}(\boldsymbol{z}_i) = \sum_{j=1}^{m} L_{ij}\mathbb{E}(\boldsymbol{x}_j) = 0 \tag{2.58}$$

$\boldsymbol{Z}$ 的协方差矩阵为

$$\boldsymbol{\varLambda} = \frac{1}{n}\boldsymbol{Z}\boldsymbol{Z}^{\mathrm{T}} = \frac{1}{n}\boldsymbol{L}\boldsymbol{X}\boldsymbol{X}^{\mathrm{T}}\boldsymbol{L}^{\mathrm{T}} = \boldsymbol{L}\boldsymbol{R}\boldsymbol{L}^{\mathrm{T}} \tag{2.59}$$

$\boldsymbol{\varLambda}$ 的非对角元素为 0。因为 $E(\boldsymbol{z}_i)=0$，$\boldsymbol{\varLambda}$ 的主对角线元素正是 $\boldsymbol{z}_1,\cdots,\boldsymbol{z}_m$ 对应的样本方差 $\lambda_1,\cdots,\lambda_m$，即

$$\boldsymbol{\varLambda} = \frac{1}{n}\boldsymbol{Z}\boldsymbol{Z}^{\mathrm{T}} = \frac{1}{n}\boldsymbol{L}\boldsymbol{X}\boldsymbol{X}^{\mathrm{T}}\boldsymbol{L}^{\mathrm{T}} = \boldsymbol{L}\boldsymbol{R}\boldsymbol{L}^{\mathrm{T}} = \begin{pmatrix} \lambda_1 & \cdots & 0 \\ \vdots & \ddots & \vdots \\ 0 & \cdots & \lambda_m \end{pmatrix} \tag{2.60}$$

由于 $\boldsymbol{L}^{\mathrm{T}}\boldsymbol{L} = \boldsymbol{L}^{\mathrm{T}}\boldsymbol{L}(\boldsymbol{L}^{\mathrm{T}}(\boldsymbol{L}^{\mathrm{T}})^{-1}) = \boldsymbol{L}^{\mathrm{T}}\boldsymbol{I}(\boldsymbol{L}^{\mathrm{T}})^{-1} = \boldsymbol{I}$，故

$$\boldsymbol{R}\boldsymbol{L}^{\mathrm{T}} = \boldsymbol{L}^{\mathrm{T}}\boldsymbol{\varLambda} \tag{2.61}$$

这是 m^2 个方程的方程组，考虑其中涉及 λ_1 的 m 个方程：

$$\begin{aligned} r_{11}l_{11} + r_{12}l_{12} + \cdots + r_{1m}l_{1m} &= l_{11}\lambda_1 \\ r_{21}l_{11} + r_{22}l_{12} + \cdots + r_{2m}l_{1m} &= l_{12}\lambda_1 \\ &\vdots \\ r_{m1}l_{11} + r_{m2}l_{12} + \cdots + r_{mm}l_{1m} &= l_{1m}\lambda_1 \end{aligned} \tag{2.62}$$

为了得到 $(l_{11},\cdots,l_{1m})$ 的非平凡解，要求行列式：

$$\begin{vmatrix} r_{11}-\lambda_1 & r_{12} & \cdots & r_{1m} \\ r_{21} & r_{22}-\lambda_1 & \cdots & r_{2m} \\ \vdots & \vdots & \ddots & \vdots \\ r_{m1} & r_{m2} & \cdots & r_{mm}-\lambda_1 \end{vmatrix} = 0 \tag{2.63}$$

即

$$\left|\boldsymbol{R} - \lambda_1\boldsymbol{I}\right| = 0 \tag{2.64}$$

对于 $\lambda_2,\cdots,\lambda_m$，方程是相同的，故 $\lambda_1,\lambda_2,\cdots,\lambda_m$ 应该是

$$\left|\boldsymbol{R} - \lambda\boldsymbol{I}\right| = 0 \tag{2.65}$$

的 m 个根。这些根正是矩阵 $\boldsymbol{R}$ 的特征值，相应地，$(l_{i1},\cdots,l_{im})$ 正是与各 λ_i 对应的特征向量。

2.5.3 主成分

注意到 $\lambda_i = \frac{1}{n}\boldsymbol{z}_i\boldsymbol{z}_i^{\mathrm{T}}$，即特征值 λ_i 恰好就是 $\boldsymbol{z}_i$ 的样本方差。方差的总和等于原变量协方差阵主对角线元素（方差）之和。λ_i 占总样本方差的比例为

$$\eta_i = \frac{\lambda_i}{\lambda_1 + \lambda_2 + \cdots + \lambda_m}, \quad i = 1, 2, \cdots, m \tag{2.66}$$

$\boldsymbol{z}_1, \boldsymbol{z}_2, \cdots, \boldsymbol{z}_m$ 称为主成分，它们是原来变量的不相关的线性组合。以它们的方差（特征值 λ_i) 的大小排序。不妨规定 $\lambda_1 \geqslant \lambda_2 \geqslant \cdots \geqslant \lambda_m$，最大的特征值对应的主成分称为第一主成分，后面依次为第二主成分，第三主成分等。构建正交矩阵 $\boldsymbol{L}$ 时，依次将最大的特征值对应的特征向量作为 $\boldsymbol{L}$ 的第一行，次大的特征值对应的特征向量作为 $\boldsymbol{L}$ 的第二行，后面依次类推。则从式 (2.55) 得到数据阵变为

$$\begin{pmatrix} \boldsymbol{z}_1 \\ \vdots \\ \boldsymbol{z}_m \end{pmatrix} = \begin{pmatrix} l_{11} & \cdots & l_{1m} \\ \vdots & \ddots & \vdots \\ l_{m1} & \dots & l_{mm} \end{pmatrix} \begin{pmatrix} \boldsymbol{x}_1 \\ \vdots \\ \boldsymbol{x}_m \end{pmatrix} \tag{2.67}$$

举个例子，蛋白质由氨基酸构成，共有 20 种氨基酸。各个氨基酸的物理和（或）化学性质能从 ftp://ftp.genome.jp/pub/db/community/aaindex 下载得到。去掉 aaindex1 中不完整的数据得到 20 种氨基酸的 531 个性质。这些数据组成 531×20 的数据方阵。通过主成分分析，得到前 19 个主成分对应的特征值如表 2.1 所示。

表 2.1 氨基酸性质主成分对应的特征值

主成分序号	特征值大小	特征值/特征值总和	累加
1	0.188×10^3	0.353	0.35
2	0.795×10^2	0.149	0.50
3	0.596×10^2	0.112	0.61
4	0.360×10^2	0.068	0.68
5	0.292×10^2	0.051	0.74
6	0.238×10^2	0.045	0.78
7	0.176×10^2	0.033	0.81
⋮	⋮	⋮	⋮
19	0.255×10^{-4}	0.26×10^{-7}	1.0

从以上的例子可以看出，前几个主成分，尤其是第一个主成分，其模与较后的主成分的模相比要大许多。某些 λ_i 较大，它们在总方差中占有极大的比例，如果舍弃占比例很小的那一部分主成分，就可以大大简化数据结构并显著降低变量的维数，而信息损失很小。

2.5.4 因子和因子载荷

对于任意给定的两个主成分 $\boldsymbol{z}_i, \boldsymbol{z}_j$，其对应的特征值为 λ_i, λ_j。根据式 (2.60)，$\frac{1}{\sqrt{n\lambda_i}}\boldsymbol{z}_i$ 和 $\frac{1}{\sqrt{n\lambda_j}}\boldsymbol{z}_j$ 都是模为 1 的单位向量，且二者正交。这样一来，任何一组 n 维向量都可以在

由 $\dfrac{1}{\sqrt{n\lambda_i}}\boldsymbol{z}_i$，$i=1,2,\cdots$ 组成的单位正交基上展开。尤其是式（2.67）可以改写为

$$\begin{pmatrix} \boldsymbol{x}_1 \\ \vdots \\ \boldsymbol{x}_m \end{pmatrix} = \begin{pmatrix} \sqrt{n\lambda_1}l_{11} & \cdots & \sqrt{n\lambda_m}l_{m1} \\ \vdots & \ddots & \vdots \\ \sqrt{n\lambda_1}l_{1m} & \cdots & \sqrt{n\lambda_m}l_{mm} \end{pmatrix} \begin{pmatrix} \frac{1}{\sqrt{n\lambda_1}}\boldsymbol{z}_1 \\ \vdots \\ \frac{1}{\sqrt{n\lambda_m}}\boldsymbol{z}_m \end{pmatrix} \tag{2.68}$$

与主成分 $\boldsymbol{z}_i$ 对应，$\dfrac{1}{\sqrt{\lambda_i}}\boldsymbol{z}_i$ 称作公共因子或主因子，式 (2.68) 右边展开时，公共因子前的系数叫作因子载荷。

2.6　随机梯度下降算法

2.6.1　函数的梯度和方向导数

随机梯度下降算法是深度学习中参数训练的一个普遍采用的算法。函数 $u=f(x,y,z)$ 的梯度是一个向量，其每一个分量是该函数对自变量的偏导数。记微分算子 $\nabla=\dfrac{\partial}{\partial x}\boldsymbol{i}+\dfrac{\partial}{\partial y}\boldsymbol{j}+\dfrac{\partial}{\partial z}\boldsymbol{k}$，则函数 $u=f(x,y,z)$ 的梯度为

$$\nabla f(x,y,z)=\frac{\partial f}{\partial x}\boldsymbol{i}+\frac{\partial f}{\partial y}\boldsymbol{j}+\frac{\partial f}{\partial z}\boldsymbol{k} \tag{2.69}$$

式中，$\boldsymbol{i}$、$\boldsymbol{j}$、$\boldsymbol{k}$ 是三维空间中相互正交的单位向量。

设函数 $u=f(x,y,z)$ 在点 $\boldsymbol{p}_0(x_0,y_0,z_0)$ 的某邻域内有定义，$\boldsymbol{p}(x_0+r\cos\alpha, y_0+r\cos\beta, z_0+r\cos\gamma)$ 是过点 $\boldsymbol{p}_0$ 沿方向 $\boldsymbol{l}=(\cos\alpha,\cos\beta,\cos\gamma)$ 的射线上的点，其中 r 是邻域的半径，如果极限 $\lim\limits_{r\to 0}\dfrac{f(\boldsymbol{p})-f(\boldsymbol{p}_0)}{r}$ 存在，则称这个极限为函数 $u=f(x,y,x)$ 在点 $\boldsymbol{p}_0$ 沿方向 $\boldsymbol{l}$ 的方向导数，记为 $\left.\dfrac{\partial f}{\partial \boldsymbol{l}}\right|_{\boldsymbol{p}_0}$。方向导数在直角坐标系中的表达式为

$$\frac{\partial f}{\partial \boldsymbol{l}}=\left.\frac{\partial f}{\partial x}\right|_{\boldsymbol{p}_0}\cos\alpha+\left.\frac{\partial f}{\partial y}\right|_{\boldsymbol{p}_0}\cos\beta+\left.\frac{\partial f}{\partial z}\right|_{\boldsymbol{p}_0}\cos\gamma \tag{2.70}$$

由式（2.70），我们看到方向导数是函数 f 在 $\boldsymbol{p}_0$ 点的梯度和方向向量 $\boldsymbol{l}=(\cos\alpha,\cos\beta,\cos\gamma)$ 的内积：

$$\frac{\partial f}{\partial \boldsymbol{l}}=\nabla f|_{\boldsymbol{p}_0}\cdot\boldsymbol{l} \tag{2.71}$$

方向导数是函数沿空间某个方向的导数，代表了函数沿该方向变化的快慢。沿着梯度方向，夹角 $\alpha=\beta=\gamma=0$，$\cos\alpha=\cos\beta=\cos\gamma=1$，此时方向导数最大，也就是说梯度方向是函数 f 的值上升最快的方向。

我们可以将以上在三维空间中定义的梯度推广到任意维空间。设 z 是一个标量函数，$\boldsymbol{x}$ 是 n 维空间中的向量，则 z 在该空间中的梯度是一个向量，记为 ∇z 或 $\dfrac{\partial z}{\partial \boldsymbol{x}}$，且

$$\nabla z=\frac{\partial z}{\partial \boldsymbol{x}}=\left(\frac{\partial z}{\partial x_1},\frac{\partial z}{\partial x_2},\cdots,\frac{\partial z}{\partial x_n}\right)^{\mathrm{T}} \tag{2.72}$$

我们将模型的预测结果和真值交给一个函数，由该函数算出二者之间的差异，显然这个差异依赖于模型中需要训练的参数 θ。通常将单个样本的预测值和真值之间的差异称作损失（loss），将一个样本集合中全部样本的预测值和真值之间差异的均值称作代价 (cost)。将计算损失或代价的函数称作损失函数（loss function）或代价函数 (cost function)。模型的训练就是优化参数，通过一个又一个回合（epoch）的学习使代价最小。在深度卷积神经网络中，参数 $\boldsymbol{W}$ 来自多层滤波器，是一个张量。损失函数或代价函数 z 对张量 $\boldsymbol{W}$ 的梯度 $\dfrac{\partial z}{\partial \boldsymbol{W}}$ 是 z 对 $\boldsymbol{W}$ 每一个分量的偏导数构成的张量。

2.6.2 梯度下降算法

梯度下降算法每步迭代时，参数 θ 的更新沿该参数梯度的反方向进行，也就是沿该函数下降最快的方向进行，具体表达式如下：

$$\theta^{k+1} = \theta^{k} - \eta \nabla_{\theta} z \tag{2.73}$$

式中，z 是要优化的目标，如代价或损失；η 是一个超参数，称作学习率；上标 $k+1$ 或 k 代表第 $k+1$ 次或第 k 次迭代。式 (2.73) 表明一次迭代间参数的增量等于目标函数对参数的梯度乘以学习率。超参数不包含在要训练的参数中，它是模型训练过程中需要事先给定的参数，或者是按照某种事先约定的形式随迭代次数变化的参数。实际应用中，通常在某个固定的迭代次数 τ 前让学习率线性下降，之后保持不变，即

$$\eta = \begin{cases} \eta_{\tau}, & k \geqslant \tau \\ \eta_0 + \dfrac{k}{\tau}(\eta_{\tau} - \eta_0), & k < \tau \end{cases} \tag{2.74}$$

2.6.3 随机梯度下降

在有监督的学习中，模型中的参数由带有类别标签的样本数据训练。给定 n 维实空间中由 m 个带有类别标签的样本构成的训练集 $s: s = \{(\boldsymbol{x}_1, y_1), \cdots, (\boldsymbol{x}_m, y_m)\}$，其中 $\boldsymbol{x}_i \in \mathbb{R}^n$，$y_i \in \{0, 1\}$，$i = 1, 2, \cdots, m$，$y_i$ 是样本的类别标签。机器学习中，代价通常是每个训练样本的损失之和的均值：

$$z = \frac{1}{m}\sum_{i=1}^{m} z_i(\boldsymbol{x}_i, y_i, \theta) \tag{2.75}$$

采用梯度下降法更新参数 θ 时需要计算代价函数的梯度：

$$\boldsymbol{j}_{\theta} = \nabla_{\theta} z = \frac{1}{m}\sum_{i=1}^{m} \nabla_{\theta} z_i(\boldsymbol{x}_i, y_i, \theta) \tag{2.76}$$

这个运算的复杂度是 $O(m)$。当训练样本集的尺寸非常大时，如达到 10^9 量级时，梯度的计算会耗费大量的机时。从式 (2.76) 可以看到总代价函数的梯度是各个训练样本损失函数的梯度的均值或期望。

随机梯度下降算法的核心是将目标函数对参数的梯度看作期望。既然是期望，就可以用小规模的样本估计，得到它的近似值，具体过程如下：在参数训练的每一回合，我们从训练样本集中随机均匀抽出一个小批量（minibatch）的样本，$s_{m'} = \{(\boldsymbol{x}_1, y_1), \cdots, (\boldsymbol{x}_{m'}, y_{m'})\}$，小批量样本的数目 m' 事先给定，通常是一个比原始训练集的尺寸小得多的数，如从 1 到几

百，即使训练集非常大，也是如此。这样一来，代价函数的梯度估计值：

$$\hat{\boldsymbol{j}}_\theta = \frac{1}{m'}\sum_{i=1}^{m'} \nabla_\theta z_i(\boldsymbol{x}_i, y_i, \theta) \tag{2.77}$$

随机梯度下降算法用式（2.77）中梯度的估计值取代式（2.73）中的梯度，迭代过程中参数的更新由下式计算：

$$\theta^{k+1} = \theta^k - \eta\hat{\boldsymbol{j}}_\theta \tag{2.78}$$

学习率的选择仍旧采用式（2.74），参数 η_0、η_τ 和 τ 的选择依赖经验，在正式训练模型前可能需要试探训练几次，通过观察每一回合（每个迭代）代价函数的变化选定合适的 η_0。如果 η_0 太大，则每一回合参数的修正会很大，从而代价和回合数的关系曲线可能会剧烈振荡。我们希望好的 η_0 产生温和的振荡，直至训练收敛。如果 η_0 太小，则每一回合参数的修正会很小，训练过程会漫长，甚至训练过程会早熟（代价函数过早地停在某个比较大的值）。η_τ 大约设定为 η_0 的 $\frac{1}{100}$。

2.6.4　动量

在力学中，对于单位质量的质点，其速度就是动量。冲量定理告诉我们单位质量的质点在力 $\boldsymbol{f}$ 的作用下 $\mathrm{d}t$ 时间内动量的变化等于作用力，即 $\mathrm{d}\boldsymbol{v} = \boldsymbol{f}\mathrm{d}t$，其差分形式为 $\boldsymbol{v}^{t+1} - \boldsymbol{v}^t = \boldsymbol{f}\Delta t$。将时间差 Δt 取 1 个单位时间，则有

$$\boldsymbol{v}^{t+1} - \boldsymbol{v}^t = \boldsymbol{f} \tag{2.79}$$

假设存在黏滞阻力，其大小和速度成正比，方向和速度相反，则该黏滞力 $-\beta\boldsymbol{v}$ 将使质点运动的速度下降，在此情形，式（2.79）修改为

$$\boldsymbol{v}^{t+1} - \boldsymbol{v}^t = -\beta\boldsymbol{v}^t + \boldsymbol{f} \tag{2.80}$$

式中，$0 < \beta < 1$。我们将以上方程改写成以下形式：

$$\boldsymbol{v}^{t+1} = (1-\beta)\boldsymbol{v}^t + \boldsymbol{f} = \alpha\boldsymbol{v}^t + \boldsymbol{f} \tag{2.81}$$

式中，$0 < \alpha < 1$。将随机梯度下降算法中代价函数的梯度类比成作用在上述单位质点上的驱动力，即

$$\boldsymbol{f} = -\eta\hat{\boldsymbol{j}}_\theta \tag{2.82}$$

则式（2.81）变成如下形式：

$$\boldsymbol{v}^{t+1} = \alpha\boldsymbol{v}^t - \eta\hat{\boldsymbol{j}}_\theta \tag{2.83}$$

动量算法中，参数的更新采用下式：

$$\theta^{k+1} - \theta^k = \boldsymbol{v}^{t+1}, \quad \theta^{k+1} = \theta^k + \alpha\boldsymbol{v}^t - \eta\hat{\boldsymbol{j}}_\theta \tag{2.84}$$

除了学习率 η 之外，式（2.84）还含有一个超参数，即动量参数 α，通常其值取为 0.5、0.9 或 0.99。将式（2.84）和随机梯度下降式（2.78）对比，会发现二者的差别只是等式的右边多了一项 $\alpha\boldsymbol{v}^t$，当 $\alpha = 0$ 时，式（2.84）就回到，式（2.78）。$\alpha = 0$ 意味着式（2.80）中 $\beta = 1$，对应着最大黏滞力。黏滞力会抵消驱动力，使物体的运动变得滞涩。低黏滞力状态下，梯度的驱动得以累积，有利于代价函数数值的下降。

2.7 过拟合和欠拟合

模型训练的过程中，可能会面临两个挑战：过拟合（overfitting）和欠拟合（underfitting）。过拟合指的是在测试集上模型的误差远大于估计集上模型的误差；而欠拟合则是在估计集上训练不出误差足够低的模型。

图 2.2 是拟合结果示意图。图中 x_1 和 x_2 表示两个变量，小黑点表示数据的空间位置，连续的曲线是拟合结果，如果略去拟合曲线，我们看到的是散点图。图 2.2 包含三个子图，分别为欠拟合、过拟合和好拟合，三个子图中的数据点是相同的，连接数据点的实线展示的是建好的模型。图 2.2(a) 中，采用一个线性关系建模，显然模型不能充分反映数据点的分布；图 2.2(b) 中，模型拟合了数据的绝大多数细节，尽管许多局部的振荡可能是噪声引起的，模型也拟合得很好。将图 2.2(c) 和图 2.2(b) 比较，图 2.2(c) 中大多数数据点都没有落在拟合曲线上，比图 2.2(b) 的模型具有更大的方差，但是图 2.2(c) 展示了一个更好的拟合。

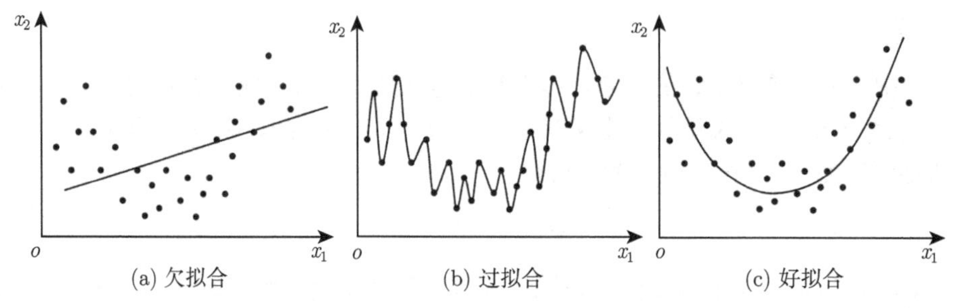

(a) 欠拟合　(b) 过拟合　(c) 好拟合

图 2.2 拟合结果示意图

当我们有一个非常灵活的模型，例如，模型中的可调参数的数量比建立一个好模型需要的可调参数多得多时，过拟合就有可能发生，在此情形下，模型不仅学到了训练数据的真实分布，还学到了数据中存在的噪声。灵活的模型具有高方差，若用独立同分布的数据集测试模型时，过拟合的模型在测试集上的性能会比在训练集上差很多。若对训练集上数据的分布事先给定了假设，例如，图 2.2(a) 中假设数据的分布是线性的，如果这个假设和数据的真实分布差别较大，则建立的模型在训练集上的方差和偏差都很大，更不能指望该模型具有好的预测能力。

2.8 交叉验证

在机器学习中，我们希望做到模型中的参数能在已有的数据中得到充分的学习，更希望训练好的模型对未来具有良好的泛化能力。泛化指的是模型在独立于训练集的同分布的数据集上具有良好的表现。模型的训练等同于模型中的参数学习。交叉验证为模型的训练提供了一个指导原则：将已有的数据集随机地分割成两个独立的子集，即训练集（training set）和测试集（test set）；而后又将训练集分割成两个不相交的子集，即估计集和验证集。真正用来训练模型的数据集是估计集，验证集不参加模型的训练，只用于模型的验证。一个合理的建议是将训练集的 80% 作为估计集，剩余的 20% 作为验证集。在估计集上表现非常好的模型有可能在验证集上的性能不是很好，可以定义某种形式的损失度量模型的预测结果和真实结果之间的差异。

在训练深度神经网络模型时，将模型训练过程中估计集上所有数据都遍历一次称为训练的一个回合（epoch），在估计集和验证集上，代价和回合数的关系有可能出现如图 2.3 所示的情况。在训练的早期，随着训练回合数的增加，在估计集和验证集上，模型预测的准确性都在提高，代价都在下降。随着训练回合数的继续增加，估计集上模型的代价继续下降，但是在验证集上代价降到某个低点后，不仅不会继续下降，反而还会上升。我们选择这个在验证集上代价的转折点作为训练停止点。图 2.3 中，验证集上的代价只有一个极小值点，实际情况是，验证集上的代价函数曲线通常不会如此光滑，可能存在多个极小值点，等待更多极小值点的出现需要更长的训练时间。

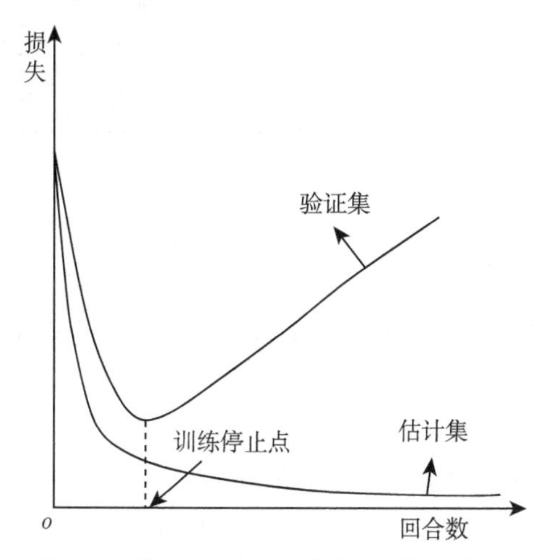

图 2.3　基于交叉验证的模型训练的停止

上述交叉验证方法称为坚持到底（hold out cross-validation）方法。在标记样本缺乏的情况下，常采用多重交叉验证（K-fold cross-validation）方法。该方法将训练集分成 K 个子集(K-fold)，每个子集轮流做一次验证集，对应的 $K-1$ 个子集合在一起作为估计集，这样会训练出 K 个模型。分别用各自的验证集对这 K 个模型做评估，然后用 K 个模型平方误差的平均值评估模型的性能。多重交叉验证的一个极端情形是留一法（leave-one-out method），将可获得的 N 个标记样本每次留出一个样本验证模型，其余 $N-1$ 个样本用于训练模型。

2.9　二分类模型的评价

从银行对客户进行授信到医生对患者进行诊断，数据的分类是一个非常广泛的问题。对于分类问题，训练模型时输入数据的维度可以很高，但是数据集中每一条数据可能只属于几个类别中的一个。例如，对于成年人类，可以选择身高、体重、胸围、臀围、腰围、头外径、发型等一系列外在特征构成一组高维向量描述每一个人，但是由这些数据学习到的模型只有两个输出：男人或女人。像这样将数据分为两类的问题称为二分类问题。建模时，为每一组向量打上标签（男人或女人，阳性或阴性），然后根据这些带有类别标签的特征向量建立分类模型。原始的数据被随机地分成估计集、验证集和测试集，估计集用于模型的学习，验证集用于模型训练过程中的交叉验证，测试集用于测试训练出的模型的泛化能力。对模型的评价可以在估计集、验证集和测试集上分别进行。在这里，我们将分类问题限定为二分类，也就是数据集中的每条数据只属于两个类别中的一个，如标记为“1”或“0”，借用医学检测的术语，“1”称为阳性，“0”称为阴性。

评价二分类模型性能的指标有很多，目前应用最广泛的有准确度、灵敏度、特异性、马修相关系数等。首先我们定义表 2.2 的参数。

表 2.2　预测结果评价指标中参数的定义

符号	名称	描述
TP（true positive）	真阳性	阳性样本经过正确分类之后被判为阳性
TN（true negative）	真阴性	阴性样本经过正确分类之后被判为阴性
FP（false positive）	假阳性	阴性样本经过错误分类之后被判为阳性
FN（false negative）	假阴性	阳性样本经过错误分类之后被判为阴性

1）准确度

准确度定义如下：

$$\text{Accuracy} = \frac{\text{TP} + \text{TN}}{\text{TP} + \text{FP} + \text{TN} + \text{FN}} \tag{2.85}$$

式中，分子是被正确分类的样本数；分母是样本总数。准确度表示算法对真阳性和真阴性样本分类的正确程度。

2）灵敏度

灵敏度，也称作召回率、真阳性率，定义如下：

$$\text{Sensitivity} = \frac{\text{TP}}{\text{TP} + \text{FN}} \tag{2.86}$$

式中，分子是被正确分类的阳性样本数；分母是阳性样本总数。灵敏度表示算法对阳性样本分类的正确程度，灵敏度越大表示算法对阳性样本分类越准确。

3）特异度

特异度定义如下：

$$\text{Specificity} = \frac{\text{TN}}{\text{TN} + \text{FP}} \tag{2.87}$$

式中，分子是被正确分类的阴性样本数；分母是阴性样本总数。特异度表示算法对阴性样本分类的正确程度，特异度越大表示算法对阴性样本分类越准确。

4）F_1 分数

F_1 分数又称平衡 F 分数（balanced F Score），它同时兼顾了分类模型的准确度和灵敏度。F_1 分数可以看作模型准确度和灵敏度的一种加权平均，它的最大值是 1，最小值是 0。定义如下：

$$F_1 = \frac{2\text{TP}}{2\text{TP} + \text{FP} + \text{FN}} \tag{2.88}$$

5）马修相关系数

马修相关系数表示算法结果的可靠性，定义如下：

$$\text{MCC} = \frac{\text{TP} \times \text{TN} - \text{FP} \times \text{FN}}{\sqrt{(\text{TN} + \text{FN}) \times (\text{TP} + \text{FP}) \times (\text{TN} + \text{FP}) \times (\text{TP} + \text{FN})}} \tag{2.89}$$

式中，当 FP 和 FN 全为 0 时，MCC 为 1，表示分类的结果完全正确；当 TP 和 TN 全为 0 时，MCC 值为 -1，表示分类的结果完全错误。

6）受试者工作特征曲线

受试者工作特征曲线（receiver operating characteristic curve），简称 ROC 曲线，是以真阳性率（灵敏度）为纵坐标，假阳性率（1− 特异度）为横坐标绘制的曲线。如果只计算一次分类的特异度和灵敏度，就只能得到曲线上的一个点。在二分类中，对于任意选定的一个向量 $\hat{\boldsymbol{x}}$，其类别的判别依赖于决策函数：

$$f(\hat{\boldsymbol{x}}) = \boldsymbol{w} \cdot \hat{\boldsymbol{x}} + b \tag{2.90}$$

在一个二分类模型中，就任意给定的向量 $\hat{\boldsymbol{x}}$，依照式（2.90）得到一个决策值。如果将决策值代入 Sigmoid 函数：

$$y = \frac{1}{1 + \mathrm{e}^{-f(\hat{\boldsymbol{x}})}} \tag{2.91}$$

就可以得到一个位于区间（0,1）的值。注意到对于正好落在分类面上的向量 $\hat{\boldsymbol{x}}$，$-f(\hat{\boldsymbol{x}}) = 0$，此时 $y = 0.5$。通常，如果 y 大于或等于某个给定的阈值，如 0.5，则将 $\hat{\boldsymbol{x}}$ 划归为正类 (阳性)，小于这个值则划归到负类 (阴性)。如果减小阈值，如从 0.5 减小到 0.3，就能识别出更多的正类，也就是提高了识别出的正类占所有正类的比例，但同时也将更多的阴性样本误判为阳性样本。总之，有了决策值，改变阈值，就能够得到不同的灵敏度和特异度，进而画出 ROC 曲线。ROC 曲线下的面积（area under the curve）通常缩写为 AUC。显然 AUC < 1，通常认为 AUC 越接近 1，分类器越好。

最好的预测方法在图 2.4 中 ROC 曲线上的坐标为 $(0, 1)$，代表 100%的灵敏度（无假阴性），100%的特异度（无假阳性）。$(0, 1)$ 点也被称为完美分类。随机猜测得到的点位于图 2.4 所示的从左下角到右上角的对角线上。该对角线将 ROC 的空间分成两个部分。位于对角线上方的点代表比随机猜测更好的分类结果，位于对角线下方的点代表比随机猜测更差的分类结果。如果一个分类器总是一致性地给出差预测结果，则将预测的阳性和阴性反过来，它就是一个好的分类器。

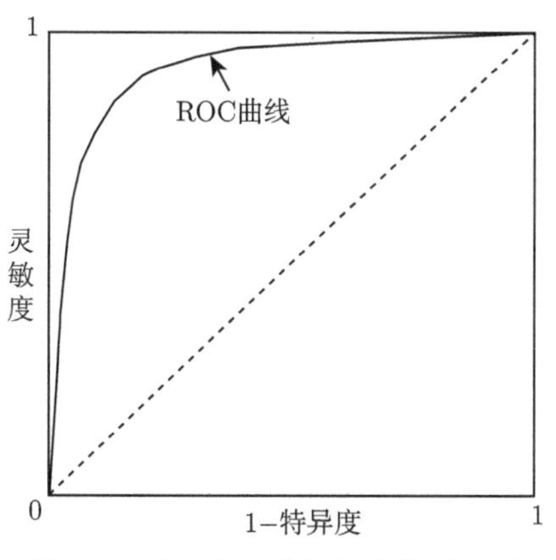

图 2.4　受试者工作特征曲线示意图

2.10　机器学习的工具包

在学习的过程中，根据机器学习算法编写源代码，这一点对于算法的掌握、修改和创新很重要。很多时候，我们希望基于现有的算法快速解决面临的实际问题，并不打算花时间编写和调试代码。如果目标是面向应用，有几个优秀的软件包可能在许多场合都能满足我们的需求，其中一个就是开源机器学习库 Scikit-learn，简称 Sklearn，它拥有完善的文档，上手容易，具有丰富的 API，颇受欢迎。

Sklearn 是 SciPy 的扩展，建立在 NumPy 和 Matplolib 库的基础上，封装了回归、降维、分类、聚类等机器学习算法。它还包括了特征提取、数据处理和模型评估三大模块。通过 Python 程序调用这些模块，几行脚本代码就可以完成大多数与机器学习相关的工作。虽然这些算法模块限制了使用者的自由度，但提高了效率，降低了难度。Sklearn 还内置了大量样例数据集，供大家在学习过程中调用。

扩展阅读

从互联网上下载并阅读 Scikit-learn 使用手册。

思考与练习

1. 主成分分析中，第一主成分有什么意义？
2. 什么样的拟合是过拟合？什么样的拟合是欠拟合？
3. 模型训练时为什么要进行交叉验证？训练的停止点设在什么地方？
4. 怎样度量两个相同维度向量之间的线性相关性？
5. 怎样度量分布 p 和分布 q 之间的距离？
6. 随机梯度下降中随机性是怎样实现的？
7. 为什么模型的训练和测试要用独立的数据集？
8. 在自己的计算机上安装 Python、Sklearn 和其他支持软件包。

第3章　回归分析

3.1　回归分析问题

在统计建模中，回归分析是一套用于估计变量之间关系的统计过程。回归分析有助于理解当自变量中的任何一个变量变化时，因变量是如何变化的。通常，回归分析用来估计自变量给定时因变量的条件期望，即估计自变量固定时因变量的平均值。在狭义上，回归特指因变量对自变量连续响应的估计，而不是分类中的离散响应估计，这种情形称为度量回归，以将其与其他问题区分开来。

回归分析广泛用于预测和预报，它的使用与机器学习领域有很大的重叠。回归分析还用于了解自变量中哪些与因变量相关，并探索这些关系的形式。当采用回归分析推断自变量和因变量之间的因果关系时必须小心谨慎，因为这可能导致错觉或错误的关系。

回归模型包括以下参数和变量。

（1）未知参数，记为 $\beta=(\beta_1,\cdots,\beta_p)^{\mathrm{T}}$。

（2）自变量 $\boldsymbol{x}$，有 k 个分量，记为 $\boldsymbol{x}=(x_1,\cdots,x_k)^{\mathrm{T}}$。

（3）因变量 y。

回归模型是 y 的条件期望与 $\boldsymbol{x}$、β 之间的关系：

$$\mathbb{E}(y|\boldsymbol{x})=f(\boldsymbol{x},\beta) \tag{3.1}$$

因变量 y 与 $\boldsymbol{x}$、β 之间的关系如下：

$$y=f(\boldsymbol{x},\beta)+e \tag{3.2}$$

式中，e 为随机误差，通常假设其满足正态分布。为落实回归分析，我们需要知道函数 f 的具体形式，如果不清楚 y 和 $\boldsymbol{x}$ 的关系，可以选择一个大家通常采用的函数。

考虑 k 个自变量 $x_1,x_2,\cdots,x_k$，一个因变量 y 和未知参数向量 $\boldsymbol{\beta}$ 的 p 个参数 $\beta_1,\beta_2,\cdots,\beta_p$，期望 $\mathbb{E}(y)$ 与自变量间的关系表达为

$$\mathbb{E}(y)=f(x_1,\cdots,x_k;\beta_1,\cdots,\beta_p) \tag{3.3}$$

式中，函数 f 的形式已知，但是参数 $\beta_1,\cdots,\beta_p$ 未知。现在我们面临的问题是需要对参数进行估计。这样的问题称为回归分析问题。

假定 $(\boldsymbol{x},y)$ 数据点的个数为 N。如果 $N<p$，则确定 $\boldsymbol{\beta}$ 的方程是不定的，回归分析方法难以实施。如果 $N=p$，在回归函数是线性时，参数 $\boldsymbol{\beta}$ 能够精确求出；在回归函数是非线性时，参数 $\boldsymbol{\beta}$ 的解可能存在，也可能不存在。更常见的情形是 $N>p$，此时有足够多的信息去估计 $\boldsymbol{\beta}$ 的每一个分量，确定 $\boldsymbol{\beta}$ 的方程是超定的，此时我们希望找到未知参数 $\boldsymbol{\beta}$ 的解，使模型对因变量 y 的预测结果和数据点之间的距离最小，通常采用最小二乘法实现这一目标。

3.2 线性回归分析

3.2.1 线性回归分析问题

本节将讨论回归分析中的一种常见情况，就是因变量 y 是参数 $\beta_1,\cdots,\beta_p$ 的线性组合，也就是函数 f 具有以下形式：

$$f(x_1,\cdots,x_k;\beta_1,\cdots,\beta_p)=\sum_{j=1}^{p}\beta_j f_j(x_1,\cdots,x_k) \tag{3.4}$$

式中，$f_j(j=1,2,\cdots,p)$ 是关于自变量 $x_1,\cdots,x_k$ 的已知函数，所以 f 是参数 $\beta_1,\cdots,\beta_p$ 的线性函数。对这样的线性函数中的参数进行估计的问题称为线性回归分析问题。特别需要注意的是，这里线性指的是因变量 y 和参数 $\boldsymbol{\beta}$ 之间的关系，不是 y 与自变量 $\boldsymbol{x}$ 之间的关系。

假设总共做了 n 次试验，第 i 次试验中，自变量 $x_1,\cdots,x_k$ 的取值分别为 $x_{i1},\cdots,x_{ik}$，y 的取值为 y_i，则有

$$y_i=\sum_{j=1}^{p}\beta_j f_j(x_{i1},\cdots,x_{ik})+e_i,\quad i=1,2,\cdots,n \tag{3.5}$$

假设随机误差 e_i 满足正态分布，即 $e_i\sim N(0,\sigma_i^2)$，这样一来，$\mathbb{E}(e_i)=0$，$\mathrm{var}(e_i)=\sigma_i^2$。

记 $z_{ji}=f_j(x_{i1},\cdots,x_{ik})(i=1,2,\cdots,n;j=1,2,\cdots,p)$，则式（3.5）可改写成如下形式：

$$y_i=\sum_{j=1}^{p}\beta_j z_{ji}+e_i,\quad i=1,2,\cdots,n \tag{3.6}$$

上式的矩阵形式为

$$\boldsymbol{y}=\boldsymbol{Z}\boldsymbol{\beta}+\boldsymbol{e} \tag{3.7}$$

式中

$$\boldsymbol{y}=(y_1,\cdots,y_n)^{\mathrm{T}},\quad \boldsymbol{\beta}=(\beta_1,\cdots,\beta_p)^{\mathrm{T}} \tag{3.8}$$

$$\boldsymbol{Z}=\begin{pmatrix} z_{11} & \cdots & z_{p1}\\ \vdots & \ddots & \vdots \\ z_{1n} & \cdots & z_{pn}\end{pmatrix}=\begin{pmatrix}\boldsymbol{z}_1\\ \vdots\\ \boldsymbol{z}_n\end{pmatrix},\quad \boldsymbol{z}_i=(z_{1i},\cdots,z_{pi}),\quad i=1,2,\cdots,n \tag{3.9}$$

下面通过最小二乘估计求参数 $\boldsymbol{\beta}$ 的估计值 $\hat{\boldsymbol{\beta}}$。由式（3.7）知，对应于 $\boldsymbol{\beta}$，随机误差的 L^2 范数为

$$\begin{aligned} R&=||\boldsymbol{e}||^2=||\boldsymbol{y}-\boldsymbol{Z}\boldsymbol{\beta}||^2\\ &=||\boldsymbol{y}||^2-\boldsymbol{y}^{\mathrm{T}}\boldsymbol{Z}\boldsymbol{\beta}-\boldsymbol{\beta}^{\mathrm{T}}\boldsymbol{Z}^{\mathrm{T}}\boldsymbol{y}+\boldsymbol{\beta}^{\mathrm{T}}\boldsymbol{Z}^{\mathrm{T}}\boldsymbol{Z}\boldsymbol{\beta}\\ &=||\boldsymbol{y}||^2-2\boldsymbol{\beta}^{\mathrm{T}}\boldsymbol{Z}^{\mathrm{T}}\boldsymbol{y}+\boldsymbol{\beta}^{\mathrm{T}}\boldsymbol{A}\boldsymbol{\beta}\end{aligned} \tag{3.10}$$

式中，$\boldsymbol{A}=\boldsymbol{Z}^{\mathrm{T}}\boldsymbol{Z}$。参数 $\boldsymbol{\beta}$ 的估计值 $\hat{\boldsymbol{\beta}}$ 通过随机误差 L^2 范数取最小值获得，即

$$\hat{\boldsymbol{\beta}}=\underset{\boldsymbol{\beta}}{\operatorname{argmin}}\,||\boldsymbol{y}-\boldsymbol{Z\beta}||^2 \tag{3.11}$$

从而

$$\frac{\partial R}{\partial \beta_i}=0, \quad i=1,2,\cdots,p \tag{3.12}$$

由式 (3.11) 得到参数 $\boldsymbol{\beta}$ 的估计值：

$$\hat{\boldsymbol{\beta}}=\boldsymbol{A}^{-1}\boldsymbol{Z}^{\mathrm{T}}\boldsymbol{y} \tag{3.13}$$

3.2.2 线性回归形式

如果式 (3.4) 和式 (3.5) 中函数 f_j 中含有常数项，则式 (3.6) 总可以记成如下形式：

$$\begin{aligned} y_i &= \beta_0+\beta_1 z_{i1}+\beta_2 z_{i2}+\cdots+\beta_p z_{ip}+e_i \\ &= \beta_0+\sum_{j=1}^{p}\beta_j z_{ji}+e_i, \quad i=1,2,\cdots,n \end{aligned} \tag{3.14}$$

式 (3.14) 的矩阵形式仍然是

$$\boldsymbol{y}=\boldsymbol{Z\beta}+\boldsymbol{e} \tag{3.15}$$

其中

$$\boldsymbol{y}=(y_1,\cdots,y_n)^{\mathrm{T}}, \quad \boldsymbol{\beta}=(\beta_0,\beta_1,\cdots,\beta_p)^{\mathrm{T}} \tag{3.16}$$

$$\boldsymbol{Z}=\begin{pmatrix} 1 & z_{11} & \cdots & z_{p1} \\ \vdots & \vdots & \ddots & \vdots \\ 1 & z_{1n} & \cdots & z_{pn} \end{pmatrix} \tag{3.17}$$

式 (3.15) 和式 (3.7) 具有相同的形式，可以采用最小二乘法估计 $\boldsymbol{\beta}$ 的值。类比式 (3.13)，有

$$\hat{\boldsymbol{\beta}}=\boldsymbol{A}^{-1}\boldsymbol{Z}^{\mathrm{T}}\boldsymbol{y} \tag{3.18}$$

式中，$\boldsymbol{A}=\boldsymbol{Z}^{\mathrm{T}}\boldsymbol{Z}$。

3.2.3 简单线性回归

只有一个自变量的线性回归称为简单线性回归。在这种情况下，式 (3.15) 中：

$$\boldsymbol{y}=(y_1,\cdots,y_n)^{\mathrm{T}}, \quad \boldsymbol{\beta}=(\beta_0,\beta_1)^{\mathrm{T}} \tag{3.19}$$

$$\boldsymbol{Z}=\begin{pmatrix} 1 & z_1 \\ \vdots & \vdots \\ 1 & z_n \end{pmatrix} \tag{3.20}$$

$$\boldsymbol{A}^{-1}=(\boldsymbol{Z}^{\mathrm{T}}\boldsymbol{Z})^{-1}=\begin{pmatrix} n & z_1+\cdots+z_n \\ z_1+\cdots+z_n & z_1^2+\cdots+z_n^2 \end{pmatrix}^{-1}$$
$$=\frac{\begin{pmatrix} z_1^2+\cdots+z_n^2 & -(z_1+\cdots+z_n) \\ -(z_1+\cdots+z_n) & n \end{pmatrix}}{n(z_1^2+\cdots+z_n^2)-(z_1+\cdots+z_n)^2}$$
$$=\frac{\begin{pmatrix} \sum\limits_{i=1}^{n} z_i^2 & -n\bar{z} \\ -n\bar{z} & n \end{pmatrix}}{n\sum\limits_{i=1}^{n}(z_i-\bar{z})^2} \tag{3.21}$$

式中，$\bar{z}=\dfrac{z_1+\cdots+z_n}{n}$。

将式（3.19）～式（3.21）代入式（3.18）得到回归参数的估计值：

$$\hat{\beta}_0=\bar{y}-\hat{\beta}_1\bar{z}$$
$$\hat{\beta}_1=\frac{\sum\limits_{i=1}^{n}(z_i-\bar{z})(y_i-\bar{y})}{\sum\limits_{i=1}^{n}(z_i-\bar{z})^2} \tag{3.22}$$

3.3 Logistic 回归

线性回归分析中，因变量 y 在其定义域内连续取值。实际生活中会遇到许多二值问题，例如，求职录用或拒绝、竞赛赢或输等。假设一个求职的情景，求职者的专业背景、工作技能、个人品行、身体状况、心理素质等由一组特征刻画，构成控制变量（自变量），求职过程就是面试官度量求职者的这些特征，并将其映射到 0（拒绝）或 1（录用）的过程。Logistic 回归有类似的功能，它通过 Logistic 函数将自变量（一组特征变量）映射为一个二值离散变量，其取值为 1 或 0。

3.3.1 Logistic 函数

Logistic 函数也叫作 Sigmoid 函数，其形式如下：

$$f(x)=\frac{1}{1+\mathrm{e}^{-x}} \tag{3.23}$$

其 S 形曲线形态如图 3.1 所示。Sigmoid 函数是单调连续递增函数，定义域是 $(-\infty,+\infty)$，值域是 $(0,1)$。该函数的导数为

$$\frac{\mathrm{d}f(x)}{\mathrm{d}x}=f(x)(1-f(x)) \tag{3.24}$$

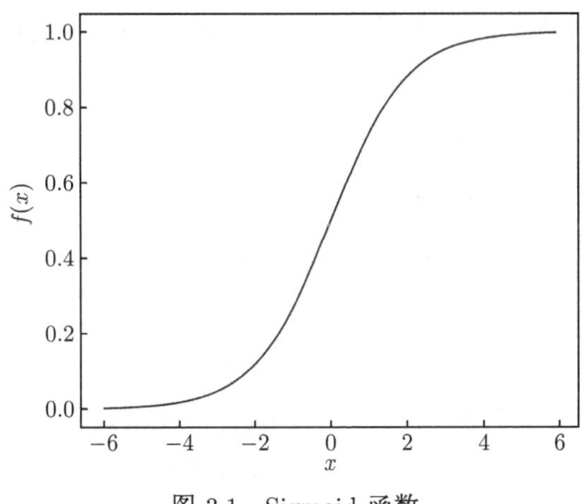

图 3.1 Sigmoid 函数

3.3.2 线性二分类

假设一名内科医生在感冒的诊断方面训练有素、经验丰富，能够准确判断患者患的是普通感冒还是流感，如果是流感，则属于哪种亚型。这相当于医生的大脑根据患者病情特征建立了分类模型。现在收诊了一位新患者，通过问诊和检测获得了他的病情特征，然后医生根据经验（相当于大脑中已经建立好的某种模型）判断该患者得的到底是普通感冒还是流感（二分类），如果是流感，则属于哪种亚型（多分类）。有监督的分类问题就是根据标记好的数据集，建立具有良好泛化能力的分类模型。类别数目可以是两类也可以是多类，称前者为二分类，后者为多分类，在这里，我们关注二分类。

给定 n 维实空间中由 m 个带有类别标签的数据构成的数据集 $s:s=\{(\boldsymbol{x}_1,y_1),\cdots,(\boldsymbol{x}_m,y_m)\}$，其中 $\boldsymbol{x}_i\in\mathbb{R}^n$，$y_i\in\{0,1\}$，$i=1,2,\cdots,m$，$y_i$ 是数据的类别标签。线性二分类的任务就是在该 n 维空间中找出将数据集 s 分成两类的超平面。

为直观起见，如图 3.2 所示，我们用二维空间指代 n 维空间。二维空间中，每一个点的坐标为 (x_1,x_2)，也就是一个向量 $\boldsymbol{x}$ 有两个分量 (x_1 和 x_2)。n 维空间中的一个超平面简化为二维空间中的一条直线。n 维空间中超平面方程的一般形式为

$$\boldsymbol{w}\cdot\boldsymbol{x}+b=0 \tag{3.25}$$

式中，$\boldsymbol{w}$ 是该超平面的法向量。如图 3.2（b）所示，用 d_1 表示分类面外类别 1（后面称为正类或阳性类）中任意选定一个点 $\boldsymbol{x}$ 到此平面的几何距离；用 d_2 表示分类面外类别 2（后面称为负类或阴性类）中任意选定一个点 $\boldsymbol{x}$ 到此平面的几何距离。这里我们对 n 维空间中的一个点与该点所对应的向量不做区分，也就是说两种说法可混用。从分类面外的这两个点分别向分类面作垂线，垂足分别为 $\boldsymbol{x}_{\text{o}1}$、$\boldsymbol{x}_{\text{o}2}$。显然：

$$\begin{aligned}\boldsymbol{x}-\boldsymbol{x}_{\text{o}1}&=d_1\frac{\boldsymbol{w}}{\|\boldsymbol{w}\|}\\ \boldsymbol{x}-\boldsymbol{x}_{\text{o}2}&=-d_2\frac{\boldsymbol{w}}{\|\boldsymbol{w}\|}\end{aligned} \tag{3.26}$$

式中，$\|\boldsymbol{w}\| = \sqrt{\boldsymbol{w} \cdot \boldsymbol{w}}$ 是超平面法向量的模。用 $\boldsymbol{w}$ 点乘式 (3.26)，并注意到 $\boldsymbol{x}_{o1}$ 和 $\boldsymbol{x}_{o2}$ 是超平面上的点，满足式 (3.25)，就得到

$$\begin{aligned} \boldsymbol{w} \cdot \boldsymbol{x} + b = d_1||\boldsymbol{w}|| > 0 \\ \boldsymbol{w} \cdot \boldsymbol{x} + b = -d_2||\boldsymbol{w}|| < 0 \end{aligned} \tag{3.27}$$

用 $\boldsymbol{w} \cdot \boldsymbol{x} + b$ 替代 Logistic 函数式 (3.24) 中的 x，得到

$$y = f(\boldsymbol{w}, \boldsymbol{x}) = \frac{1}{1 + \mathrm{e}^{-(\boldsymbol{w} \cdot \boldsymbol{x} + b)}} \tag{3.28}$$

式 (3.28) 只能将 $\boldsymbol{w} \cdot \boldsymbol{x} + b$ 映射到 $(0,1)$ 区间，函数 f 在该区间取任意值。对应于图 3.2 中的分类面 $\boldsymbol{w} \cdot \boldsymbol{x} + b = 0$，$y = 0.5$；对应于图 3.2 中的正类，$\boldsymbol{w} \cdot \boldsymbol{x} + b > 0$，$0.5 < y < 1$；对应于图 3.2 中的负类，$\boldsymbol{w} \cdot \boldsymbol{x} + b < 0$，$0 < y < 0.5$。这样一来，我们可以将函数 f 的值 y 看作模型将数据 $\boldsymbol{x}$ 分为正类的概率，而 $1 - y$ 看作模型将数据 $\boldsymbol{x}$ 分为负类的概率。另外，可以认为 f 的值是数据 $\boldsymbol{x}$ 属于正类的估计值 $\hat{y}$，$1 - f$ 的值是数据 $\boldsymbol{x}$ 属于负类的估计值 $1 - \hat{y}$。我们需要定义一个损失函数度量类别的估计值和真实值之间的差异。

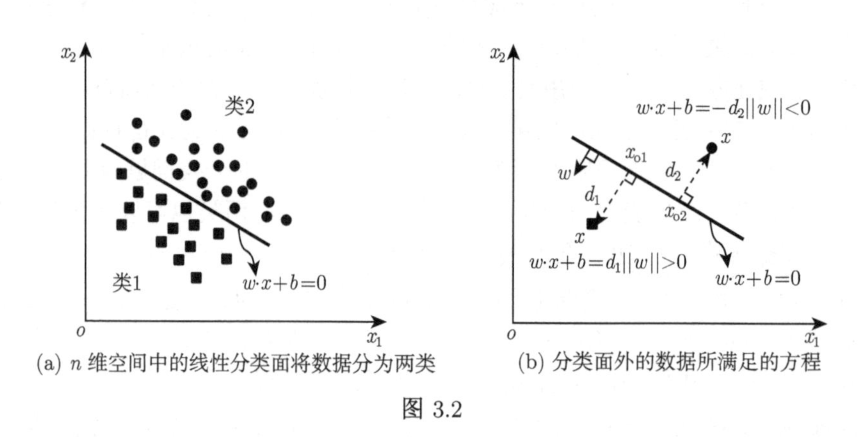

(a) n 维空间中的线性分类面将数据分为两类　　(b) 分类面外的数据所满足的方程

图 3.2

3.3.3 对数似然函数与代价函数

如 3.3.2 节所述，数据 $\boldsymbol{x}$ 要么属于正类，要么属于负类，概率由 Logistic 函数给出。这有点像掷硬币，要么正面，要么反面。对于这类问题，单次试验的概率由 0-1 分布给出：

$$p = f^x(1 - f)^{1-x}, \quad x \in 0, 1 \tag{3.29}$$

式中，f 是 x 取值为 1 的概率，例如，投掷硬币时正面出现的概率；$1 - f$ 是 x 取值为 0 的概率。显然，式 (3.29) 中的 x 只能是 1 或 0，当 $x = 1$ 时，$p = f$，正好是数据 $\boldsymbol{x}$ 属于正类的概率；当 $x = 0$ 时，$p = 1 - f$，正好是数据 $\boldsymbol{x}$ 属于负类的概率。对于 n 维实空间中由 m 个数据构成的数据集 $\boldsymbol{s} = \{\boldsymbol{x}_1, \cdots, \boldsymbol{x}_m\}$，假设数据彼此之间满足独立同分布，则对于整个数据集，由所有数据对应概率的乘积得到似然函数：

$$L = \prod_{i=1}^{m} \hat{y}_i^{y_i}(1 - \hat{y}_i)^{(1-y_i)} \tag{3.30}$$

式中，$\hat{y}_i = \dfrac{1}{1+\mathrm{e}^{-(\boldsymbol{w}\cdot\boldsymbol{x}_i+b)}}$，$y_i \in \{0,1\}$ 是数据 $\boldsymbol{x}_i$ 的类别标签。对式 (3.30) 两边取以 e 为底的对数得到对数似然函数：

$$\ell = \sum_{i=1}^{m}[y_i \ln \hat{y}_i + (1-y_i)\ln(1-\hat{y}_i)] \tag{3.31}$$

式中，$y_i \in \{0,1\}$ 是数据 $\boldsymbol{x}_i$ 的类别标签。当 $y_i = 1$ 时，$\hat{y}_i$ 越接近 1，$\ln \hat{y}_i$ 越大；当 $y_i = 0$ 时，$\hat{y}_i$ 越接近 0，$\ln(1-\hat{y}_i)$ 越大。总的来说，由 Logistic 函数得到的估计值 $\hat{y}$ 越接近数据 $\boldsymbol{x}$ 的类别标签，对数似然函数 ℓ 越大。而 $\hat{y}$ 由 Logistic 函数给出，数据集 $\{\boldsymbol{x}_1,\cdots,\boldsymbol{x}_m\}$ 中所有的数据共享参数 $(\boldsymbol{w},b)$，不同的参数值给出不同的对数似然，最优的参数是使对数似然最大的参数。对于单个数据，最优参数不能保证 Logistic 函数的估计值非常接近类别标签，但是在整体上，也就是就整体数据集而言，这组参数是最好的。

式 (3.31) 有着特别的意义。注意到 $0 < \hat{y}_i < 1$，$\ln \hat{y}_i < 0$，$\ln(1-\hat{y}_i) < 0$。对数似然 $-\infty < \ell < 0$。如果所有的估计值 $\hat{y}_i (i = 1,2,\cdots,m)$ 都趋近于与类别标签 $y_i \in \{0,1\}$ 一致，则对数似然函数 $\ell \to 0$；如果所有的估计值 $\hat{y}_i$ 中，$i = 1,2,\cdots,m$ 都和类别标签 y_i 相反，即 $y_i = 1$，$\hat{y}_i \to 0$；$y_i = 0$，$\hat{y}_i \to 1$，则对数似然函数 $\ell \to -\infty$。式 (3.31) 的特别意义在于可以将对数似然函数看作估值的代价函数，用其平均值的负值定义 Logistic 回归的代价函数：

$$z = -\frac{1}{m}\sum_{i=1}^{m}[y_i \ln \hat{y}_i + (1-y_i)\ln(1-\hat{y}_i)] \tag{3.32}$$

以上代价函数属于交叉熵形式。类似式 (3.14)、式 (3.15) 的做法，在数据 $\boldsymbol{x}$ 中增加一个新的维度，其值为 1，相应地，参数 $\boldsymbol{w}$ 增加一个新的分量，仍然记为 $\boldsymbol{w}$。这样一来，将 $\boldsymbol{w}\cdot\boldsymbol{x}+b$ 转换成 $\boldsymbol{w}\cdot\boldsymbol{x}$，由 Logistic 函数得到的 y_i 的估计值为

$$\hat{y}_i = \frac{1}{1+\mathrm{e}^{-\boldsymbol{w}\cdot\boldsymbol{x}_i}} \tag{3.33}$$

将式 (3.33) 代入式 (3.32) 得到代价函数：

$$z = \frac{1}{m}\sum_{i=1}^{m}[(1-y_i)\boldsymbol{w}\cdot\boldsymbol{x}_i + \ln(1+\mathrm{e}^{-\boldsymbol{w}\cdot\boldsymbol{x}_i})] = \frac{1}{m}\sum_{i=1}^{m} z_i \tag{3.34}$$

其中

$$z_i = (1-y_i)\boldsymbol{w}\cdot\boldsymbol{x}_i + \ln(1+\mathrm{e}^{-\boldsymbol{w}\cdot\boldsymbol{x}_i}) \tag{3.35}$$

代价函数对参数的梯度为

$$\begin{aligned}\nabla_{\boldsymbol{w}} z = \frac{\partial z}{\partial \boldsymbol{w}} &= \frac{1}{m}\sum_{i=1}^{m}\left[(1-y_i) - \frac{\mathrm{e}^{-\boldsymbol{w}\cdot\boldsymbol{x}_i}}{1+\mathrm{e}^{-\boldsymbol{w}\cdot\boldsymbol{x}_i}}\right]\boldsymbol{x}_i \\ &= \frac{1}{m}\sum_{i=1}^{m}(\hat{y}_i - y_i)\boldsymbol{x}_i\end{aligned} \tag{3.36}$$

由式 (3.36) 得到 z_i 对参数 $\boldsymbol{w}$ 的二阶导数张量为

$$\frac{\partial^2 z_i}{\partial \boldsymbol{w}^2} = (\hat{y}_i - \hat{y}_i^2)\boldsymbol{x}_i\boldsymbol{x}_i \tag{3.37}$$

如果代价函数 z 是凸函数，且存在参数 $\boldsymbol{w}^*$，使 $\frac{\partial z}{\partial \boldsymbol{w}}|_{\boldsymbol{w}=\boldsymbol{w}^*} = \boldsymbol{0}$，则代价函数 z 在 $\boldsymbol{w}^*$ 处取最小值。

下面将证明由式（3.34）所定义的代价函数是凸函数。由于凸函数的和是凸函数，只需要证明式（3.34）中 z_i 是凸函数，也就是证明它的 Hessian 矩阵半正定。式（3.37）是一个张量形式，它对应的矩阵形式正好就是 Hessian 矩阵。由于 $\hat{y}_i - \hat{y}_i^2 > 0$，去掉它不改变 Hessian 矩阵的正定性，所以只需要证明 $\boldsymbol{x}_i\boldsymbol{x}_i$ 是半正定。为方便，将 n 维实空间中的向量 $\boldsymbol{x}_i$ 记为 $\boldsymbol{x}$，则二阶张量 $\boldsymbol{x}\boldsymbol{x}$ 的矩阵形式为

$$\boldsymbol{H} = \begin{pmatrix} x_1^2 & \cdots & x_1x_n \\ \vdots & \ddots & \vdots \\ x_nx_1 & \ldots & x_n^2 \end{pmatrix} \tag{3.38}$$

式中，x_i 是向量 $\boldsymbol{x}$ 的第 i 个分量。对于任意一个非零实向量 $\boldsymbol{y} = (y_1, \cdots, y_n)^{\mathrm{T}}$，二次型：

$$\begin{aligned} \boldsymbol{y}^{\mathrm{T}}\boldsymbol{H}\boldsymbol{y} &= (y_1 \cdots y_n)\begin{pmatrix} x_1^2 & \cdots & x_1x_n \\ \vdots & \ddots & \vdots \\ x_nx_1 & \ldots & x_n^2 \end{pmatrix}\begin{pmatrix} y_1 \\ \vdots \\ y_n \end{pmatrix} \\ &= (x_1y_1 + x_2y_2 + \cdots + x_ny_n)^2 \geqslant 0 \end{aligned} \tag{3.39}$$

到此为止，我们证明了式（3.34）中 z_i 是凸函数，从而也就证明了代价函数 z 是凸函数。

3.3.4 最优参数的学习

最优参数 $\boldsymbol{w}^*$ 是使代价函数 z 取最小值的参数，即

$$\boldsymbol{w}^* = \arg\min_{\boldsymbol{w}} \sum_{i=1}^{m}[(1-y_i)\boldsymbol{w}\cdot\boldsymbol{x}_i + \ln(1+\mathrm{e}^{-\boldsymbol{w}\cdot\boldsymbol{x}_i})] \tag{3.40}$$

有多种方法得到 $\boldsymbol{w}^*$，如牛顿法、梯度下降法等。在这里，我们采用梯度下降法。代价函数梯度的方向是该函数上升最快的方向，其反方向就是该函数下降最快的方向。参数的迭代满足：

$$\begin{aligned} \boldsymbol{w}^{t+1} &= \boldsymbol{w}^t - \eta\nabla_{\boldsymbol{w}}z \\ &= \boldsymbol{w}^t - \eta\sum_{i=1}^{m}(\hat{y}_i^t - y_i)\boldsymbol{x}_i \end{aligned} \tag{3.41}$$

式中，η 是学习率；t 是迭代步。随着迭代的进行，代价函数值同步更新，直至收敛到最小值。式（3.41）第二式中 η 的位置应该是 $\frac{\eta}{m}$，因为 m 是数据集中样本的数量，是一个定值，所以在形式上，将仍然 $\frac{\eta}{m}$ 记为 η。可以将 η 设置成固定值，也可以设置成随着迭代次数的增加而递减。迭代早期较大的 η 值可以提高迭代的效率；迭代晚期较小的 η 值可以提高收敛的准确度，减少振荡。因为代价函数 z 是凸函数，最优参数 $\boldsymbol{w}^*$ 和迭代时 $\boldsymbol{w}$ 的初值无关。

思考与练习

1. 对数似然函数和交叉熵代价函数之间有什么关系?

2. 输入 Sklearn 中乳腺癌数据集，调用 Sklearn 中 LogisticRegression 模块，完成乳腺癌数据集的二分类。

3. 根据上一题的结果，计算灵敏度、特异度、马修相关系数，并画出 ROC 曲线。

第 4 章　支持向量机

4.1　引　　言

支持向量机（support vector machine，SVM）起源于统计学习理论，最初由 B.E. Boser 等在 1992 年的一次计算学习理论的年会上引入。由于其在手稿的辨认上取得了成功，人们开始对它刮目相看。在有监督学习方面，作为该方法的一个重要分支，支持向量机的发展和应用引人瞩目。针对大多数分类问题，支持向量机的分类性能通常优于其他分类算法。支持向量机对维度灾难相对不敏感，而且能够有效地处理样本和变量的超大规模分类。多个高效的 SVM 算法的出现（如 LIBSVM（Chang and Lin，2011））促进了这项技术在实际问题中的应用。第一代 SVM 只能应用于二分类问题。所谓二分类就是将数据或样本分成两个类别，类别多于两个的分类属于多分类问题，目前大多数支持向量机工具包支持多分类。本章只阐述二分类支持向量机，编写过程中参考了 Cristianini 和 Shawe-Taylor 的著作。

4.2　二分类支持向量机算法

为直观起见，在本章中图 4.1 ~ 图 4.3 中，用二维空间指代 n 维空间。二维空间中，每一个点的坐标为 (x_1, x_2)，也就是一个向量 $\boldsymbol{x}$ 有两个分量。在这些图中，n 维空间中的一个超平面简化为二维空间中的一条直线。这样做只是为了直观明了，并不代表每一个向量只有两个分量。一个二维的示意图足以帮助我们理解怎样在 n 维空间中建立具有预测能力的分类模型。

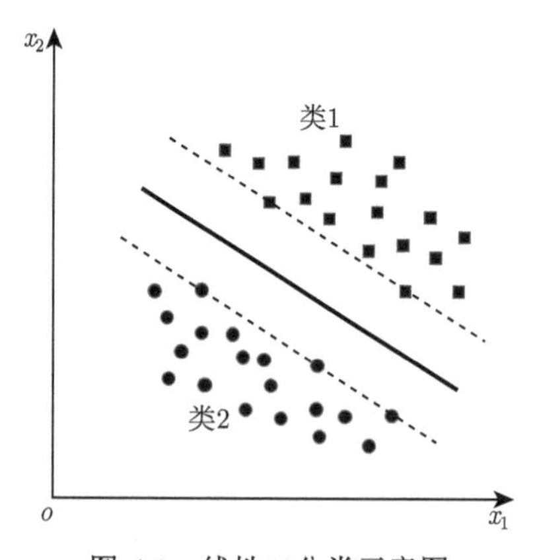

图 4.1　线性二分类示意图

图 4.1 是线性二分类示意图。图中画有三条彼此平行的线，两条虚线表示分类界，数据可以落在分类界上，但不允许越过分类界。位于两个分类界正中间的粗线表示线性分类超平面，它使两类数据间的距离（分类界间的距离）最大化，支持向量机的核心算法就是寻找这

个超平面。每一个样例是多维空间中的一个向量。落在分类界上的向量称作支持向量。后面将介绍基于支持向量机的二分类算法。

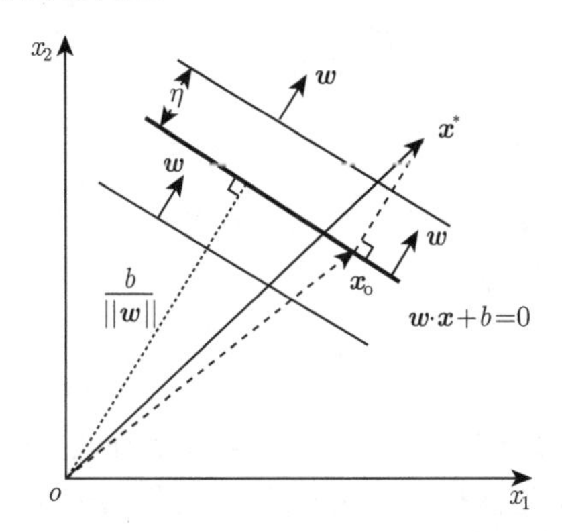

图 4.2　n 维空间中点到超平面的距离示意图

4.2.1　二分类线性支持向量机

如图 4.2 所示，n 维空间中超平面方程的一般形式为

$$\boldsymbol{w} \cdot \boldsymbol{x} + b = 0 \tag{4.1}$$

式中，$\boldsymbol{w}$ 是该超平面的法向量；$\boldsymbol{x}$ 是该平面上的任意一点；b 与平面到坐标原点的距离之间存在比例关系。本章中，如果不特别注明，$\boldsymbol{p} \cdot \boldsymbol{q}$ 代表对它连接的前后两个向量 $\boldsymbol{p}$、$\boldsymbol{q}$ 进行点积（内积）运算，也就是 $\boldsymbol{p} \cdot \boldsymbol{q} = \sum\limits_{i=1}^{n} p_i q_i$。下面求超平面外的任意一点 $\boldsymbol{x}^*$ 到此平面的几何距离，用 d 表示。这里对 n 维空间中的一个点与该点所对应的向量不做区分，也就是说两种说法可混用。过 $\boldsymbol{x}^*$ 作平面的垂线，垂足为 $\boldsymbol{x}_\text{o}$，显然：

$$\boldsymbol{x}^* - \boldsymbol{x}_\text{o} = d\frac{\boldsymbol{w}}{\|\boldsymbol{w}\|} \tag{4.2}$$

式中，$\|\boldsymbol{w}\| = \sqrt{\boldsymbol{w} \cdot \boldsymbol{w}}$ 是超平面法向量的模，用 $\boldsymbol{w}$ 点乘式（4.2），并注意到 $\boldsymbol{x}_\text{o}$ 是超平面上的点，满足式（4.1），就得到

$$d = \frac{\boldsymbol{w} \cdot \boldsymbol{x}^* + b}{\|\boldsymbol{w}\|} \tag{4.3}$$

对于坐标原点 $\boldsymbol{x}^* = 0$，由式（4.3）求得它到超平面 $\boldsymbol{w} \cdot \boldsymbol{x} + b = 0$ 的距离为 $d_0 = \dfrac{b}{\|\boldsymbol{w}\|}$，因此 $b = \|\boldsymbol{w}\| d_0$，也就是 b 是超平面到原点距离的度量。直观上，我们可以得到图 4.2 中和 $\boldsymbol{w} \cdot \boldsymbol{x} + b = 0$ 平行且离坐标原点近一些的那个超平面（分类界）的方程为

$$\boldsymbol{w} \cdot \boldsymbol{x} + (d_0 - \eta)\|\boldsymbol{w}\| = 0，\text{即 } \boldsymbol{w} \cdot \boldsymbol{x} + b - \eta\|\boldsymbol{w}\| = 0 \tag{4.4}$$

且离坐标原点远一些的那个超平面（分类界）的方程为

$$\boldsymbol{w} \cdot \boldsymbol{x} + (d_0 + \eta)\|\boldsymbol{w}\| = 0，\text{即 } \boldsymbol{w} \cdot \boldsymbol{x} + b + \eta\|\boldsymbol{w}\| = 0 \tag{4.5}$$

式（4.1）、式（4.4）、式（4.5）两边除以 $\eta\|\boldsymbol{w}\|$，然后将 $\dfrac{\boldsymbol{w}}{\eta\|\boldsymbol{w}\|}$ 仍然记为 $\boldsymbol{w}$，$\dfrac{b}{\eta\|\boldsymbol{w}\|}$ 仍然记为 b，则分类面以及上下两个分类界的方程分别为

$$\boldsymbol{w} \cdot \boldsymbol{x} + b = 0 \tag{4.6}$$

$$\boldsymbol{w} \cdot \boldsymbol{x} + b = -1$$

$$\boldsymbol{w} \cdot \boldsymbol{x} + b = 1$$

对于所有位于分类界外的任何一个向量 $\boldsymbol{x}$，都有

$$\boldsymbol{w} \cdot \boldsymbol{x} + b \leqslant -1, \text{ 或 } \boldsymbol{w} \cdot \boldsymbol{x} + b \geqslant 1 \tag{4.7}$$

式（4.7）中，等号对应支持向量所在的超平面。将式（4.7）代入式（4.3）得到支持向量所在的超平面到分类超平面的几何间隔为

$$d = \frac{1}{\|\boldsymbol{w}\|} \tag{4.8}$$

支持向量机的一个基本假设是：最合理的分类面是使式（4.8）所表示的几何间隔最大的超平面，也就是满足式（4.7）的前提下，$\|\boldsymbol{w}\|$ 最小的超平面。由此引出下面的优化问题。

问题 1：最大间隔原问题。

给定 n 维空间中 m 个通过超平面可分的带有类别标签 +1 或 −1 的训练样例组成的训练集 $\boldsymbol{S} : \boldsymbol{S} = \{\boldsymbol{x}_1, \boldsymbol{x}_2, \cdots, \boldsymbol{x}_m\}$，其中 $\boldsymbol{x}_i \in \mathbb{R}^n$，求解优化问题。

最小化：

$$\boldsymbol{w} \cdot \boldsymbol{w} \tag{4.9}$$

同时保证：

$$y_i(\boldsymbol{w} \cdot \boldsymbol{x}_i + b) \geqslant 1 \tag{4.10}$$

式中，$i = 1, 2, \cdots, m$；y_i 是 $\boldsymbol{x}_i$ 的类别标签，其值取 +1 或 −1。下面来讨论怎样求解这个优化问题。首先构造关于以上优化问题的拉格朗日函数：

$$\mathcal{L}(\boldsymbol{w}, b, \alpha) = \frac{1}{2}\boldsymbol{w} \cdot \boldsymbol{w} - \sum_{i=1}^{m} \alpha_i[y_i(\boldsymbol{w} \cdot \boldsymbol{x}_i + b) - 1] \tag{4.11}$$

式中，α_i 是拉格朗日乘子。根据 Kuhn-Tucker 定理（Cristianin and Shawe-Taylor，2004），$\boldsymbol{w}$ 是最大间隔原问题的最优解的充分必要条件是

$$\begin{aligned}
&\frac{\partial \mathcal{L}(\boldsymbol{w}, b, \alpha)}{\partial \boldsymbol{w}} = 0 \\
&\frac{\partial \mathcal{L}(\boldsymbol{w}, b, \alpha)}{\partial b} = 0 \\
&\alpha_i[1 - y_i(\boldsymbol{w} \cdot \boldsymbol{x}_i + b)] = 0 \\
&1 - y_i(\boldsymbol{w} \cdot \boldsymbol{x}_i + b) \leqslant 0 \\
&\alpha_i \geqslant 0
\end{aligned} \tag{4.12}$$

式（4.12）中的第三式称为本问题的 Karush-Kuhn-Tucker 互补条件。根据式（4.12）中的第一式和第二式可以得到

$$\begin{aligned}
&\boldsymbol{w} = \sum_{i=1}^{m} y_i \alpha_i \boldsymbol{x}_i \\
&\sum_{i=1}^{m} y_i \alpha_i = 0
\end{aligned} \tag{4.13}$$

将式（4.13）代入式（4.11），得到

$$\mathcal{L}(\boldsymbol{w}, b, \alpha)=\sum_{i=1}^{m}\alpha_i-\frac{1}{2}\sum_{i,j=1}^{m}y_iy_j\alpha_i\alpha_j\boldsymbol{x}_i\cdot\boldsymbol{x}_j \tag{4.14}$$

可以证明，求解最大间隔原问题等效于求解下面的对偶问题。

问题 2：最大间隔对偶问题。

给定 n 维实空间中 m 个通过超平面可分的带有类别标签 +1 或 −1 的训练样例组成的训练集 $\boldsymbol{S}:\boldsymbol{S}=\{\boldsymbol{x}_1, \boldsymbol{x}_2, \cdots, \boldsymbol{x}_m\}$，其中 $\boldsymbol{x}_i\in\mathbb{R}^n$，求解优化问题。

最大化：

$$W(\alpha)=\sum_{i=1}^{m}\alpha_i-\frac{1}{2}\sum_{i,j=1}^{m}y_iy_j\alpha_i\alpha_j\boldsymbol{x}_i\cdot\boldsymbol{x}_j \tag{4.15}$$

同时保证：

$$\sum_{i=1}^{m}y_i\alpha_i=0,\quad \alpha_i\geqslant 0 \tag{4.16}$$

式中，$i=1,2,\cdots,m$；y_i 是 $\boldsymbol{x}_i$ 的类别标签，其值取 +1 或 −1。将求解最大间隔对偶问题得到的 α_i 代入式（4.13）中的第一式，就可以得到 $\boldsymbol{w}$。

讨论：对于非支持向量，$1-y_i(\boldsymbol{w}\cdot\boldsymbol{x}_i+b)<0$，根据式（4.12）中的第三式，也就是本问题的 Karush-Kuhn-Tucker 互补条件得到非支持向量对应的 α_i 等于零，再参考式（4.14）就得出非支持向量对 $\boldsymbol{w}$ 的最优值没有贡献，从而

$$\boldsymbol{w}=\sum_{i}^{J}y_i\alpha_i\boldsymbol{x}_i \tag{4.17}$$

式中，J 是支持向量的总个数。$\boldsymbol{w}$ 确定后，b 的确定很简单，因为对于支持向量有

$$\boldsymbol{w}\cdot\boldsymbol{x}_i^{+}+b=1,\quad \boldsymbol{w}\cdot\boldsymbol{x}_i^{-}+b=-1 \tag{4.18}$$

从而

$$b=-\frac{1}{2}\left(\boldsymbol{w}\cdot\boldsymbol{x}_i^{+}+\boldsymbol{w}\cdot\boldsymbol{x}_i^{-}\right) \tag{4.19}$$

式中，$\boldsymbol{x}_i^{+}$ 和 $\boldsymbol{x}_i^{-}$ 分别是类别标签为 +1 和 −1 的两个支持向量，其对应的 α_i 和 α_j 不等于零。分类面 $\boldsymbol{w}\cdot\boldsymbol{x}+b=0$ 建立后，对于任意一个事先未知类别的样例 $\hat{\boldsymbol{x}}$，如果 $\boldsymbol{w}\cdot\hat{\boldsymbol{x}}+b\geqslant 1$，则模型预测 $\hat{\boldsymbol{x}}$ 的类别为 +1；如果 $\boldsymbol{w}\cdot\hat{\boldsymbol{x}}+b\leqslant -1$，则模型预测 $\hat{\boldsymbol{x}}$ 的类别为 −1。$f(\hat{\boldsymbol{x}})=\boldsymbol{w}\cdot\hat{\boldsymbol{x}}+b$ 称为决策函数。

到目前为止，我们只涉及了最大间隔线性分类模型（分类器）。这类分类器的主要问题是，它总是完美地产生一个没有训练误差的分类模型。当数据存在噪声时（真实情况确实如此），最大间隔分类器可能不适合。如果对最大间隔原问题的约束条件 $y_i(\boldsymbol{w}\cdot\hat{\boldsymbol{x}}+b\geqslant 1)$ 引进一个松弛变量 ξ_i，使间隔约束可以在一定程度上被违背，则最大间隔原问题转化为软间隔优化问题。

问题 3：一阶范数软间隔原问题。

给定 n 维空间中 m 个通过超平面可分的带有类别标签 $+1$ 或 -1 的训练样例组成的训练集 $\boldsymbol{S}: \boldsymbol{S}=\{\boldsymbol{x}_1, \boldsymbol{x}_2, \cdots, \boldsymbol{x}_m\}$，其中 $\boldsymbol{x}_i \in \mathbb{R}^n$，求解优化问题。

最小化：

$$\boldsymbol{w} \cdot \boldsymbol{w} + C\sum_{i=1}^{m} \xi_i \tag{4.20}$$

同时保证：

$$y_i(\boldsymbol{w} \cdot \boldsymbol{x}_i + b) \geqslant 1 - \xi_i, \quad \xi_i \geqslant 0 \tag{4.21}$$

式中，$i=1,2,\cdots,m$；y_i 是 $\boldsymbol{x}_i$ 的类别标签，其值取 $+1$ 或 -1。下面来讨论怎样求解这个优化问题。首先构造拉格朗日函数：

$$\mathcal{L}(\boldsymbol{w}, b, \alpha) = \frac{1}{2}\boldsymbol{w} \cdot \boldsymbol{w} + C\sum_{i=1}^{m} \xi_i - \sum_{i=1}^{m} \alpha_i[y_i(\boldsymbol{w} \cdot \boldsymbol{x}_i + b) - 1 + \xi_i] - \sum_{i=1}^{m} \beta_i \xi_i \tag{4.22}$$

式中，α_i、β_i 是拉格朗日乘子，$\alpha_i \geqslant 0$，$\beta_i \geqslant 0$。

对偶表示可以通过求对应于 $\boldsymbol{w}$、b、ξ_i 的偏导数，然后令其等于零：

$$\begin{aligned} \frac{\partial \mathcal{L}(\boldsymbol{w}, b, \alpha)}{\partial \boldsymbol{w}} &= 0 \\ \frac{\partial \mathcal{L}(\boldsymbol{w}, b, \alpha)}{\partial \xi_i} &= 0 \\ \frac{\partial \mathcal{L}(\boldsymbol{w}, b, \alpha)}{\partial b} &= 0 \end{aligned} \tag{4.23}$$

将式 (4.22) 代入式 (4.23) 得到

$$\begin{aligned} &\boldsymbol{w} = \sum_{i=1}^{m} y_i \alpha_i \boldsymbol{x}_i \\ &C - \alpha_i - \beta_i = 0 \\ &\sum_{i=1}^{m} y_i \alpha_i = 0 \end{aligned} \tag{4.24}$$

将式 (4.24) 代入式 (4.22) 得到

$$\mathcal{L}(\boldsymbol{w}, b, \alpha) = \sum_{i=1}^{m} \alpha_i - \frac{1}{2}\sum_{i,j=1}^{m} y_i y_j \alpha_i \alpha_j \boldsymbol{x}_i \cdot \boldsymbol{x}_j \tag{4.25}$$

出人意料地，式 (4.25) 和式 (4.15) 有完全相同的形式。因为 $\alpha_i \geqslant 0$，$\beta_i \geqslant 0$，式 (4.24) 的第二式变为 $C \geqslant \alpha_i \geqslant 0$ 。这样一来，求解一阶范数软间隔原问题转化为求解下面的对偶问题。

问题 4：一阶范数软间隔对偶问题。

给定 n 维实空间中 m 个通过超平面可分的带有类别标签 $+1$ 或 -1 的训练样例组成的训练集 $\boldsymbol{S}: \boldsymbol{S}=\{\boldsymbol{x}_1, \boldsymbol{x}_2, \cdots, \boldsymbol{x}_m\}$，其中 $\boldsymbol{x}_i \in \mathbb{R}^n$，求解优化问题。

最大化：

$$W(\alpha) = \sum_{i=1}^{m} \alpha_i - \frac{1}{2}\sum_{i,j=1}^{m} y_i y_j \alpha_i \alpha_j \boldsymbol{x}_i \cdot \boldsymbol{x}_j \tag{4.26}$$

同时保证：

$$\sum_{i=1}^{m} y_i\alpha_i = 0, \quad C \geqslant \alpha_i \geqslant 0 \tag{4.27}$$

式中，$i = 1, 2, \cdots, m$；y_i 是 $\boldsymbol{x}_i$ 的类别标签，其值取 $+1$ 或 -1。将求解最大间隔对偶问题得到的 α_i 代入式（4.13）中的第一式，就可以得到 $\boldsymbol{w}$。这里要求解的问题与前面的最大间隔对偶问题非常相似，只是这里对 α_i 加了一个上界 C，通常将这类约束称为盒约束。Karush-Kuhn-Tucker 互补条件成为

$$\begin{aligned} &\alpha_i[1 - y_i(\boldsymbol{w} \cdot \boldsymbol{x}_i + b) - \xi_i] = 0 \\ &\xi_i(\alpha_i - C) = 0 \end{aligned} \tag{4.28}$$

4.2.2　二分类非线性支持向量机

前面阐述了最大间隔线性分类器和一阶范数软间隔线性分类器。前提是用一个超平面将训练集中的样例分成两类，但是这个前提常常不存在。本节讨论此时怎样将训练集中的样例分成两类。如图 4.3 所示，对输入空间中的向量进行一个变换，将其映射到一个新空间，希望在新的空间线性分类器能够将映射后的数据进行分类，原始输入数据所在的空间称为输入空间。映射后数据线性可分的空间称为特征空间。在特征空间中决策函数相应转换为 $f(\hat{\boldsymbol{x}}) = \boldsymbol{w} \cdot \boldsymbol{\phi}(\hat{\boldsymbol{x}}) + b$。

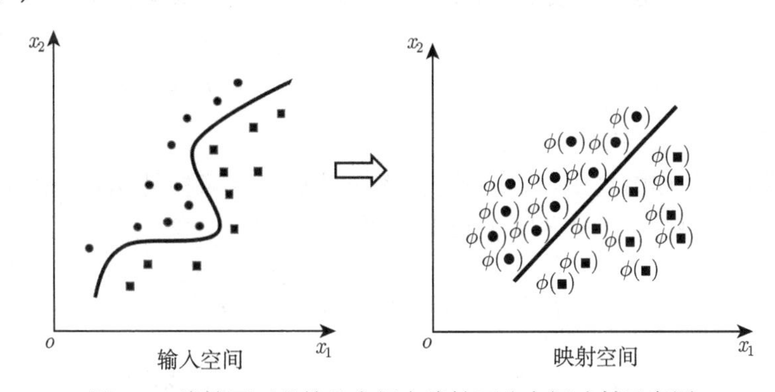

图 4.3　线性不可分输入空间向线性可分空间映射示意图

问题 5：最大间隔对偶问题。

给定 n 维实空间中 m 个带有类别标签 $+1$ 或 -1 的训练样例组成的训练集 $\boldsymbol{S} : \boldsymbol{S} = \{\boldsymbol{x}_1, \boldsymbol{x}_2, \cdots, \boldsymbol{x}_m\}$，其中 $\boldsymbol{x}_i \in \mathbb{R}^n$，求解优化问题。

最大化：

$$W(\alpha) = \sum_{i=1}^{m} \alpha_i - \frac{1}{2} \sum_{i,\,j=1}^{m} y_i y_j \alpha_i \alpha_j K(\boldsymbol{x}_i, \boldsymbol{x}_j) \tag{4.29}$$

同时保证：

$$\sum_{i=1}^{m} y_i\alpha_i = 0, \quad \alpha_i \geqslant 0 \tag{4.30}$$

式中，$K(\boldsymbol{x}_i, \boldsymbol{x}_j) = \phi(\boldsymbol{x}_i) \cdot \phi(\boldsymbol{x}_j)$，$i = 1, 2, \cdots, m$；$y_i$ 是 $\boldsymbol{x}_i$ 的类别标签，其值取 $+1$ 或 -1。

问题 6：一阶范数软间隔对偶问题。

给定 n 维实空间中 m 个带有类别标签 $+1$ 或 -1 的训练样例组成的训练集 $\boldsymbol{S}$: $\boldsymbol{S}=\{\boldsymbol{x}_1,\ \boldsymbol{x}_2,\ \cdots,\ \boldsymbol{x}_m\}$，其中 $\boldsymbol{x}_i \in \mathbb{R}^n$，求解优化问题。

最大化：

$$W(\alpha)=\sum_{i=1}^{m}\alpha_i-\frac{1}{2}\sum_{i,\,j=1}^{m}y_iy_j\alpha_i\alpha_jK(\boldsymbol{x}_i,\,\boldsymbol{x}_j) \tag{4.31}$$

同时保证：

$$\sum_{i=1}^{m}y_i\alpha_i=0,\quad C\geqslant\alpha_i\geqslant 0 \tag{4.32}$$

式中，$K(\boldsymbol{x}_i,\,\boldsymbol{x}_j)=\phi(\boldsymbol{x}_i)\cdot\phi(\boldsymbol{x}_j)$，$i=1,2,\cdots,m$；$y_i$ 是 $\boldsymbol{x}_i$ 的类别标签，其值取 $+1$ 或 -1。$K(\boldsymbol{x}_i,\,\boldsymbol{x}_j)$ 称为核函数，它在支持向量机中具有极其重要的作用。

4.2.3 核函数

支持向量机是有监督的学习方法，它通过带有类别标签的数据训练决策面（分类面）。训练决策面的过程也就是机器学习的过程。学习通过求解 4.2.2 节中线性约束二次型优化问题（如问题 5、问题 6）完成。方法的灵活性和核函数的选择有关。在学习过程中，并不是事先将输入数据 $\boldsymbol{x}_i$ 从输入空间变换到特征空间的映射函数 $\phi(\cdot)$，而是事先选择核函数，特征空间是隐式定义的。一个函数有资格成为核函数的前提条件是它必须能够分解为两个相同函数的内积（点积），也就是核函数必须满足 $K(\boldsymbol{x},\,\boldsymbol{z})=\phi(\boldsymbol{x})\cdot\phi(\boldsymbol{z})$。显然核函数是对称函数，因为：

$$K(\boldsymbol{x},\,\boldsymbol{z})=\phi(\boldsymbol{x})\cdot\phi(\boldsymbol{z})=\phi(\boldsymbol{z})\cdot\phi(\boldsymbol{x})=K(\boldsymbol{z},\,\boldsymbol{x}) \tag{4.33}$$

那么到底什么样的函数能作为核函数呢？

Mercer 条件：对称函数 $K(\boldsymbol{x},\,\boldsymbol{z})$ 是核函数的充分必要条件是 $K(\boldsymbol{x},\,\boldsymbol{z})$ 是半正定函数，即对于任意给定的满足 $\int\|f(\boldsymbol{x})\|^2\mathrm{d}\boldsymbol{x}<\infty$ 的函数 $f(\boldsymbol{x})$，有

$$\int f(\boldsymbol{x})K(\boldsymbol{x},\,\boldsymbol{z})f(\boldsymbol{z})\mathrm{d}\boldsymbol{x}\mathrm{d}\boldsymbol{z}\geqslant 0 \tag{4.34}$$

取 $f(\boldsymbol{x})=\sum\limits_{i=1}^{n}\lambda_i\delta(\boldsymbol{x}-\boldsymbol{x}_i)$，$f(\boldsymbol{z})=\sum\limits_{i=1}^{n}\lambda_i\delta(\boldsymbol{z}-\boldsymbol{z}_i)$ 代入式（4.34）得到

$$\sum_{i,j=1}^{n}\lambda_i\lambda_jK(\boldsymbol{x}_i,\,\boldsymbol{z}_j)\geqslant 0 \tag{4.35}$$

而式（4.35）正好是对称矩阵 $K(\boldsymbol{x}_i,\,\boldsymbol{z}_j)$ 半正定（特征值非负）的充分必要条件。因此得到以下推论。

推论 4.1 令 Ω 是有限输入空间，那么 Ω 上对称函数 $K(\boldsymbol{x},\,\boldsymbol{z})$ 是核函数的充分必要条件是矩阵 $K(\boldsymbol{x}_i,\,\boldsymbol{z}_j)$ 半正定（特征值非负）。

推论 4.2 假定 $K_1(\boldsymbol{x},\,\boldsymbol{z})$，$K_2(\boldsymbol{x},\,\boldsymbol{z})$ 是核函数，$f(\boldsymbol{x})$ 是实值函数，κ 是大于 0 的实数，那么

（1）$K(\boldsymbol{x},\,\boldsymbol{z})=K_1(\boldsymbol{x},\,\boldsymbol{z})+K_2(\boldsymbol{x},\,\boldsymbol{z})$

（2）$K(\boldsymbol{x},\,\boldsymbol{z})=\kappa K_1(\boldsymbol{x},\,\boldsymbol{z})$

(3) $K(\boldsymbol{x}, \boldsymbol{z}) = K_1(\boldsymbol{x}, \boldsymbol{z})K_2(\boldsymbol{x}, \boldsymbol{z})$

(4) $K(\boldsymbol{x}, \boldsymbol{z}) = f(\boldsymbol{x})f(\boldsymbol{z})$

仍然是核函数。前三个可以由推论 4.1 直接证明。毋庸置疑，最简单的核函数就是两个向量的点积（内积），即 $K(\boldsymbol{x}, \boldsymbol{z}) = \boldsymbol{x} \cdot \boldsymbol{z}$。下面列出由推论 4.2 得到的一些核函数。

(1) 假设 $p(x)$ 是正系数多项式，$K_1(\boldsymbol{x}, \boldsymbol{z})$ 是核函数，则 $p(K_1(\boldsymbol{x}, \boldsymbol{z}))$ 也是核函数，显然 $K(\boldsymbol{x}, \boldsymbol{z}) = (\boldsymbol{x} \cdot \boldsymbol{z} + c)^d$ 属于多项式核函数，其中 $c \geqslant 0$。

(2) 假定 $K_1(\boldsymbol{x}, \boldsymbol{z})$ 是核函数，那么 $K(\boldsymbol{x}, \boldsymbol{z}) = \exp(K_1(\boldsymbol{x}, \boldsymbol{z}))$ 也是核函数。

(3) $K(\boldsymbol{x}, \boldsymbol{z}) = \exp(-\gamma\|\boldsymbol{x} - \boldsymbol{z}\|^2)$ 是核函数，称为高斯核函数，也就是径向基型核函数。

(4) $K(\boldsymbol{x}, \boldsymbol{z}) = \tanh(\kappa\boldsymbol{x} \cdot \boldsymbol{z} - \delta)$ 是核函数，也就是神经网络型核函数。

4.3 支持向量机分类性能的评价

第 2 章第 9 节详细地介绍过二分类模型的评价指标。对于采用支持向量机或 Logistic 回归建立的二分类模型，准确度、灵敏度、特异度、F1 分数、马修相关系数和受试者工作特征曲线下的面积无疑是重要的评价指标。

对于线性分类器，决策函数的形式为

$$f(\boldsymbol{x}) = \boldsymbol{w} \cdot \boldsymbol{x} + b \tag{4.36}$$

Logistic 回归是线性分类器，支持向量机既可以是线性分类器，也可以是非线性分类器，取决于核函数的选择。在非线性二分类中，对于任意选定的一个向量 $\hat{\boldsymbol{x}}$，其类别的判别依赖于决策函数：

$$f(\hat{\boldsymbol{x}}) = \boldsymbol{w} \cdot \phi(\hat{\boldsymbol{x}}) + b = \sum_i^J y_i\alpha_i\phi(\boldsymbol{x}_i) \cdot \phi(\hat{\boldsymbol{x}}) + b = \sum_i^J y_i\alpha_i K(\hat{\boldsymbol{x}}, \boldsymbol{x}_i) + b \tag{4.37}$$

式中，$\boldsymbol{x}_i$ 是支持向量；J 是支持向量的总个数；$K(\hat{\boldsymbol{x}}, \boldsymbol{x}_i)$ 是建立分类模型时采用的核函数。如果采用高斯核函数，则有

$$f(\hat{\boldsymbol{x}}) = \sum_i^J y_i\alpha_i \exp(-\gamma\|\hat{\boldsymbol{x}} - \boldsymbol{x}_i\|^2) + b \tag{4.38}$$

在一个二分类模型中，就任意给定的向量 $\hat{\boldsymbol{x}}$，依照式（4.38）得到一个决策值。如果将决策值代入 Sigmoid 函数：

$$y = \frac{1}{1 + \mathrm{e}^{-f(\hat{\boldsymbol{x}})}} \tag{4.39}$$

就可以得到一个位于区间（0,1）的值。注意到对于正好落在分类面上的向量 $\hat{\boldsymbol{x}}$，$-f(\hat{\boldsymbol{x}}) = 0$，此时 $y = 0.5$。通常，如果 y 大于某个给定的阈值，如 0.5，则将 $\hat{\boldsymbol{x}}$ 划归为正类 (阳性)，小于这个值则划到负类 (阴性) 中。如果减小阈值，如从 0.5 减小到 0.3，就能识别出更多的正类，也就提高了识别出的正类占所有正类的比例，同时也将更多的阴性样本误判为阳性样本，反之亦然。总之，有了决策值，改变阈值，就能够得到不同的灵敏度和特异度，进而画出受试者工作特征（receiver operating characteristic，ROC）曲线。该曲线下的面积（area under curve，AUC）越接近 1，分类器的性能越好。

4.4 序贯最小优化算法

序贯最小优化（sequential minimal optimization，SMO）是为了求解支持向量机中的二次型优化问题而发展起来的算法。1998 年，约翰・普拉提（John Platt）首次提出了该算法。目前，序贯最小优化算法在训练支持向量机时被广泛使用，一个非常流行的支持向量机工具 LIBSVM 采用的就是该算法。序贯最小优化是一种迭代算法，它将整个二次型优化问题拆分成一系列最小的子问题，然后解析求解。对于每次迭代，每个最小子问题中包含两个拉格朗日乘子，其他拉格朗日乘子保持恒定，将这两个变化的拉格朗日乘子记为 α_1、α_2，此时式（4.31）可以重新改写为

$$W(\alpha_1,\alpha_2)=\alpha_1+\alpha_2-\frac{1}{2}K_{11}\alpha_1^2-\frac{1}{2}K_{22}\alpha_2^2-y_1y_2K_{12}\alpha_1\alpha_2-y_1\alpha_1v_1-y_2\alpha_2v_2+Q \tag{4.40}$$

其中

$$\begin{aligned}K_{ij}&=K(\boldsymbol{x}_i,\boldsymbol{x}_j),\quad v_1=\sum_{j=3}^{m}y_j\alpha_jK(\boldsymbol{x}_1,\boldsymbol{x}_j)\\ v_2&=\sum_{j=3}^{m}y_j\alpha_jK(\boldsymbol{x}_2,\boldsymbol{x}_j),\quad Q=\sum_{j=3}^{m}\alpha_j=\text{常数}\end{aligned} \tag{4.41}$$

由于 $\sum\limits_{i=1}^{m}y_i\alpha_i=0$，所以变化前后 α_1、α_2 必须满足：

$$\alpha_1^{\text{new}}y_1+\alpha_2^{\text{new}}y_2=\alpha_1^{\text{old}}y_1+\alpha_2^{\text{old}}y_2=\gamma\text{（常数）} \tag{4.42}$$

所以有

$$\alpha_1^{\text{new}}=\gamma y_1-\alpha_2^{\text{new}}y_1y_2=\gamma y_1-\eta\alpha_2^{\text{new}},\quad \eta=y_1y_2 \tag{4.43}$$

将式（4.43）代入式（4.40）得到

$$\begin{aligned}W(\alpha_2)=&\gamma y_1+(1-\eta)\alpha_2-\frac{1}{2}K_{11}(\gamma y_1-\eta\alpha_2)^2-\frac{1}{2}K_{22}\alpha_2^2\\ &-\eta K_{12}(\gamma y_1-\eta\alpha_2)\alpha_2-y_1(\gamma y_1-\eta\alpha_2)v_1-y_2\alpha_2v_2+Q\end{aligned} \tag{4.44}$$

$W(\alpha_1,\alpha_2)$ 的最大化要求：

$$\frac{\partial W(\alpha_2)}{\partial\alpha_2}=(2K_{12}-K_{11}-K_{22})\alpha_2+1-\eta+\gamma y_2(K_{11}-K_{12})+y_2(v_1-v_2)=0 \tag{4.45}$$

记 $\kappa=K_{11}+K_{22}-2K_{12}$，由式（4.45）得出

$$\begin{aligned}\alpha_2\kappa y_2&=y_2-y_1+\gamma(K_{11}-K_{12})+v_1-v_2\\ &=y_2-y_1+\gamma K_{11}-\gamma K_{12}+\sum_{j=3}^{m}y_j\alpha_jK(\boldsymbol{x}_1,\boldsymbol{x}_j)-\sum_{j=3}^{m}y_j\alpha_jK(\boldsymbol{x}_2,\boldsymbol{x}_j)\end{aligned} \tag{4.46}$$

定义

$$
\begin{aligned}
E_1 &= \alpha_1^{\text{old}} y_1 K_{11} + \alpha_2^{\text{old}} y_2 K_{21} + \left[\sum_{j=3}^{m} \alpha_j^{\text{old}} y_j K(\boldsymbol{x}_j, \boldsymbol{x}_1) + b\right] - y_1 \\
E_2 &= \alpha_1^{\text{old}} y_1 K_{12} + \alpha_2^{\text{old}} y_2 K_{22} + \left[\sum_{j=3}^{m} \alpha_j^{\text{old}} y_j K(\boldsymbol{x}_j, \boldsymbol{x}_2) + b\right] - y_2
\end{aligned}
\tag{4.47}
$$

将式（4.47）代入式（4.46）得到

$$
\begin{aligned}
\alpha_2 \kappa y_2 \approx &\gamma K_{11} - \gamma K_{12} + E_1 - \alpha_1^{\text{old}} y_1 K_{11} - \alpha_2^{\text{old}} y_2 K_{21} - E_2 + \alpha_1^{\text{old}} y_1 K_{12} + \alpha_2^{\text{old}} y_2 K_{22} \\
= &\gamma K_{11} - \gamma K_{12} + E_1 - (\gamma - \alpha_2^{\text{old}} y_2) K_{11} - \alpha_2^{\text{old}} y_2 K_{21} \\
&- E_2 + (\gamma - \alpha_2^{\text{old}} y_2) K_{12} + \alpha_2^{\text{old}} \eta K_{22} \\
= &E_1 - E_2 + \alpha_2^{\text{old}} y_2 K_{11} - 2\alpha_2^{\text{old}} y_2 K_{12} + \alpha_2^{\text{old}} y_2 K_{22} \\
= &E_1 - E_2 + \kappa y_2 \alpha_2^{\text{old}}
\end{aligned}
\tag{4.48}
$$

由式（4.48）得出

$$
\alpha_2^{\text{new}} \approx \alpha_2^{\text{old}} + \frac{y_2(E_1 - E_2)}{\kappa} \tag{4.49}
$$

将式（4.49）代入式（4.43），得到

$$
\alpha_1^{\text{new}} \approx \alpha_1^{\text{old}} - \frac{y_1(E_1 - E_2)}{\kappa} \tag{4.50}
$$

式（4.49）的推导没有考虑盒约束 $0 \leqslant \alpha_i \leqslant C$。由于 $\alpha_1^{\text{new}} y_1 + \alpha_2^{\text{new}} y_2 = \alpha_1^{\text{old}} y_1 + \alpha_2^{\text{old}} y_2$，也就是

$$
\alpha_2^{\text{new}} = \alpha_1^{\text{old}} y_1 y_2 + \alpha_2^{\text{old}} - \alpha_1^{\text{new}} y_1 y_2 \tag{4.51}
$$

如果 $y_1 \neq y_2$，则 $y_1 y_2 = -1$，从而

$$
\alpha_2^{\text{new}} = \alpha_2^{\text{old}} - \alpha_1^{\text{old}} + \alpha_1^{\text{new}} \tag{4.52}
$$

由于 $0 \leqslant \alpha_i \leqslant C$，$\alpha_2^{\text{new}}$ 必须满足：

$$
\max(0, \alpha_2^{\text{old}} - \alpha_1^{\text{old}}) \leqslant \alpha_2^{\text{new}} \leqslant \min(C, C - \alpha_1^{\text{old}} + \alpha_2^{\text{old}}), \quad y_1 \neq y_2 \tag{4.53}
$$

如果 $y_1 = y_2$，则 $y_1 y_2 = 1$，从而

$$
\alpha_2^{\text{new}} = \alpha_2^{\text{old}} + \alpha_1^{\text{old}} - \alpha_1^{\text{new}} \tag{4.54}
$$

由于 $0 \leqslant \alpha_i \leqslant C$，$\alpha_2^{\text{new}}$ 必须满足：

$$
\max(0, \alpha_2^{\text{old}} + \alpha_1^{\text{old}} - C) \leqslant \alpha_2^{\text{new}} \leqslant \min(C, \alpha_1^{\text{old}} + \alpha_2^{\text{old}}), \quad y_1 = y_2 \tag{4.55}
$$

综合上述结果，就有如下结论：当 α_1 和 α_2 的值被允许改变时，一阶范数软间隔对偶问题中目标函数的最大值可以通过计算式（4.56）得出

$$
\begin{aligned}
\alpha_1^{\text{new}} &= \alpha_1^{\text{old}} - \frac{y_1(E_1 - E_2)}{\kappa} \\
\alpha_2^{\text{new}} &= \alpha_2^{\text{old}} + \frac{y_2(E_1 - E_2)}{\kappa}
\end{aligned}
\tag{4.56}
$$

同时必须满足：

$$
\begin{aligned}
&\max(0, \alpha_1^{\text{old}} - \alpha_2^{\text{old}}) \leqslant \alpha_1^{\text{new}} \leqslant \min(C, C - \alpha_2^{\text{old}} + \alpha_1^{\text{old}}), \quad y_1 \neq y_2 \\
&\max(0, \alpha_2^{\text{old}} + \alpha_1^{\text{old}} - C) \leqslant \alpha_1^{\text{new}} \leqslant \min(C, \alpha_2^{\text{old}} + \alpha_1^{\text{old}}), \quad y_1 = y_2 \\
&\max(0, \alpha_2^{\text{old}} - \alpha_1^{\text{old}}) \leqslant \alpha_2^{\text{new}} \leqslant \min(C, C - \alpha_1^{\text{old}} + \alpha_2^{\text{old}}), \quad y_1 \neq y_2 \\
&\max(0, \alpha_2^{\text{old}} + \alpha_1^{\text{old}} - C) \leqslant \alpha_2^{\text{new}} \leqslant \min(C, \alpha_1^{\text{old}} + \alpha_2^{\text{old}}), \quad y_1 = y_2
\end{aligned} \tag{4.57}
$$

其中，$\kappa = K_{11} + K_{22} - 2K_{12}$；$E_1$ 和 E_2 由式（4.47）给出。

扩展阅读

从互联网下载并阅读 Scikit-learn 使用手册。

思考与练习

1. 对于线性不可分的二分类问题，如果采用高斯核函数，写出分类的决策函数。

2. 在自己的计算机上安装 Python、Sklearn 和其他支持软件包。

3. 输入 Sklearn 中乳腺癌数据集，调用 Sklearn 中的 svm 模块，完成乳腺癌数据集的分类。在分类模型训练过程中要采用交叉验证，并用独立的数据集对训练好的模型进行测试。输入部分的参考 Python 代码如下：

```
from sklearn.datasets import load__breast__cancer
from sklearn.import svm
from sklearn.model__selection import cross__val__score
```

第 5 章　聚类和自组织映射

聚类分析是将多个对象分成若干组，一个组就是一个聚类。一个对象用一个向量表示，向量的各个分量是刻画该对象某个特性的具体的数值，通常称为特征（feature）。同一个聚类中任意两个对象间的相似性高于分别属于不同聚类的任意两个对象间的相似性。聚类分析是数据统计分析与数据挖掘方面的通用技术，应用领域包括机器学习、模式识别、图像分析、生物信息学、数据压缩、计算机图形学等。K- 均值聚类（K-means）和自组织映射（self-organizing map，SOM）是两个典型的无监督聚类分析方法。

5.1　向量、范数和向量间的距离

n 维实空间 $\mathbb{R}^n$ 中的向量 $\boldsymbol{x}$ 是一列实数，其中 $x_i \in \mathbb{R}$，$i = 1, 2, \cdots, n$。从几何直观上看，它是 n 维实空间中的一个点。向量用小写的黑体字母表示，向量中的元素 x_i 用带下标 i 的小写斜体字母表示。当需要明确向量中的元素时，我们会将其表示成 $n \times 1$ 的矩阵，$\boldsymbol{x} = [x_1, x_2, \cdots, x_n]^{\mathrm{T}}$, T 表示转置，也就是行列互换，使用范数（norm）来度量一个向量的大小。n 维实空间中的向量 $\boldsymbol{x} \in \mathbb{R}^n$ 的 L^p 范数定义为

$$\|\boldsymbol{x}\|_p = \left(\sum_i |x_i|^p\right)^{\frac{1}{p}} \tag{5.1}$$

式中，$p \in \mathbb{R}$ 且 $p \geqslant 1$。

称 L^2 范数为欧几里得范数，经常略去上标 2，记为 $\|\boldsymbol{x}\|$。几何直观上，它是向量 $\boldsymbol{x}$ 到坐标原点的距离。$\boldsymbol{x}$ 的 L^2 范数的平方为

$$\|\boldsymbol{x}\|^2 = \boldsymbol{x} \cdot \boldsymbol{x} = \boldsymbol{x}^{\mathrm{T}}\boldsymbol{x} = \sum_i x_i^2 \tag{5.2}$$

式中，$\cdot$ 是向量的内积符号。

显然，$\|\boldsymbol{x}\|$ 的 L^2 范数对任意一个分量的导数和整个向量有关，而 L^2 范数的平方对任意一个分量的导数只与该分量有关。L^2 范数在坐标原点附近增长非常慢，当向量中的元素值零与非零非常重要时，通常会使用 L^1 范数。另外一个在机器学习中会用到的范数是 L^∞ 范数，也称为最大范数，定义为向量 $\boldsymbol{x}$ 中绝对值最大的那个元素的绝对值：

$$\|\boldsymbol{x}\|_\infty = \max_i |x_i| \tag{5.3}$$

给定两个 n 维实空间中的向量 $\boldsymbol{x}$、$\boldsymbol{y}$，它们之间的差向量 $\boldsymbol{z} = \boldsymbol{x} - \boldsymbol{y}$ 也是 n 维实空间中的向量。向量 $\boldsymbol{x}$ 与 $\boldsymbol{y}$ 之间的欧几里得距离 D 就是它们之间差向量 $\boldsymbol{z}$ 的 L^2 范数：

$$D = \|\boldsymbol{z}\| = \|\boldsymbol{x} - \boldsymbol{y}\| = \left(\sum_i |x_i - y_i|^2\right)^{\frac{1}{2}} \tag{5.4}$$

平方 L^2 范数：

$$D^2 = \sum_i |x_i - y_i|^2 = \sum_i x_i^2 + \sum_i y_i^2 - 2\boldsymbol{x} \cdot \boldsymbol{y} \tag{5.5}$$

对于 n 维实空间中 m 个向量 $\{\boldsymbol{x}_1, \boldsymbol{x}_2, \cdots, \boldsymbol{x}_m\}$，其中 $\boldsymbol{x}_i \in \mathbb{R}^n$，$i = 1, 2, \cdots, m$，如果其中的任何一个向量都不能表示成其他向量的线性组合，那么这组向量称为线性无关（linearly independent）。

5.2　K-均值聚类

1）数学描述

给定 m 个对象，每个对象都是 n 维实空间中的向量，将其分成 K 个聚类。用数学语言将这句话重新表述如下：给定 m 个观察值 $\boldsymbol{X} = \{\boldsymbol{x}_1, \boldsymbol{x}_2, \cdots, \boldsymbol{x}_m\}$，其中 $\boldsymbol{x}_i \in \mathbb{R}^n$。将 $\boldsymbol{X}$ 剖分成 K 个子集 $S = \{S_1, S_2, \cdots, S_K\}$，使得

$$\sum_{j=1}^{K} \sum_{\boldsymbol{x} \in S_j} \| \boldsymbol{x} - \boldsymbol{\mu}_j \|^2 \tag{5.6}$$

最小，其中 μ_j 是第 j 个子集的中心，其坐标由第 j 个子集每一个成员坐标的算术平均数求得，也就是

$$\boldsymbol{\mu}_j = \frac{1}{|S_j|} \sum_{\boldsymbol{x} \in S_j} \boldsymbol{x} \tag{5.7}$$

式中，$|S_j|$ 是第 j 个子集的对象总数。可以看出 K-均值聚类中的 K 是聚类的个数，均值是聚类中心的计算方法。

2）算法

K-均值算法由初始化、赋值步和更新步构成。

（1）初始化。初始化就是指定初始聚类中心。一个简便的方法是从数据集中随机选择 K 个观察值作为初始聚类中心。如果对数据的散布空间充分了解，也可以在该空间中随机设定 K 个聚类中心。

（2）赋值步。对于任意一个观察值 $\boldsymbol{x}_p$，计算它与所有聚类中心的距离，如果它与聚类中心 i 的距离比到任何其他聚类中心的距离都要小，就将其赋予聚类中心 i 所对应的聚类 S_i，也就是在迭代过程中的第 t 步，构成聚类 S_i^t 的观察值满足：

$$S_i^t = \{\boldsymbol{x}_p : \| \boldsymbol{x}_p - \boldsymbol{\mu}_i \|^2 \leqslant \| \boldsymbol{x}_p - \boldsymbol{\mu}_j \|^2, 1 \leqslant j \leqslant K, j \neq i\} \tag{5.8}$$

（3）更新步。计算每一个聚类中所有向量的均值，得到新的聚类中心，即

$$\boldsymbol{\mu}_i^{t+1} = \frac{1}{|S_i^t|} \sum_{\boldsymbol{x} \in S_i^t} \boldsymbol{x} \tag{5.9}$$

式中，$|S_i^t|$ 是第 t 步时第 i 个聚类中心的观察值总数。

赋值步和更新步循环迭代，直至各个聚类中心的位置不变，迭代收敛。

5.3　自组织映射

5.3.1　Kohonen 模型

自组织映射将任意维度的输入信号映射到一维或二维离散空间。自组织映射网络是一类特别的神经网络。图 5.1 所示的网络拓扑结构是 Kohonen 模型（Kohonen，1990），它以最先提出者命名，目前被广泛采用。该网络拥有一个输入层、一个输出层，从输入层到输出层形成一个前馈结构。通常，输出层是由神经元（neuron）排列成的二维格子阵列，输入层上的每一个神经元和输出层上的每一个神经元都连接，也就是全连接。输出层也可以采用一维架构，在这种情形下，计算层由一行或一列的神经元构成。真实的神经系统主要由神经元和神经胶质细胞组成。神经元是一种高度分化的细胞，是神经系统的基本结构和功能单位之一，它具有感受刺激和传导兴奋的功能。在神经科学中，突触是神经元间的连接。类比大脑中神经元之间的连接，神经网络中输入层和输出层神经元之间的连接形象地称作突触。每一个突触都赋予了一个向量，称为突触权重向量。输出层上的神经元相互竞争输入的数据，根据赢者通吃的原则，最终获胜的神经元成为活化神经元，它周边的神经元通过与获胜神经元合作也被激活。突触权重初始化后，自组织映射的形成有三个重要的过程，其要点如下。

（1）**竞争**。对于每一个输入模式，就网络中的每一个神经元，计算一个差异性函数的值，该值是神经元间相互竞争的依据。差异性函数值最大的那个神经元将成为赢家。

（2）**合作**。由获胜神经元确定活跃神经元在神经元网络中的空间位置。在神经元网络中活跃神经元区域是以获胜神经元为中心的邻域。该邻域内的神经元彼此合作。

（3）**突触自适应**。对于给定的输入模式，通过调整突触权重，活跃神经元的差异性函数值将增加。对于后继的相似性输入，获胜神经元的响应将增强。

和大多数神经网络一样，自组织映射分为“训练”和“映射”两个部分。突触权重向量每一个分量的值通过“训练”得到，“映射”自动地将每一个输入向量归类。竞争、合作和突触自适应是“训练”的全部过程。

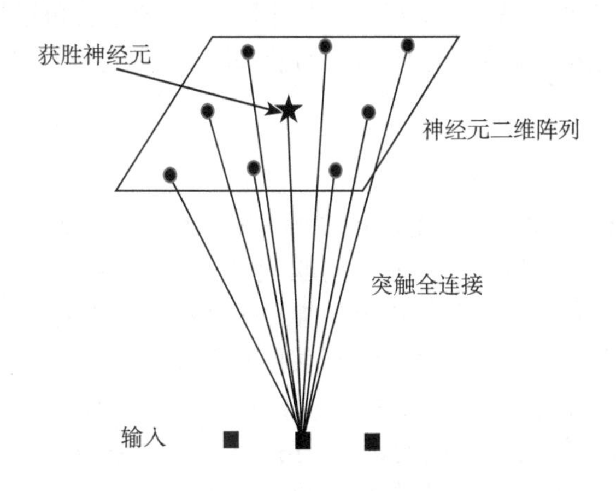

图 5.1　Kohonen 模型示意图

5.3.2　突触权重向量的初始化

网络中，每一个神经元的突触权重向量和输入层的向量具有相同的维度，第 j 个突触的权重向量表示为

$$\boldsymbol{w}_j = [w_{j1}, w_{j2}, \cdots, w_{jn}]^{\mathrm{T}} \tag{5.10}$$

式中，$j = 1, 2, \cdots, m$；m 是网络中输出层神经元的总数。自组织映射首先需要初始化网络中的突触权重向量。通过随机数发生器随机产生小随机数是初始化突触权重向量的一种简易方法。这样一来，从输入层到输出层的特征映射就不存在优先次序。另外一种方法是首先对输入向量进行主成分分析，以最大的两个主成分所对应的本征向量（eigenvector）张成子空间，然后在该子空间中均匀地采样形成初始突触权重向量。设 $\boldsymbol{x}_1, \boldsymbol{x}_2, \cdots, \boldsymbol{x}_k (k > 0)$ 是空间 Ω 的 k 个向量，它们所有可能的线性组合形成的集合是 Ω 的一个子空间，称为 $\boldsymbol{x}_1, \boldsymbol{x}_2, \cdots, \boldsymbol{x}_k$ 张成的子空间。采用第二种方法初始化的突触权重向量，训练的收敛速度要比第一种方法快得多，原因是第二种方法产生的突触权重向量已经接近最终突触权重向量。

5.3.3　竞争过程

对于输入层任意给定的一个 n 维实空间中的向量 $\boldsymbol{x}$，即

$$\boldsymbol{x} = [x_1, x_2, \cdots, x_n]^{\mathrm{T}} \tag{5.11}$$

式中，$x_i \in \mathbb{R}$，$i = 1, 2, \cdots, n$。为找出与输入向量 $\boldsymbol{x}$ 最佳匹配的突触权重向量 $\boldsymbol{w}_j$，我们计算输入向量和突触权重向量的内积，并挑选出内积最大的那个突触连接的神经元。式（5.5）表明两个向量内积最大时，它们之间的欧几里得距离最小。如果使用下标 $i(\boldsymbol{x})$ 来表示与输入向量 $\boldsymbol{x}$ 匹配最好的神经元，那么 $i(\boldsymbol{x})$ 由下式确定：

$$i(\boldsymbol{x}) = \arg\min_i \|\boldsymbol{x} - \boldsymbol{w}_j\|, \quad j \in \mathscr{A} \tag{5.12}$$

式中，$\mathscr{A}$ 是全部神经元的集合。称式（5.12）为最佳匹配条件，满足该条件的神经元 $i(\boldsymbol{x})$ 是与输入向量 $\boldsymbol{x}$ 匹配最好的神经元，也称为优胜神经元。通过输出层网络中神经元之间的竞争，输入空间中的向量映射到离散的输出空间。网络响应的位置可以用优胜神经元的索引（也就是它在格子中的位置）表示，也可以认为是欧几里得空间中最接近输入向量的突触权重向量。

5.3.4　合作过程

优胜神经元位于合作神经元拓扑邻域的中心，其中的关键问题是：如何定义一个神经生物学上正确的拓扑邻域？为了回答这个基本问题，我们类比人脑中活化神经元之间的侧向相互作用。一个活化神经元倾向于激活它附近的神经元而不是激活远离它的神经元，这一点与我们的直观感受一致。这个事实有助于我们以优胜神经元 $i(\boldsymbol{x})$ 为中心定义一个拓扑邻域函数 $h_{j,i}$，其中 i 是优胜神经元，j 是拓扑邻域内任意一个与 i 合作的 (激活) 神经元。$d_{j,i}$ 代表优胜神经元 i 和合作神经元 j 之间的距离。拓扑邻域函数度量在优胜神经元附近的激活神经元参与学习过程的程度。假设拓扑邻域函数 $h_{j,i}$ 是 $d_{j,i}$ 的一个单峰函数，并且满足以下两个条件。

（1）拓扑邻域函数 $h_{j,i}$ 是关于由 $d_{j,i}=0$ 定义的极大值点对称的。换言之，它在距离 $d_{j,i}=0$ 的优胜神经元处有极大值。

（2）拓扑邻域函数 $h_{j,i}$ 的幅度随着侧向距离 $d_{j,i}$ 的增加单调减少，$d_{j,i}\to\infty$ 时 $h_{j,i}\to 0$。

显然高斯函数：

$$h_{j,i} = \exp\left(\frac{d_{j,i}^2}{2\sigma^2}\right) \tag{5.13}$$

满足以上两个条件，可以用作拓扑邻域函数。式中，参数 σ 代表了拓扑邻域的有效宽度。高斯拓扑邻域函数（图 5.2）表示的拓扑邻域函数具有平移不变性，也就是它独立于优胜神经元的位置。我们也可以以优胜神经元为中心划定一个矩形邻域，但是高斯拓扑邻域比矩形拓扑邻域更接近大脑活化神经元侧边激活区域。而且和使用矩形拓扑邻域相比，高斯拓扑领域可以使自组织映射算法更快收敛。正如我们在式（5.13）看到的那样，为了让相邻的神经元之间保持合作，拓扑邻域 $h_{j,i}$ 依赖于输出空间的优胜神经元 i 和激活神经元 j 之间的侧边距离 $d_{j,i}$，而不是依赖于原始输入空间向量间的某种距离。如果输出层神经元构成一维的格子，则 $d_{j,i}$ 等于两个格子索引差的绝对值 $|j-i|$。当输出层是二维神经元格子时，优胜神经元 i 与激活神经元 j 侧边距离为

$$d_{j,i} = \|\boldsymbol{r}_i - \boldsymbol{r}_j\| \tag{5.14}$$

式中，向量 $\boldsymbol{r}_j$ 表示激活神经元 j 的位置；向量 $\boldsymbol{r}_i$ 表示优胜神经元 i 的位置。二者都是在离散的输出空间中测量的。

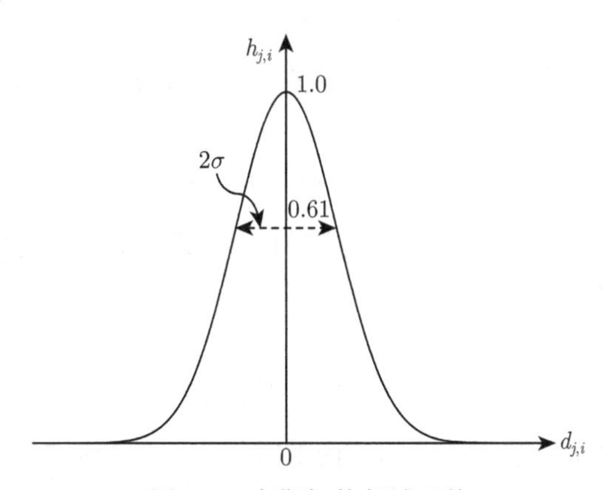

图 5.2　高斯拓扑邻域函数

SOM 算法的另外一个特征是拓扑邻域的大小可以随着训练次数 n 的增加而收缩，这是通过使高斯拓扑邻域公式 $h_{j,i}$ 的宽度 σ 随着训练次数的增加而变窄来实现的。一个合理的选择是 σ 随训练次数 n 的增加而指数衰减，也就是

$$\sigma(n) = \sigma_0 \exp\left(\frac{n}{\tau_1}\right), \quad n = 0,1,2,\cdots \tag{5.15}$$

式中，σ_0 是 σ 的初始值；τ_1 是选定的常数。这样一来，随训练次数 n 变化的拓扑邻域函数由式（5.16）给出

$$h_{j,i} = \exp\left(-\frac{d_{j,i}^2}{2\sigma^2(n)}\right) \tag{5.16}$$

式中，$\sigma(n)$ 由式 (5.15) 给出。因此，当迭代数 n 增加时，宽度 $\sigma(n)$ 以指数速率减少，拓扑邻域也以相应的方式收缩。值得注意的是，对于优胜神经元 i，拓扑邻域函数的值始终都是 1，因为在输出神经元格子空间中计算距离 $d_{j,i}$ 的参照点是优胜神经元 i。

5.3.5　自适应过程

在神经科学中，突触具有可塑性，也就是神经元间的连接强度可调节，突触的形态和功能可发生较为持久的改变，突触会随着自身活动的加强与减弱相应得到加强与减弱。在人工神经网络中，突触可塑性是指利用神经科学中突触可塑性有关理论结合数学模型来构造神经元之间的联系。赫布理论（Hebbian theory）描述了突触可塑性的基本原理：突触前神经元向突触后神经元的持续重复的刺激可以导致突触传递效能的增加。在学习中，通过对神经元的刺激使神经元间的突触强度增加，这样的学习方法称为赫布学习（Hebbian learning）。

对于自组织映射，当输入向量 $\boldsymbol{x}$ 改变时，网络中神经元 j 的突触权重向量 $\boldsymbol{w}_j$ 也要跟着改变，问题就在于如何改变。在赫布的学习假定中，一个突触权重随着突触前和突触后的同时活动而改变。但是对于自组织映射网络，赫布假设难以满足，因为自组织映射网络是一个前馈网络，从输入到输出，连通性的变化只发生在一个方向上，没有负反馈机制，最后总会导致所有突触权重饱和。为了解决这个问题，引入遗忘项 $g(y_j)\boldsymbol{w}_j$，其中 $\boldsymbol{w}_j$ 是神经元 j 的突触权重向量，而 $g(y_j)$ 是响应 y_j 的某个非负标量函数。对函数 $g(y_j)$ 的唯一要求是它的泰勒展开常数项为 0，因此，有

$$g(y_j)|_{y_j=0}=0 \tag{5.17}$$

遗忘的重要性很快就会显现出来。给定这个函数，输出层格子中神经元 j 的突触权重向量的变化可以表述为

$$\Delta\boldsymbol{w}_j=\eta y_j\boldsymbol{x}-g(y_j)\boldsymbol{w}_j \tag{5.18}$$

其中，η 是学习率。式（5.18）右边的第一项是赫布项，第二项是遗忘项。为了满足式（5.17），对于 $g(y_j)$，我们选择了如下一个线性函数：

$$g(y_j)=\eta y_j \tag{5.19}$$

对优胜神经元 $i(\boldsymbol{x})$，如果认为它的拓扑邻域内的神经元 j 的激活响应就是拓扑邻域函数，也就是

$$y_j=h_{j,i(\boldsymbol{x})} \tag{5.20}$$

将式（5.19）、式（5.20）代入式（5.18），得到

$$\Delta\boldsymbol{w}_j=\eta h_{j,i(\boldsymbol{x})}\left(\boldsymbol{x}-\boldsymbol{w}_j\right) \tag{5.21}$$

式中，i 是优胜神经元；j 是激化神经元。

最后，给出式（5.21）迭代步离散形式，给定在迭代步 n 下的神经元 j 的突触权重向量 $\boldsymbol{w}_j(n)$，在迭代步 $n+1$ 更新的突触权重向量 $\boldsymbol{w}_j(n+1)$ 由式（5.22）计算：

$$\boldsymbol{w}_j(n+1)=\boldsymbol{w}_j(n)+\eta(n)h_{j,i(\boldsymbol{x})}(n)\left(\boldsymbol{x}(n)-\boldsymbol{w}_j(n)\right) \tag{5.22}$$

式（5.22）适用于输出层中优胜神经元 i 的拓扑邻域内的所有神经元。对于优胜神经元 i，式（5.22）迭代运算的效果就是使 $\boldsymbol{w}_i$ 向输入向量 $\boldsymbol{x}$ 靠拢。由于拓扑邻域的更新，随着迭代的进行，突触权重向量的分布趋近于输入向量的分布。因而，对应于输入空间属于同一聚类的向量，输出空间中相邻的神经元具有相近的突触权重向量。

我们期待由式（5.22）计算特征映射的突触权重向量。但是，除了该式，还需要用式（5.16）选择拓扑邻域函数 $h_{j,i(\boldsymbol{x})}(n)$。正如在式（5.22）指出的那样，学习率 $\eta(n)$ 也必须随着迭代步数变化。它应该从一个初始值 η_0 开始，然后随着 n 的增加而渐渐地减少。这可以通过式（5.23）实现：

$$\eta(n) = \eta_0 \exp\left(-\frac{n}{\tau_2}\right) \tag{5.23}$$

式中，τ_2 是自组织映射算法的另外一个迭代步常数。根据式（5.23），学习率随着 n 的增加呈现出指数衰减。尽管式（5.15）给出的拓扑邻域的宽度函数和此处给出的学习率按指数衰减可能并不是最优的，但是通常它们对于自组织特征映射的形成已经表现得足够好了。

5.3.6 定序与收敛

从完全无序的初始状态开始，令人惊奇的是，提供合适的参数后，自组织映射算法渐渐地将存在于输入空间中的模式映射到输出空间，从而使输入空间中模式得以识别。我们可以将式（5.22）中突触权重的自适应过程分解为两个阶段：一个是定序或自组织阶段；另一个是收敛阶段。

1）**定序阶段**

这是自适应过程的第一阶段。在这一阶段，突触权重向量的空间排序发生变化。这一阶段，式（5.22）所体现的迭代过程可能要执行 1000 次甚至更多。小心仔细地选择学习率和拓扑邻域函数显得特别重要。具体描述如下。

建议学习率 $\eta(n)$ 的初值选 0.1。之后，逐渐减小，但是不要小于 0.01，否则突触权重向量的更新太慢甚至无法继续。所以，在式（5.23）中，令

$$\eta_0 = 0.1, \quad \tau_2 = 1000$$

迭代开始时，拓扑邻域函数 $h_{j,i}(n)$ 应该覆盖网络中几乎所有以优胜神经元 i 为中心的神经元，然后随着迭代的进行缓缓地收缩。定序阶段，在 $h(n)$ 减少到一个很小的值前，再一次地建议迭代次数不要少于 1000 次。允许拓扑邻域中只有几个神经元围绕优胜神经元，甚至只剩下优胜神经元。假设在输出层采用二维离散的神经元格子，可以将初始邻域函数的大致宽度 σ_0 设置成以优胜神经元 i 为中心的全部神经元格子空间的“半径”。相应地，把式（5.15）中的常数 τ_1 设置为

$$\tau_1 = \frac{1000}{\log \sigma_0}$$

2）**收敛阶段**

这一阶段对输入空间到输出空间的特征映射进行微调，给输入空间的模式提供一个更加精确的统计定量。收敛所需要的迭代步数取决于输入空间向量的维度。一般来说，收敛阶段需要的迭代步数至少是网络中神经元数量的 500 倍，因此，收敛阶段的迭代步数可能是数千甚至是数万。学习率和拓扑邻域函数的选择要求如下。

为了获得好的统计准确度，学习率 $\eta(n)$ 在收敛阶段要保持在一个很小的值，如 0.01 附近。如前所述，$\eta(n)$ 不允许降为 0，否则，网络很可能停留在一个亚稳定状态。式 (5.23) 所示的指数衰减可保证亚稳定状态出现的可能性很小。收敛阶段，拓扑邻域函数 $h_{j,i(\boldsymbol{x})}$ 应该只包含优胜神经元最近邻神经元，并最终减少到除优胜神经元外只有一个甚至零个邻域神经元。

思考与练习

式 (5.17) 表明，对于 $g(y_i)$ 要求它的泰勒展开的常数项为零。如果 $g(y_i)$ 的泰勒展开的常数项不为零，会产生什么样的后果?

第 6 章　隐马尔可夫模型

隐马尔可夫模型（hidden Markov model，HMM）创建于 20 世纪 70 年代，兴起于 20 世纪 80 年代，是一个重要的统计学习模型。该模型中状态是不可观察的（隐藏的），状态的转移是一个马尔可夫过程。隐马尔可夫模型可以表示成一个最简单的动态贝叶斯网络。在强化学习、时间模式识别中，该模型被广泛应用。在生物信息学中，隐马尔可夫模型是 DNA 序列分析和蛋白质序列分析的奠基性模型。尽管隐马尔可夫模型所能解决的许多问题，如语音识别，可以由深度学习处理，而且效果更好，但它仍然不失为一个优秀的统计模型。

6.1　马尔可夫链

考虑多个随机变量构成的系统，将 t 时刻该随机变量记为 X_t，该系统的演化由随机过程 $\{X_t, t=1,2,\cdots\}$ 描述。称随机变量在 t 时刻所取的值 x_t 为系统在 t 时刻的状态。随机变量所取的全部可能值构成状态空间。如果随机过程中随机变量 X_{t+1} 的条件概率分布只依赖随机变量 X_t，而与更早时刻的随机变量无关，则称该随机过程为马尔可夫过程，用数学公式表示如下：

$$P(X_{t+1}=x_{t+1}|X_t=x_t, X_{t-1}=x_{t-1},\cdots,X_1=x_1)=P(X_{t+1}=x_{t+1}|X_t=x_t) \tag{6.1}$$

式（6.1）也称为马尔可夫性。如果系统在 $t+1$ 时刻所取状态 x_{t+1} 的概率只依赖于系统在 t 时刻所取状态 x_t 的概率，则变量序列 $X_1, X_2,\cdots,X_t,\cdots,X_T$ 构成马尔可夫链。

对于马尔可夫链，预测未来所需要的历史信息是随机变量的当前状态，未来通过现在和历史关联。因此，我们将马尔可夫链看作一个生成模型，$t+1$ 时刻的状态由 t 时刻的状态转移生成。

在马尔可夫链中，从一个状态转移到另一个状态是随机的。转移概率是一个随机过程中，系统经过一步由 t 状态 i 向 $t+1$ 时刻的状态 j 转移的概率，即

$$P_{ij}=P(X_{t+1}=j|X_t=i) \tag{6.2}$$

显然，对于所有的 i 和 j，$P_{ij}\geqslant 0$，对于所有的 i，$\sum_j P_{ij}=1$。如果对于任意给定的状态 i 和 j，P_{ij} 不随时间发生变化，则称马尔可夫链关于时间是齐次的。将 t 时刻状态空间中各个状态发生的概率记为行向量 $\boldsymbol{\pi}$，它的一个分量，也就是 t 时刻状态 j 出现的概率 $\pi_j(t)P(X_t=j)$。上述马尔可夫链的起始状态为 $\boldsymbol{\pi}(0)$，其中除了某一个元素取 1，其他元素的值都是 0，随着链的加长，初始状态的概率值将散布到状态空间。

记 $\pi=\{S_1,S_2,\cdots,S_T\}$ 为长度 T 的时间序列，$S_t\in\{i_1,i_2,\cdots,i_k\}$ 个状态。状态序列 $\pi=\{S_1,S_2,\cdots,S_T\}$ 出现的概率可以由下面的链式规则得到

$$P(\pi)=P(S_1,S_2,\cdots,S_T)$$

$$
\begin{aligned}
&= P(S_T|S_1, S_2, \cdots, S_{T-1})P(S_1, S_2, \cdots, S_{T-1}) \\
&= P(S_T|S_1, S_2, \cdots, S_{T-1})P(S_T|S_1, S_2, \cdots, S_{T-2})P(S_1, S_2, \cdots, S_{T-2}) \\
&= \prod_{t=1}^{T} P(S_t|S_{t-1}, S_{t-2}, \cdots, S_1)
\end{aligned} \tag{6.3}
$$

如果 $\pi = \{S_1, S_2, \cdots, S_T\}$ 是一个马尔可夫过程，也就是说，S_{t+1} 的概率只依赖于 S_t，与更前面的 $S_{t-1}, S_{t-2}, \cdots, S_1$ 无关。由链式规则得到序列 $\pi = \{S_1, S_2, \cdots, S_T\}$ 发生的概率为

$$
\begin{aligned}
P(\pi) &= P(S_1, S_2, \cdots, S_T) \\
&= P(S_T|S_{T-1}, \cdots, S_1)P(S_{T-1}|S_{T-2}, \cdots, S_1) \cdots P(S_2|S_1)P(S_1) \\
&= P(P(S_T|S_{T-1})P(S_{T-1}|S_{T-2}) \cdots P(S_2|S_1)P(S_1)) \\
&= P(S_1) \prod_{t=2}^{T} P(S_t|S_{t-1})
\end{aligned} \tag{6.4}
$$

考虑一个马尔可夫链，每一个观察 $S_t \in \{i_1, i_2, \cdots, i_k\}$，条件概率分布 $P(S_{t+1}|S_t)$ 可以表示成一个 $k \times k$ 的转移矩阵 $\boldsymbol{A}$：

$$
\boldsymbol{A} = \begin{pmatrix} a_{11} & a_{12} & \cdots & a_{1k} \\ a_{21} & a_{22} & \cdots & a_{2k} \\ \vdots & \vdots & \ddots & \vdots \\ a_{k1} & a_{k2} & \cdots & a_{kk} \end{pmatrix} \tag{6.5}
$$

式中，$a_{ij} = P(S_{t+1} = j|S_t = i)$ 是观察 $S_t = i$ 的条件下，观察 $S_{t+1} = j$ 的概率。如果转移矩阵 $\boldsymbol{A}$ 不随时间发生变化，则马尔可夫链将有一个固定的转移概率，此时：

$$
\begin{aligned}
P(\pi) &= P(S_1, S_2, \cdots, S_T) \\
&= P(S_1) \prod_{t=2}^{T} P(S_t|S_{t-1}) \\
&= P(S_1) \prod_{t=2}^{T} a_{S_{t-1}S_t}
\end{aligned} \tag{6.6}
$$

式中，a_{S_{t-1},S_t} 是 $t-1$ 时刻的状态 S_{t-1} 向 t 时刻的状态 S_t 转移的概率。

6.2 隐马尔可夫模型的含义

6.2.1 模型的含义

一阶离散的隐马尔可夫模型是一个关于时间序列的随机生成模型，由初始状态 π_0、有限状态集合 $I = \{i_1, i_2, \cdots, i_k\}$、离散的字符集 $Z = \{z_1, z_2, \cdots, z_k\}$、状态转移概率矩阵 $\boldsymbol{A}$ 和字符生成概率矩阵 $\boldsymbol{E}$ 共同定义，即模型 $\lambda = \{\pi_0, I, Z, \boldsymbol{A}, \boldsymbol{E}\}$。一个隐马尔可夫模型随机地

从一个状态转移到另一个状态，同时生成字符集中的一个字符。当系统处于状态 i 时，系统转移到状态 j 的概率为 a_{ij}，同时生成字符 x 的概率为 e_{ix}。因此，隐马尔可夫模型可以被想象成两个与状态相关的骰子：一个状态转移骰子，一个字符生成骰子。马尔可夫过程假设指出：生成和转移过程都只取决于当前的状态，未来只通过现在和过去相联系。因为只有系统生成的字符才能被观察到，系统在状态之间的随机游走 (random walk) 无法被观察到，所以在马尔可夫模型前冠之以“隐”字。这一隐藏的随机游走可作为观察不到的隐藏或潜在的随机变量。图 6.1 为隐马尔可夫模型的示意图。隐马尔可夫模型的关键特征如下。

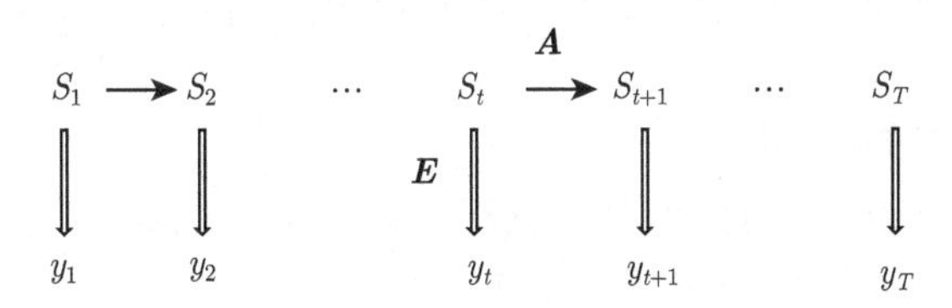

图 6.1 隐马尔可夫模型的示意图

（1）状态路径 $\pi=\{S_1,S_2,\cdots,S_T\}$ 是马尔可夫链。

（2）状态路径是隐藏的。

（3）观察序列的每个字符由对应的状态产生，对于给定的状态路径，字符间是相互独立的。

（4）隐马尔可夫模型是一个最简单的动态贝叶斯网络。

状态转移概率矩阵 $\boldsymbol{A}$ 由式（6.5）给出。如果生成的字符集是一个离散变量，有 d 个值可供选择，则生成矩阵 $\boldsymbol{E}$ 是一个 $k\times d$ 的矩阵：

$$\boldsymbol{E}=\begin{pmatrix} e_{11} & e_{12} & \cdots & e_{1d} \\ e_{21} & e_{22} & \cdots & a_{2d} \\ \vdots & \vdots & \ddots & \vdots \\ e_{k1} & e_{k2} & \cdots & e_{kd} \end{pmatrix} \tag{6.7}$$

对于已知其结构和参数 $\boldsymbol{A}$ 与 $\boldsymbol{E}$ 的隐马尔可夫模型，如果状态序列 $\pi=\{S_1,S_2,\cdots,S_T\}$ 和观察序列 $Y=\{y_1,y_2,\cdots,y_T\}$，则出现这种状况的联合概率为

$$\begin{aligned} P(\pi,Y) &= P(\pi)P(Y|\pi)=P(\pi)\prod_{t=1}^{T}P(y_t|\pi)=P(\pi)\prod_{t=1}^{T}P(y_t|S_t) \\ &= P(S_1,S_2,\cdots,S_T)\prod_{t=1}^{T}P(y_t|S_t) \\ &= P(S_1)\prod_{t=2}^{T}P(S_t|S_{t-1})\prod_{t=1}^{T}P(y_t|S_t) \\ &= P(S_1)P(y_1|S_1)\prod_{t=2}^{T}P(S_t|S_{t-1})P(y_t|S_t) \\ &= P(S_1)e_{S_1,y_1}\prod_{t=2}^{\mathrm{T}}a_{S_{t-1},S_t}e_{S_t,y_t} \end{aligned} \tag{6.8}$$

式中，a_{S_{t-1},S_t} 是 $t-1$ 时刻的状态 S_{t-1} 向 t 时刻的状态 S_t 转移的概率；e_{S_t,y_t} 是 t 时刻状态 S_t 生成字符 y_t 的概率。

6.2.2 统计推断

统计推断是对未知量进行概率计算的过程，这些未知量可以是观察到的量，也可以是分布的未知参数。隐马尔可夫模型中有以下三个统计推断问题。

问题 1：推断观察序列发生的概率。

已知模型 $\lambda=(\boldsymbol{A},\boldsymbol{E},\pi_0)$，对于给定的观察序列 $Y=\{y_1,y_2,\cdots,y_T\}$，计算观察序列发生的概率 $P(Y|\lambda)$。

问题 2：推断最可能的状态路径 π。

已知模型 $\lambda=(\boldsymbol{A},\boldsymbol{E},\pi_0)$，对于给定的观察序列 $Y=\{y_1,y_2,\cdots,y_T\}$，如何选择状态序列 $\pi=\{S_1,S_2,\cdots,S_T\}$，使联合概率 $P(Y,\pi|\lambda)$ 最大。

问题 3：建立隐马尔可夫模型。

对于给定的观察序列 $Y=\{y_1,y_2,\cdots,y_T\}$，怎样调整隐马尔可夫模型的参数 $\lambda=(\boldsymbol{A},\boldsymbol{E},\pi_0)$，使 $P(Y|\lambda)$ 或 $P(Y,\pi|\lambda)$ 最大。

问题 1 和 2 可以视为分析问题，而问题 3 则是一个典型的模型训练问题。我们将分别通过后验概率解码、Viterbi 算法和 Baum-Welch 算法解决这三个问题。

6.3 后验概率解码

由状态集合 $I=\{i_1,i_2,\cdots,i_k\}$ 中的状态组成的任何一条路径 $\pi=\{S_1,S_2,\cdots,S_T\}$，都有可能生成观察序列 $Y=\{y_1,y_2,\cdots,y_T\}$，其中 $S_q\in\{i_1,i_2,\cdots,i_k\}$；$q=1,2,\cdots,T$。对于给定的观察 $Y=\{y_1,y_2,\cdots,y_T\}$，生成字符 y_t 的任意一个状态 S_t 出现的概率为 $P(S_t|y_1,y_2,\cdots,y_T)$。需要注意的是，这里 S_t 没有事先给定。由贝叶斯定理，得到

$$P(S_t|y_1,y_2,\cdots,y_T)=\frac{P(y_1,y_2,\cdots,y_T|S_t)P(S_t)}{P(y_1,y_2,\cdots,y_T)} \tag{6.9}$$

由于过程的马尔可夫特征及序列 $Y=\{y_1,y_2,\cdots,y_T\}$ 中字符间相互独立，式（6.9）可以进一步改写为

$$\begin{aligned}P(S_t|y_1,y_2,\cdots,y_T)&=\frac{P(y_1,y_2,\cdots,y_t|S_t)P(y_{t+1},y_{t+2},\cdots,y_T|S_t)P(S_t)}{P(y_1,y_2,\cdots,y_T)}\\&=\frac{P(y_1,y_2,\cdots,y_t,S_t)P(y_{t+1},y_{t+2},\cdots,y_T|S_t)}{P(y_1,y_2,\cdots,y_T)}\\&=\frac{\alpha(S_t)\beta(S_t)}{P(Y)}\end{aligned} \tag{6.10}$$

下面分别采用前向算法和后向算法计算 $\alpha(S_t)$ 和 $\beta(S_t)$。

（1）前向算法 (forward algorithm)：

$$\begin{aligned}\alpha(S_t)&=P(y_1,y_2,\cdots,y_t,S_t)\\&=P(y_1,y_2,\cdots,y_t|S_t)P(S_t)\end{aligned}$$

$$
\begin{aligned}
&= P(y_1, y_2, \cdots, y_{t-1}|S_t)P(y_t|S_t)P(S_t) \\
&= P(y_1, y_2, \cdots, y_{t-1}, S_t)P(y_t|S_t) \\
&= \sum\nolimits_{S_{t-1}} P(y_1, y_2, \cdots, y_{t-1}, S_{t-1}, S_t)P(y_t|S_t) \\
&= \sum\nolimits_{S_{t-1}} P(y_1, y_2, \cdots, y_{t-1}, S_t|S_{t-1})P(S_{t-1})P(y_t|S_t) \\
&= \sum\nolimits_{S_{t-1}} P(y_1, y_2, \cdots, y_{t-1}|S_{t-1})P(S_t|S_{t-1})P(S_{t-1})P(y_t|S_t) \\
&= \sum\nolimits_{S_{t-1}} P(y_1, y_2, \cdots, y_{t-1}, S_{t-1})P(S_t|S_{t-1})P(y_t|S_t) \\
&= \sum\nolimits_{S_{t-1}} \alpha(S_{t-1})P(S_t|S_{t-1})P(y_t|S_t) \\
&= \sum\nolimits_{S_{t-1}} \alpha(S_{t-1})a_{S_{t-1},S_t}e_{S_t,y_t}
\end{aligned}
\tag{6.11}
$$

算法 6.1　前向算法伪代码

初始化：前向算法 (第 T 步，观察为 Y)；$K \longleftarrow$ 状态数 (模型)；创建一个 $K \times (T+1)$ 的路径概率矩阵 $f[K, T+1]$；$f[0,0] \longleftarrow 1$ (赋初值)。

1: **for** 迭代步 t 从 1 到 T **do**
2: 　**for** 状态 s 从 1 到 K **do**
3: 　　**for** 状态 s' 从 1 到 K(在 $t-1$ 步) **do**
4: 　　　score $\longleftarrow e_{s,y_t} f[s', t-1] a_{s',s}$;
5: 　　　$f[s,t] \longleftarrow f[s,t] + \text{score}$;
6: 　　**end for**
7: 　**end for**
8: **end for**
9: **return** f

（2）后向算法 (backward algorithm)：

$$
\begin{aligned}
\beta(S_t) &= P(y_{t+1}, y_{t+2}, \cdots, y_T|S_t) \\
&= \sum\nolimits_{S_{t+1}} P(y_{t+1}, y_{t+2}, \cdots, y_T, S_{t+1}|S_t) \\
&= \sum\nolimits_{S_{t+1}} P(y_{t+1}, y_{t+2}, \cdots, y_T|S_t, S_{t+1})P(S_{t+1}|S_t) \\
&= \sum\nolimits_{S_{t+1}} P(y_{t+2}, \cdots, y_T|S_{t+1})P(y_{t+1}|S_{t+1})P(S_{t+1}|S_t) \\
&= \sum\nolimits_{S_{t+1}} \beta(S_{t+1})P(y_{t+1}|S_{t+1})P(S_{t+1}|S_t) \\
&= \sum\nolimits_{S_{t+1}} \beta(S_{t+1})a_{S_{t+1},S_t}e_{S_{t+1},y_{t+1}}
\end{aligned}
\tag{6.12}
$$

如果对所有 $S_T \in I = \{i_1, i_2, \cdots, i_k\}$ 计算 $\alpha(S_T)$，并求它们的和，就可以得到所观察序列 $Y = \{y_1, y_2, \cdots, y_T\}$ 的边际概率：

$$P(Y) = P(y_1, y_2, \cdots, y_T)$$

$$= \sum_{S_T} P(y_1, y_2, \cdots, y_T, S_T)$$
$$= \sum_{S_T} \alpha(S_T) \tag{6.13}$$

根据式（6.9）～ 式（6.12）及其相应的算法，就可以得到一个隐态 S_t 的概率：

$$\gamma(S_t) = P(S_t|Y) = \frac{\alpha(S_t)\beta(S_t)}{P(Y)} \tag{6.14}$$

算法 6.2 后向算法伪代码

初始化： 后向算法 (第 T 步，观察为 Y)；$K \longleftarrow$ 状态数 (模型)；创建一个 $K \times (T+1)$ 的路径概率矩阵 $b[K, T+1]$；$b[k, T] \longleftarrow 1$ (赋初值)。

```
1: for 迭代步从 T − 1 到 1 do
2:   for 状态 s 从 1 到 K do
3:     for 状态 s′ 从 1 到 K(在 t + 1 步) do
4:       score ⟵ e_{s′,y_{t+1}} b[s′, t + 1] a_{s,S_{t+1}};
5:       b[s, t] ⟵ b[s, t] + score;
6:     end for
7:   end for
8: end for
9: return b
```

6.4 状态路径的推断

给定一个观察到的序列 $Y = \{y_1, y_2, \cdots, y_T\}$ ，它可能是由任何状态序列产生的，尽管概率不同。一个显然的问题是：产生以上观察数据的最可能的状态路径 (π^*) 是什么？也就是求

$$\pi^* = \arg\max_{\pi} P(\pi, Y) \tag{6.15}$$

一个最直接的方法就是计算所有可能的路径，再计算联合概率，然后找出最高联合概率的路径。式（6.8）给出了隐马尔可夫模型已知时，对于给定序列 Y 和状态路径 π，联合概率：

$$P(\pi, Y) = P(S_1) e_{S_1, y_1} \prod_{t=2}^{\mathrm{T}} a_{S_{t-1}, S_t} e_{S_t, y_t} \tag{6.16}$$

对于长度为 T 的状态序列，由于任何时刻 t 的任意一个状态都可以向状态集合中的任何一个状态转移，如果状态序列中的状态数为 k，则产生任何一条观察序列的状态序列的数目为 k^{T}，我们需要对每一条状态序列计算联合概率，然后挑出联合概率最大的状态序列作为生成观察序列的状态序列。即使对于一个只有几个状态数的段序列，状态序列的数目也可能巨大，例如，$T = 100$，$k = 3$，则状态序列的数目为 $3^{100} \sim 5.1 \times 10^{47}$。虽然枚举法很准确，但是计算的复杂度非常高，它不是一个有效的方法。式（6.15）所展示的是一个最优化问题，

适合这类问题的算法包含一系列步骤，每一步都有一个选择。贪心算法对大多数优化问题来说能产生最优解，其核心思想是：让每一步选择都是当前最佳选择，期望通过所做的局部最优选择得到一个全局最优解。人们常采用 Viterbi 算法对状态路径进行推断，Viterbi 算法建立在 Viterbi 假设的基础上。

Viterbi 假设：在迭代的任何一步，如果状态 k 在最佳路径上，那么从初始状态到达状态 k 的路径通过选择状态 k 前的所有步取最有可能的状态获得。

从 Viterbi 假设可以看出 Viterbi 算法是一种贪心算法。虽然贪心算法大多数情况下是正确的，但是也有犯错的时候，一个开始看起来正确的路径并不总是通向最优路径，这是贪心算法的弱点。例如，假设在某个区域有众多的山峰，其中有一个最高峰，这些山峰隐藏在浓雾中，看不见，我们的目标是登上最高峰。如果策略是每一步都往高处走，则很有可能登不上最高峰，因为当登上某个不是最高峰的山峰时策略会失灵，因为无路可走，从而陷入了局部最优而不是全局最优。尽管假设并不总是正确的，但是在绝大多数情况下，Viterbi 算法可以找出最可能的路径。

Viterbi 算法根据式 (6.16) 和 Viterbi 假设设计，通过递归：

$$\nu(t,j) = e_{j,y_t} \max_{i \in k}(\nu(t-1,i)a_{i,j}) \tag{6.17}$$

实现式 (6.15)。其中，$a_{i,j}$ 是步 $t-1$ 时的 i 状态向步 t 时的状态 j 转移的概率；e_{j,y_t} 是状态 j 生成观察 y_t 的概率。Viterbi 算法的伪代码如算法 6.3 所示。

算法 6.3　Viterbi 算法伪代码

初始化： Viterbi(第 T 步，观察为 Y)；$K \longleftarrow$ 状态数 (模型)；创建一个 $K \times (T+1)$ 的路径概率矩阵 $\nu[K, T+1]$；$\nu[0,0] \longleftarrow 1$ (赋初值)。

```
1: for 迭代步 t 从 1 到 T do
2:   for 状态 s 从 1 到 K do
3:     for 状态 s' 从 1 到 K(在 t−1 步) do
4:       score ⟵ e_{s,y_t} ν[s', t−1] a_{s',s};
5:       if score > ν[s,t] then
6:         ν[s,t] ⟵ score;
7:       end if
8:     end for
9:   end for
10: end for
```

用一句话描述就是：找到第 T 步最高概率的状态 s^*，沿着指针追溯，返回路径 π^*。

6.5　隐马尔可夫模型中参数的估计

本节将介绍隐马尔可夫模型是怎样建立的。模型建立的过程就是参数的学习过程，隐马尔可夫模型需要学习的参数包括状态转移概率矩阵中的各个元素和字符生成概率矩阵中的各个元素。估计隐马尔可夫模型中参数的方法为 Baum-Welch 算法，该算法属于期望最大（expectation-maximization，EM）算法。

6.5.1 已知完整数据的参数估计

如果对于给定的样本，其状态和观察序列已知，当样本数足够多时，大数定理发挥作用，通过简单的数数就可以确定转移概率矩阵和生成概率矩阵。

对于状态转移矩阵的分量：

$$a_{i,j} = \frac{\text{count}(i,j)}{\sum_{j'=1}^{K} \text{count}(i,j')} = \frac{\text{count}(i,j)}{\text{count}(i)} \tag{6.18}$$

式中，$\text{count}(i,j)$ 是样本中所见到的状态从 i 转移到 j 的次数；$\text{count}(i)$ 是状态 i 出现的次数；k 是状态集合中的状态数。类似地，生成概率矩阵的分量：

$$e_{i,j} = \frac{\text{count}(i,j)}{\sum_{j'=1}^{K} \text{count}(i,j')} = \frac{\text{count}(i,j)}{\text{count}(i)} \tag{6.19}$$

式中，$\text{count}(i,j)$ 是状态 i 生成字符 j 的次数；$\text{count}(i)$ 是状态 i 出现的次数；k 是状态集合中的状态数。

6.5.2 期望最大算法

期望最大算法通过迭代发现含有隐变量的统计模型中参数的极大似然估计或极大后验概率估计。隐变量（latent variable）是概率模型中任何无法直接观测的随机变量，它可以是连续的，也可以是离散的，在这里，我们只讨论离散的隐变量。期望最大算法的迭代过程由 E 步（expectation-step）和 M 步（maximization-step）交替组成。算法的收敛性可以确保迭代至少逼近局部极大值。

假设有来自总体容量为 n 的样本 $\boldsymbol{X} = (X_1, \cdots, X_n)$，其取值 $\boldsymbol{X} = \boldsymbol{x}$。对于任意一个给定的参数向量 $\boldsymbol{\theta}$，X_i 取值 x_i 的概率为 $p(x_i|\boldsymbol{\theta})$。假设样本之间是独立的，则样本 $X_1, \cdots, X_n$ 取值 $x_1, \cdots, x_n$ 的似然函数为

$$L(\boldsymbol{\theta}) = \prod_{i=1}^{n} p(x_i|\boldsymbol{\theta}) \tag{6.20}$$

样本的对数似然为

$$\mathcal{L}(\boldsymbol{\theta}) = \sum_{i=1}^{n} \log p(x_i|\boldsymbol{\theta}) \tag{6.21}$$

对于我们研究的问题，常常存在不可观察的随机变量，也就是隐变量。对于隐变量 $\mathbf{Y} = (Y^1, \cdots, Y^m)$，边缘概率 $p(x_i|\boldsymbol{\theta})$ 由式（6.22）给出

$$p(x_i|\boldsymbol{\theta}) = \sum_{j=1}^{m} \log p(x_i, y^j|\boldsymbol{\theta}) \tag{6.22}$$

将式（6.22）代入式（6.21）得到

$$\mathcal{L}(\boldsymbol{\theta}) = \sum_{i=1}^{n} \log \sum_{j=1}^{m} p(x_i, y^j|\boldsymbol{\theta}) \tag{6.23}$$

如果我们采用极大似然估计求解参数 $\boldsymbol{\theta}$ 的估计值，则有

$$\hat{\boldsymbol{\theta}} = \underset{\boldsymbol{\theta}}{\operatorname{argmax}} \mathcal{L}(\boldsymbol{\theta}) = \underset{\boldsymbol{\theta}}{\operatorname{argmax}} \sum_{i=1}^{n} \log \sum_{j=1}^{m} p(x_i, y^j|\boldsymbol{\theta}) \tag{6.24}$$

当 $\mathcal{L}(\boldsymbol{\theta})$ 是解析函数时，如果该函数是凹函数，通过它对 $\boldsymbol{\theta}$ 的一阶导数取 0 值，就可以求得 $\mathcal{L}$ 的唯一极大值，以及相应的 $\boldsymbol{\theta}$ 值。更常见的情形是我们根本就找不到 $\mathcal{L}(\boldsymbol{\theta})$ 的解析形式，在这种情况下，可以采用期望最大算法得到参数 $\boldsymbol{\theta}$ 的估计值。期望最大算法的核心思想是首先确定对数似然函数 $\mathcal{L}(\boldsymbol{\theta})$ 的下界，通过反复迭代提升该下界，使其逼近似然函数的最大值。当迭代收敛时，迭代停止，认为下界的收敛值就是对数似然函数的最大值，对应的参数 $\boldsymbol{\theta}$ 就是要求解的结果，下面我们来看具体的过程。

对应于离散随机变量 X_i，引入离散隐变量 $Y^j = y^j$ 发生的概率 $q_i(y^j|\boldsymbol{\theta})$，它自然满足：

$$\sum_{i=1}^{m} q_i(y^j|\boldsymbol{\theta}) = 1 \tag{6.25}$$

则有样本的对数似然：

$$\begin{aligned}\mathcal{L}(\boldsymbol{\theta}) &= \sum_{i=1}^{n} \log \sum_{j=1}^{m} p(x_i, y^j|\boldsymbol{\theta}) \\ &= \sum_{i=1}^{n} \log \sum_{j=1}^{m} q_i(y^j|\boldsymbol{\theta}) \frac{p(x_i, y^j|\boldsymbol{\theta})}{q_i(y^j|\boldsymbol{\theta})} \\ &\geqslant \sum_{i=1}^{n} \sum_{j=1}^{m} q_i(y^j|\boldsymbol{\theta}) \log \frac{p(x_i, y^j|\boldsymbol{\theta})}{q_i(y^j|\boldsymbol{\theta})}\end{aligned} \tag{6.26}$$

式（6-26）中最后的不等式来自 Jensen 不等式（参阅 2.2 节）。该不等式中包含的等式具有特别的意义，因为它给出了对数似然的下界，记为 $\mathcal{J}$，即

$$\mathcal{J}(\boldsymbol{\theta}) = \sum_{i=1}^{n} \sum_{j=1}^{m} q_i(y^j|\boldsymbol{\theta}) \log \frac{p(x_i, y^j|\boldsymbol{\theta})}{q_i(y^j|\boldsymbol{\theta})} \tag{6.27}$$

式（6.27）表明 $\mathcal{J}$ 不仅仅是对数似然的下界，也是 $\log \dfrac{p(x_i, y^j|\boldsymbol{\theta})}{q_i(y^j|\boldsymbol{\theta})}$ 的期望。极大似然估计通过求对数似然的极大值得出参数 $\boldsymbol{\theta}$ 的估计值 $\hat{\boldsymbol{\theta}}$，当对数似然函数是凹函数时，极大值唯一，就是最大值。在这里我们将寻求对数似然的最大值转换为寻求对数似然下界 $\mathcal{J}$ 的最大值，也就是寻找 $\log \dfrac{p(x_i, y^j|\boldsymbol{\theta})}{q_i(y^j|\boldsymbol{\theta})}$ 的期望的最大值，这正是期望最大算法的思想。期望最大算法的求解目标为

$$\hat{\boldsymbol{\theta}} = \arg\max_{\boldsymbol{\theta}} \mathcal{J}(\boldsymbol{\theta}) \tag{6.28}$$

由式（6.21）和式（6.27）得到

$$\mathcal{L}(\boldsymbol{\theta}) - \mathcal{J}(\boldsymbol{\theta}) = \sum_{i=1}^{n} \log p(x_i|\boldsymbol{\theta}) - \sum_{i=1}^{n} \sum_{j=1}^{m} q_i(y^j|\boldsymbol{\theta}) \log \frac{p(x_i, y^j|\boldsymbol{\theta})}{q_i(y^j|\boldsymbol{\theta})}$$

$$
\begin{aligned}
&=\sum_{i=1}^{n}\log p(x_i|\boldsymbol{\theta})\sum_{i=1}^{m}q_i(y^j|\boldsymbol{\theta})-\sum_{i=1}^{n}\sum_{j=1}^{m}q_i(y^j|\boldsymbol{\theta})\log\frac{p(x_i,y^j|\boldsymbol{\theta})}{q_i(y^j|\boldsymbol{\theta})}\\
&=\sum_{i=1}^{n}\sum_{j=1}^{m}q_i(y^j|\boldsymbol{\theta})\left(\log p(x_i|\boldsymbol{\theta})-\log\frac{p(x_i,y^j|\boldsymbol{\theta})}{q_i(y^j|\boldsymbol{\theta})}\right)\\
&=\sum_{i=1}^{n}\sum_{j=1}^{m}q_i(y^j|\boldsymbol{\theta})\log\frac{p(x_i|\boldsymbol{\theta})q_i(y^j|\boldsymbol{\theta})}{p(x_i,y^j|\boldsymbol{\theta})}
\end{aligned}\tag{6.29}
$$

根据贝叶斯定理，有

$$
p(x_i,y^j|\boldsymbol{\theta})=p(x_i|\boldsymbol{\theta})p(y^j|x_i,\boldsymbol{\theta})\tag{6.30}
$$

将式（6-30）代入式（6.29），得到

$$
\begin{aligned}
\mathcal{L}(\boldsymbol{\theta})-\mathcal{J}(\boldsymbol{\theta})&=\sum_{i=1}^{n}\sum_{j=1}^{m}q_i(y^j|\boldsymbol{\theta})\log\frac{q_i(y^j|\boldsymbol{\theta})}{p(y^j|x_i,\boldsymbol{\theta})}\\
&=\sum_{i=1}^{n}D_{\mathrm{KL}}\left(q_i(y^j|\boldsymbol{\theta})\|p(y^j|x_i,\boldsymbol{\theta})\right)
\end{aligned}\tag{6.31}
$$

式中，$D_{\mathrm{KL}}\left(q_i(y^j|\boldsymbol{\theta})\|p(y^j|x_i,\boldsymbol{\theta})\right)$ 是 KL 散度（参阅 2.4 节）。由式（6.31）可知：

$$
\begin{aligned}
\mathcal{J}(\boldsymbol{\theta})&=\mathcal{L}(\boldsymbol{\theta})-\sum_{i=1}^{n}D_{\mathrm{KL}}\left(q_i(y^j|\boldsymbol{\theta})\|p(y^j|x_i,\boldsymbol{\theta})\right)\\
&=\mathcal{F}(\boldsymbol{\theta})
\end{aligned}\tag{6.32}
$$

$\mathcal{J}(\boldsymbol{\theta})$ 极大意味着 KL 散度 $D_{\mathrm{KL}}\left(q_i(y^j|\boldsymbol{\theta})\|p(y^j|x_i,\boldsymbol{\theta})\right)$ 极小。由 KL 散度的性质可知当两个概率分布相等时，KL 散度取得极小值 0，也就是

$$
q_i(y^j|\boldsymbol{\theta})=p(y^j|x_i,\boldsymbol{\theta})\tag{6.33}
$$

式（6.33）意味着当 $q_i(y^j|\boldsymbol{\theta})$ 是隐变量 y^j 的后验概率时 $\mathcal{J}(\boldsymbol{\theta})$ 取极大值，此时 $\mathcal{J}(\boldsymbol{\theta})=\mathcal{L}(\boldsymbol{\theta})$。将式（6.30）和式（6.33）代入式（6.27）式得到

$$
\begin{aligned}
\mathcal{J}(\boldsymbol{\theta})&=\sum_{i=1}^{n}\sum_{j=1}^{m}p(y^j|x_i,\boldsymbol{\theta})\log\frac{p(x_i,y^j|\boldsymbol{\theta})}{p(y^j|x_i,\boldsymbol{\theta})}\\
&=\sum_{i=1}^{n}\sum_{j=1}^{m}p(y^j|x_i,\boldsymbol{\theta})\log p(x_i|\boldsymbol{\theta})
\end{aligned}\tag{6.34}
$$

期望最大算法通过交替应用期望步（E 步）和最大化步（M 步）寻求边缘似然的极大似然估计。

期望步（E 步）：对于给定的随机变量 $X_i=x_i$ 和参数 $\boldsymbol{\theta}$ 的前一步估计值 $\boldsymbol{\theta}^{t-1}$，计算隐变量的后验概率 $q_i(y^j|\boldsymbol{\theta}^{t-1})=p(y^j|x_i,\boldsymbol{\theta}^{t-1})$。

最大化步（M 步）：将后验概率代入 $\mathcal{J}(\boldsymbol{\theta})$，求解 $\boldsymbol{\theta}^t$，使 $\mathcal{J}(\boldsymbol{\theta})$ 最大。

6.5.3 Baum-Welch 算法

隐马尔可夫模型建模时通常采用 Baum-Welch 算法学习参数。Baum-Welch 算法起源于期望最大算法。该算法的基本思想如下。

E 步：采用后验概率解码和当前参数估计隐态的期望后验概率。

M 步：由 E 步的结果最大化参数。

交替采用 E 步和 M 步对状态转移概率矩阵和字符生成概率矩阵中的元素进行计算，直至完整的似然（隐藏的状态和可观察的序列的联合概率）收敛，得到两个矩阵中元素的最终估计值。为了计算状态转移概率矩阵分量，首先需要获得状态转移的后验期望，其定义如下：

$$
\begin{aligned}
\xi(S_t, S_{t+1}) &= P(S_t, S_{t+1}|Y) = \frac{P(S_t, S_{t+1}, Y)}{P(Y)} = \frac{P(Y, S_{t+1}|S_t)P(S_t)}{P(Y)} \\
&= \frac{P(y_1, y_2, \cdots, y_t|S_t)P(y_{t+1}, y_{t+2}, \cdots, y_T, S_{t+1}|S_t)P(S_t)}{P(Y)} \\
&= \frac{P(y_1, y_2, \cdots, y_t|S_t)P(y_{t+1}, y_{t+2}, \cdots, y_T, S_{t+1}, S_t)}{P(Y)} \\
&= \frac{P(y_1, y_2, \cdots, y_t|S_t)P(y_{t+1}, y_{t+2}, \cdots, y_T|S_{t+1}, S_t)P(S_{t+1}, S_t)}{P(Y)} \\
&= \frac{P(y_1, y_2, \cdots, y_t|S_t)P(y_{t+1}|S_{t+1})P(y_{t+2}, \cdots, y_T|S_{t+1})P(S_{t+1}|S_t)P(S_t)}{P(Y)} \\
&= \frac{\alpha(S_t)P(S_{t+1}|S_t)\beta(S_{t+1})P(y_{t+1}|S_{t+1})}{P(Y)}
\end{aligned}
\tag{6.35}
$$

第 t 步迭代结束后，我们得到一个中间隐马尔可夫模型。式（6.35）中，$\alpha(S_t)$ 和 $\beta(S_{t+1})$ 分别由前向算法和后向算法求得，$P(Y)$ 由式（6.13）求得，$P(y_{t+1}|S_{t+1})$ 和 $P(y_{t+1}|S_{t+1})$ 由 t 步得到的中间模型直接给出。我们从 t 步的模型出发，开始 $t+1$ 步迭代。

E 步：对于序列 Y，后验转移的期望为

$$
\begin{aligned}
\mathbb{E}(S_{t+1} = j, S_t = i|Y, \boldsymbol{\theta}^t) &= \sum_{t=1}^{T} P(S_t = i, S_{t+1} = j|Y, \boldsymbol{\theta}^{(t)}) \\
&= \sum_{t=1}^{T} \xi(S_t = i, S_{t+1} = j)
\end{aligned}
\tag{6.36}
$$

M 步：

$$
\begin{aligned}
\hat{a}_{ij}^{(p+1)} &= \frac{\displaystyle\sum_{t=1}^{T} \xi(S_t = i, S_{t+1} = j)}{\displaystyle\sum_{j'=1}^{k}\sum_{t=1}^{T} \xi(S_t = i, S_{t+1} = j')} \\
&= \frac{\displaystyle\sum_{t=1}^{T} \xi(S_t = i, S_{t+1} = j)}{\displaystyle\sum_{t=1}^{T} P(S(t) = i|Y)}
\end{aligned}
\tag{6.37}
$$

为了计算生成矩阵的分量，需要计算 $S_t = i, y_t = j$ 的期望数，具体步骤如下。

E 步：

$$\mathbb{E}(S_t = i, y_t = j|Y, \boldsymbol{\theta}^{(t)}) = \sum_{t=1}^{T} P(S_t = i|Y, \boldsymbol{\theta}^{(t)})\delta(y_t, j) \tag{6.38}$$

M 步：

$$\hat{e}_{ij}^{(t+1)} = \frac{\sum_{t=1}^{T} P(S_t = i|Y, \boldsymbol{\theta}^{(t)})\delta(y_t, j)}{\sum_{t=1}^{T} P(S_t = i|Y, \boldsymbol{\theta}^{(t)})} \tag{6.39}$$

其中

$$\delta(x, y) = \begin{cases} 1, & x = y \\ 0, & x \neq y \end{cases}$$

式（6.39）中，$\hat{e}_{ij}$ 的下标 i 对应状态，下标 j 对应生成的字符。因为字符序列中各个字符间相互独立，所以在式（6.39）中引进 δ 函数。

扩展阅读

Scikit-learn 0.17 版之后就不再支持隐马尔可夫模型，我们可以使用 Python 的第三方库 hmmlearn 运行隐马尔可夫模型，其中高斯隐马尔可夫模型（Gaussian HMM）假设观测状态满足高斯分布，高斯混合隐马尔可夫模型（GMHMM）则假设观测状态符合高斯混合分布，它们都假设观测状态是连续的。多项式隐马尔可夫模型（multinomial HMM）是关于离散观测状态的模型。

思考与练习

1. 从互联网下载并安装 hmmlearn。
2. 运行 hmmlearn。

第 7 章　决策树和随机森林

随机森林是当前最流行的机器学习算法之一，由 Leo Breiman 在 2001 年提出，属于集成学习方法。随机森林能够执行回归和分类的任务。随机森林中有很多决策树，当对一个新的对象进行分类时，该森林中的每一棵树都会参与该对象类别的投票，对象的类别由票决多数确定；而在回归问题中，随机森林的输出将是所有决策树输出的平均值。随机森林从原始训练样本集中有放回地重复随机抽样生成新的训练样本集合，每棵决策树建立在一个独立抽取的样本集上；建树过程中随机选择特征去分裂每一个节点，然后比较不同情况下产生的误差；根据自助样本集生成分类树组成随机森林，按照森林中的每棵分类树投票的结果确定最后的分类。随机森林中，分类误差取决于每一棵树的分类能力和它们之间的相关性。单棵树的分类能力可能比较弱，但是整个森林的分类能力可能很强。

7.1　树

7.1.1　图

一个图 G 由集合 V 和 E 共同组成，记为 $G=(V,E)$，其中 V 是有限的非空顶点集，E 是顶点的偶对（即连接）组成的集合，顶点的连接称为边，所以 E 也称为边集。在图 G 中，若顶点的连接是有序的，则称 G 为有向图，用 $<v_i,v_j>$ 表示从顶点 v_i 到顶点 v_j 的一条有向边，v_i 和 v_j 分别是这条边的起点和终点，并用连接起点和终点且终点带有箭头的线段表示有向边。对于有向图 G，显然 $<v_i,v_j>$ 和 $<v_j,v_i>$ 是不同的两条边。

在图 G 中，若顶点的连接是无序的，则称 G 为无向图，用 (v_i,v_j) 表示无向图的边。对于无向图 G，(v_i,v_j) 和 (v_j,v_i) 是同一条边，若 $v_i=v_j$，则称该边为环。和任何边都不关联的顶点叫作孤立点。图 G 中顶点的个数叫作图 G 的阶。图 G 中与某个顶点 v 相关联的边数称为顶点 v 的度数。若图 G 中每对不同顶点间都有路径相连，则称 G 为连通图，起点和终点重合的通路叫作回路。

树 T 是一个连通的、无回路的无向图。树中的边称为树枝。树 G 的内部顶点的度不小于 2；外部顶点也称为叶子顶点，其度为 1。设树 T 是具有 n 个顶点的图，则对于树 T，以下命题等价，都可以用来描述树。

（1）T 是连通的，无回路的无向图。

（2）T 无回路，如果加入任意一条边，则恰好形成一个回路。

（3）T 是连通的，如果移除任何一条边，则变成断开的（不连通的）。

（4）T 中的任意两个顶点能够由一条简单路径连接。简单路径指的是没有重复顶点的路径。

（5）T 是连通的且有 $n-1$ 条边。

如果对树的某个顶点赋予根的含义，则该树就是有根树。有根树的顶点也称作节点。我们可以对有根树的边赋予一个自然的取向，朝向根或背离根，从而形成有向有根树。可以给树上的每一个节点赋予一个唯一的标签，如 1, 2, ⋯, n，这样的树就是标签树。有根树中，一个节点的父节点是通向根的路径上和它相连的那个节点，一个节点的子节点是以它为父节点的那些节点，一个节点的子节点数目称为该节点的度。称具有相同父节点的那些节点为兄弟节点；一个父节点的子节点以及后面所有子节点的子节点都是该父节点的后代节点。树中每条边的长度都算作一个长度单位。有根树中，一个节点在树中的高度是从该节点出发到达叶子节点的最长简单路径的长度。从节点 v_i 到节点 v_j 的简单路径可能有很多条，其中不存在重复节点的路径称为简单路径；一个节点的深度是该节点到根的简单路径的长度。树的高度就是根的高度，根的深度为零，叶子的高度也是零。一个 k-叉树最多有 k 个子节点。

7.1.2 二叉树

在计算机科学中，二叉树是树数据结构，它的每一个节点最多有两个孩子，分别是左孩子和右孩子。以递归形式对二叉树进行定义：一个非空的二叉树是一个元组 $<L,S,R>$，其中 L 和 R 是二叉树或空集，S 是单元素集。二叉树中，如果一个节点仅有一个孩子，那么这个孩子是左节点还是右节点是有区别的。

这里给出几种类型的二叉树（图 7.1)。到目前为止，二叉树的术语还没有很好地标准化，本书的表述可能与某些文献的表述一致，而与其他文献的表述有差异。一个有根二叉树有一个根节点，并且每个节点最多有两个孩子。每个节点要么有两个孩子，要么没有孩子的二叉树称为满二叉树。也可以递归形式定义满二叉树：根节点有两个子树，每个子树都是满二叉树，只有一个顶点的树也是满二叉树。所有内部节点都有两个孩子，所有叶子节点都有相同的深度的二叉树称为完美二叉树。除最后一层外，所有层都填满，最后一层的节点都尽可能是左节点的二叉树称为完全二叉树。在完全二叉树中，最后一层如果没有排满，缺的一定是右节点，不是左节点。

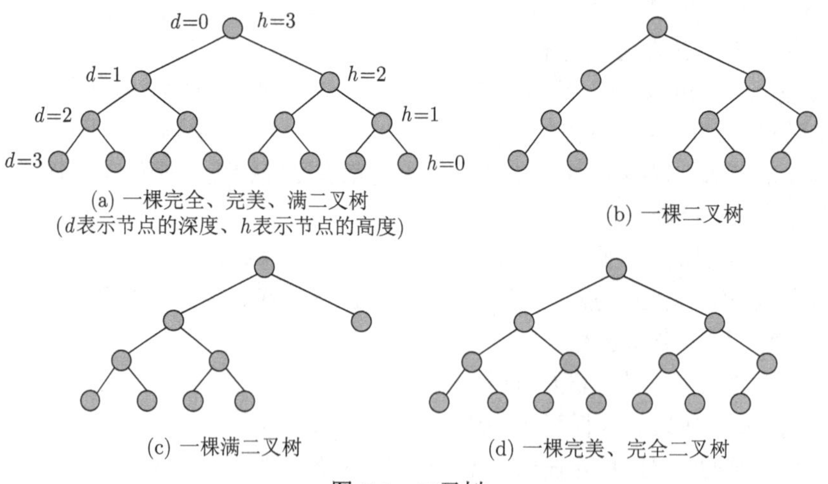

(a) 一棵完全、完美、满二叉树
(d表示节点的深度、h表示节点的高度)

(b) 一棵二叉树

(c) 一棵满二叉树

(d) 一棵完美、完全二叉树

图 7.1 二叉树

7.2　决策树学习

分类模型的任务是基于对象的属性（attribute）预测它的类别。训练模型时，输入的是带有类别标签的属性元组集。决策树学习（decision tree learning）构建具有预测能力的决策树，根据样本的输入属性预测样本的目标值。决策树是一个树结构（不限定是二叉树），其中每个内部节点（非叶子节点）表示在一个属性上的测试，每个分支表示一个测试的结果，每个叶子节点包含一个类标签。树中最顶端的节点是根节点。当目标变量是离散值时，称决策树为分类树；当目标变量取连续值时，称决策树为回归树。在决策分析中，一棵决策树明确表达决策的过程。在机器学习中，决策树是一个将输入的数据映射为输出目标的树结构，每一条从根节点到叶子节点的路径都代表一条决策规则。

给定 m 个元组组成的集合 $\mathcal{S}$：

$$\mathcal{S} =< \boldsymbol{x}_1, y_1 >, \cdots, < \boldsymbol{x}_i, y_i >, \cdots, < \boldsymbol{x}_m, y_m > \tag{7.1}$$

式中，y_i 是 $\boldsymbol{x}_i$ 的类别标签，它在有限离散域上取值。k 维向量 $\boldsymbol{x}_i = (x_{1i}, x_{2i}, \cdots, x_{ki})$ 的每一个分量代表样本的一个属性或特征，共有 k 个属性。假定所有的属性，包括类别标签，都在有限的离散域上取值。决策树的每一个内部节点都由一个属性变量标记，我们常常在从节点出发的树枝旁标记上属性变量的值，这些树枝可能会通向拥有和父节点不同属性的子节点。树的每一个叶子节点标记上一个类别或标记上所有类别的概率分布，表示输入的数据集被树分类为特定的类或特定的概率分布。

树的构建通过递归分割属性进行，根节点处标记的输入递归地分割到下一级节点，直至某个节点拥有和目标变量相同的属性或分割不再增加预测值时递归终止。这种自顶到底归纳建树方法属于贪心法（greedy algorithm），也是从数据中学习决策树的最常见策略。著名的建树算法有 ID3、C4.5、CART、CHAID、MARS 等。

7.2.1　度量

构建决策树的算法通常是自上而下的，每一步中选择一个数据的最佳分割。虽然度量最佳方法因算法而异，一般而言，都是对输入数据集的某个子集中的目标变量进行度量。

7.2.1.1　基尼不纯度

CART 算法采用基尼不纯度（Gini impurity）对带有类别标签的数据集合进行度量。CART 是 classification and regression tree（分类和回归树）首字母的缩写。假设集合中有 M 个元素，分属于 J 个类别，集合中数据的标签 $i \in \{1, 2, \cdots, J\}$。统计得到集合中属于类别 i 的元素个数为 N_i，则类别 i 在集合中出现的频率为 $p_i = \dfrac{N_i}{M}$，基尼不纯度定义为

$$I_G = \sum_{i=1}^{J} p_i(1 - p_i) = \sum_{i=1}^{J} p_i - \sum_{i=1}^{J} p_i^2 = 1 - \sum_{i=1}^{J} p_i^2 \tag{7.2}$$

如果集合中所有的数据都属于同一个类别，此时，数据集最纯，$I_G = 0$；另一个极端情况是集合中 M 个元素分属于 M 个类别，此时，数据集最杂，$I_G = 1 - \dfrac{1}{M}$，$M \to \infty$ 时，$I_G \to 1$。

如果我们根据集合中类别标签的分布随机标记数据，则基尼不纯度反映了标记错误发生的概率。

7.2.1.2 信息增益

ID3（iterative dichotomiser 3）、C4.5（接替 ID3）等算法采用信息增益（information gain）对带有类别标签的数据集合进行度量。信息增益是基于信息论中熵和信息量的概念。在热力学中，熵表征系统的混乱程度，熵越小，系统的有序程度越高。对应于分类问题，信息熵越小，数据中包含的类别数越少。从输入数据集合到确定根节点，直至叶子节点，建树朝着信息熵减小的方向进行。对于每一个候选子节点，其父节点的信息熵为

$$H(F) = -\sum_{i=1}^{J} p_i \log p_i \tag{7.3}$$

式中，p_i 是在祖先节点约束下父节点对应的类别为 i 的概率。

外部输入的每一条数据都是带有类别标签的属性的集合，每一个属性都在有限状态集合中取值。分类决策树中，每一个内部节点属于且仅属于一个属性。对于某个给定的属性 A，假设其值取 a，即 $A = a$。用 $p(a)$ 记作在祖先节点的约束下属性 $A = a$ 的概率（通过计算频率得到它的估计值）；用 $\Pr(i|a)$ 记作在祖先节点的约束下属性 $A = a$ 时，类别为 i 的概率（通过计算频率得到它的估计值），用 $H(a)$ 记作在祖先节点的约束下属性 $A = a$ 时的条件熵：

$$H(a) = \sum_{i=1}^{J} -\Pr(i|a) \log \Pr(i|a) \tag{7.4}$$

遍历属性 A 的所有可能值，以上条件熵的加权和由下式给出：

$$H(A) = \sum_{a} p(a) H(a) = \sum_{a} p(a) \sum_{i=1}^{J} -\Pr(i|a) \log \Pr(i|a) \tag{7.5}$$

假设集合中的元素被标记为 J 个类别，建树时，从父节点到候选子节点的信息增益为

$$\mathrm{IG} = H(F) - H(A) \tag{7.6}$$

式中，IG 是信息增量；$H(F)$ 是父节点的信息熵。

7.2.1.3 信息增益率

信息增益率是信息增益和信息的内在值（intrinsic value）的比率。内在值的计算如下：

$$\mathrm{IV} = -\sum_{a} p(a) \log p(a) \tag{7.7}$$

式中，$p(a)$ 是在祖先节点的约束下属性 $A = a$ 的概率。实际计算中，以频率作为概率的估计。记 D 为样本数，D_a 为属性 A 取值 a 的样本数，则

$$p(a) = \frac{D_a}{D} \tag{7.8}$$

信息增益率为

$$\mathrm{IGR} = \frac{\mathrm{IG}}{\mathrm{IV}} \tag{7.9}$$

注意式（7.3）所定义的信息熵和式（7.7）所定义的信息的内在值之间的区别，前者以分类为导向，求和遍历类别标签；后者也是一种熵值，反映属性自身的混乱程度，求和遍历属性所有可能的取值。

例如，假设一棵树，其众多内节点中包含两个内节点，一个是天气，一个是湿度。天气在集合 {晴天, 多云, 阴天, 下雨}中取值，湿度在集合 {高湿, 正常, 干燥}中取值。还假设在这棵树中，天气是根节点，湿度是天气的子节点，连接它们的边是天气的值“晴天”，如果数据集合中晴天的天数是 D_s，而在晴天的前提下，“高湿”“正常”“干燥”的天数分别是 D_w、D_n、D_d，显然，$D_s = D_w + D_n + D_d$，内在值：

$$\mathrm{IV} = -\frac{D_w}{D_s}\log\frac{D_w}{D_s} - \frac{D_n}{D_s}\log\frac{D_n}{D_s} - \frac{D_d}{D_s}\log\frac{D_d}{D_s} \tag{7.10}$$

7.2.2 ID3 算法

ID3 算法是将要建树的原始数据集 S 作为树的根节点。建树以递归的方式进行，在迭代的每一步，计算集合 S 还未使用的属性的加权熵 H 和信息增益 IG，在建树过程中的每一步，我们选择信息增益最大的属性作为分裂节点，也就是建树朝熵减小最快的方向进行。这种类似抄近道的算法统称为贪心算法，这样做和直观感觉一致。直观上，简单的就是最好的，在建树的每一步，我们追求子节点包含的类别数尽可能少，这样一来，建成的树深度也小。

ID3 算法归纳为以下四步。

（1）计算数据集 S 的每一个属性 a 的熵。

（2）选择分割会使信息增益最大（等效于熵最小）的数据属性将数据集 S 分割成子集。

（3）由步骤（2）选择的数据属性生成决策树上的一个节点。

（4）在分割出的子集上递归。

在原始集合 S 的任何一个子集上的递归出现下列情形之一时迭代停止。

（1）子集中的所有元素属于同一个类别。

（2）没有更多的属性可供选择，从而不能生成新的节点，但是相应的数据子集中还有多个元素没有归到同一个类别。出现这种情形时，生成一个叶子节点，数一数这些元素中属于哪个类别的元素最多，叶子节点的类别就是这个元素最多的类别。

（3）子集中没有元素。当在父集合中找不到与所选属性的特定值匹配的元素时，就会发生这种情况。出现这种情形时，生成一个叶子节点，并用父节点集合中最常见的元素类别进行标记。

通过 ID3 算法构建的决策树中，非终端节点（内部节点）代表在其上会出现分割的数据属性；终端节点（叶子节点）代表这一分支的最终子集的类别标签。

例如，采用 ID3 算法建立决策树。考虑一个具有四个属性的数据集：天气（晴天、多云、下雨）、温度（炎热、温和、寒冷）、湿度（高湿、正常）和风力（强、弱），以及一个二值（是、否）目标变量：踢球。假设数据集中有 14 个数据点（表 7.1）。

表 7.1　决策树学习数据集

天气	气温	湿度	风力	踢球
晴天	炎热	高湿	弱	否
晴天	炎热	高湿	强	否
多云	炎热	高湿	弱	是
下雨	温和	高湿	弱	是
下雨	寒冷	正常	弱	是
下雨	寒冷	正常	强	否
多云	寒冷	正常	强	是
晴天	温和	高湿	弱	否
晴天	寒冷	正常	弱	是
下雨	温和	正常	弱	是
晴天	温和	正常	强	是
多云	温和	高湿	强	是
多云	炎热	正常	弱	是
下雨	温和	高湿	强	否

为了在此数据集上构建决策树，我们需要比较四棵树中每一棵树的信息增益，每棵树都在四个属性中的一个上进行分裂。具有最高信息增益的分裂将被视为第一个分裂，该过程持续进行，直至所有子节点都是纯的，或者直到信息增益为 0。

表 7.1 中，反映气象的属性有四个，分别是“天气”“温度”“湿度”“风力”。每个属性都在离散空间取有限个值，例如，对于“温度”这个属性，可能的取值为“炎热”“温和”“寒冷”。建树时，我们首先要确定哪个属性作为树的根节点。为此，分别以四个属性作为根节点，来计算各自的信息增益。先忽视任何气象属性，从表 7.1 可以看出，踢球的天数是 9，不踢球的天数是 5，原始数据集（original data set）的熵为

$$H(O)=-\frac{9}{14}\log_2\frac{9}{14}-\frac{5}{14}\log_2\frac{5}{14}=0.940$$

使用属性“风力”进行分裂将生成两个子节点，一个对应于风力的值为“强”，另一个用于风力的值为“弱”。在这个数据集中，有 6 个数据点的风力值是“强”，其中 3 个踢球（目标变量）的值为“是”，另外 3 个踢球的值为“否”。其余 8 个数据点的风力值为“弱”，其中 2 个踢球的值为“否”，6 个踢球的值为“是”。计算风力值为“强”节点的信息熵，目标变量踢球的值“是”和“否”各有三个，所以有

$$I_E([3,3])=-\frac{3}{6}\log_2\frac{3}{6}-\frac{3}{6}\log_2\frac{3}{6}=1$$

对于风力值为“弱”的节点，信息熵为

$$I_E([6,2])=-\frac{6}{8}\log_2\frac{6}{8}-\frac{2}{8}\log_2\frac{2}{8}=0.811$$

加权熵值为

$$\frac{6}{14}\times I_E([3,3])-\frac{8}{14}\times I_E([6,2])=\frac{6}{14}\times 1+\frac{8}{14}\times 0.811=0.892$$

如果将“风力”作为分裂节点，则信息增益是

$$\mathrm{IG}=H(O)-0.892=0.940-0.892=0.048$$

采用类似的步骤，可以得出：以天气作为根节点，信息增益是 0.247；以气温作为根节点，信息增益是 0.029；以湿度作为根节点，信息增益为 0.152。根据信息增益最大原则，取天气作为根节点。该根节点有"晴天""下雨""多云"三个取值，所以从该节点出发的边有三条，现在来确定这三条边分别连接哪个节点。表 7.1 中，晴天有 5 天，其中，有两天踢球的值为"是"，有三天踢球的值为"否"，熵值为

$$-\frac{2}{5}\log_2\frac{2}{5}-\frac{3}{5}\log_2\frac{3}{5}=0.971$$

如果选"气温"作为连接节点，五个晴天中，炎热两天，踢球值为"否"；温和两天，踢球值一个"否"，一个"是"；寒冷一天，踢球值"是"，加权熵值为

$$\frac{2}{5}\times\left(-\frac{2}{2}\log_2\frac{2}{2}\right)+\frac{2}{5}\times\left(-\frac{1}{2}\log_2\frac{1}{2}-\frac{1}{2}\log_2\frac{1}{2}\right)+\frac{1}{5}\times\left(-\frac{1}{1}\log_2\frac{1}{1}\right)=0.4$$

信息增益 $\mathrm{IG}=0.971-0.4=0.571$。如果选"湿度"作为连接节点，五个晴天中，高湿三天，踢球值都是"否"；正常两天，踢球值都为"是"，加权熵值为

$$\frac{3}{5}\times\left(-\frac{3}{3}\log_2\frac{3}{3}\right)+\frac{2}{5}\times\left(-\frac{2}{2}\log_2\frac{2}{2}\right)=0$$

信息增益 $\mathrm{IG}=0.971-0=0.971$。如果选"风力"作为连接节点，五个晴天中，风力"弱"三天，踢球值两个"否"，一个"是"；风力"强"两天，踢球值一个"是"，一个"否"，加权熵值为

$$\frac{3}{5}\times\left(-\frac{2}{3}\log_2\frac{2}{3}-\frac{1}{3}\log_2\frac{1}{3}\right)+\frac{2}{5}\times\left(-\frac{1}{2}\log_2\frac{1}{2}-\frac{1}{2}\log_2\frac{1}{2}\right)=0.955$$

信息增益 $\mathrm{IG}=0.971-0.955=0.016$。检查计算结果，发现选择"湿度"这个属性信息增益最大，由此得出和晴天这个边相连的结点是"湿度"这个属性。

表 7.1 中，下雨也是 5 天，其中，有三天踢球的值为"是"，有两天踢球的值为"否"，熵值 $H=0.971$。采用边上的值为"下雨"时类似的计算得到下一级节点分别取"气温""湿度""风力"时，信息增益分别是 $0.971-0.951=0.020$、$0.971-0.951=0.020$、$0.971-0=0.971$，由此得出和下雨这个边相连的节点是"风力"这个属性。

表 7.1 中，多云是 4 天，其中，四天都踢球，熵值 $H=0$，由此判断多云这个节点直接连接叶子节点。

通过以上计算结果，我们就可以构建出如图 7.2 所示的决策树。

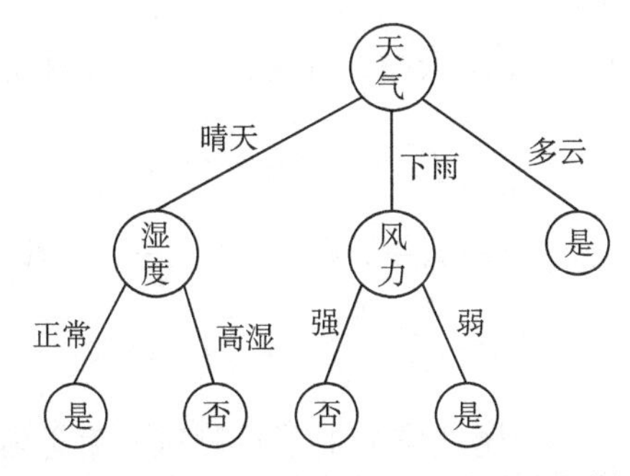

图 7.2　由表 7.1 中的数据构建的决策树

7.2.3　C4.5 算法

生成决策树的 C4.5 算法来自 ID3 算法的改进和延伸，两个算法出自同一人：Ross Quinlan。C4.5 算法常被称作统计分类器，它是具有里程碑意义的决策树算法，是重要的机器学习工具。C4.5 算法采用信息增益率取代 ID3 算法采用的信息增益来选择属性。C4.5 算法在建树过程中对只有很少样本的节点进行剪枝以改善过拟合。C4.5 算法能够对非离散数据建树，还能够处理缺失数据。

图 7.2 是根据表 7.1 中的数据，采用 ID3 算法构建的决策树，现在让我们根据同样的数据源，采用 C4.5 算法重建决策树。7.2.2 节已经算出，分别以“天气”“气温”“湿度”“风力”四个属性作为根节点测试，信息增益是分别是 0.247、0.029、0.152、0.048。首先计算“天气”“气温”“湿度”“风力”四个属性各自的内在值。14 天中晴天 5 天、多云 4 天、下雨 5 天，所以“天气”的内在值为

$$\mathrm{IV}_{\text{天气}} = -\frac{5}{14}\log_2\frac{5}{14} - \frac{4}{14}\log_2\frac{4}{14} - \frac{5}{14}\log_2\frac{5}{14} = 1.577$$

14 天中炎热 4 天、温和 6 天、寒冷 4 天，所以“气温”的内在值为

$$\mathrm{IV}_{\text{气温}} = -\frac{4}{14}\log_2\frac{4}{14} - \frac{6}{14}\log_2\frac{6}{14} - \frac{4}{14}\log_2\frac{4}{14} = 1.556$$

14 天中高湿 7 天、正常 7 天，所以“湿度”的内在值为

$$\mathrm{IV}_{\text{湿度}} = -\frac{7}{14}\log_2\frac{7}{14} - \frac{7}{14}\log_2\frac{7}{14} = 1.000$$

14 天中风力强 6 天、弱 8 天，所以“风力”的内在值为

$$\mathrm{IV}_{\text{风力}} = -\frac{6}{14}\log_2\frac{6}{14} - \frac{8}{14}\log_2\frac{8}{14} = 0.985$$

以“天气”“气温”“湿度”“风力”四个属性作为根节点测试，信息增益率（式 (7.7)）分别是 $\frac{0.247}{1.577} = 0.156$、$\frac{0.029}{1.556} = 0.018$、$\frac{0.152}{1.000} = 0.152$、$\frac{0.048}{0.985} = 0.048$。根节点测试时，“天气”的信息增益率最大，所以选择“天气”作为树的根节点。虽然和 ID3 选择的根节点一致，但是差点就被更改，因为“湿度”对应的信息增益率非常接近“天气”的信息增益率。天气属性有“晴天”、“多云”和“下雨”三个可能的取值，构成从“天气”节点出发的三个边。如果选“气温”作为连接节点，五个晴天中，炎热两天，温和两天，寒冷一天，内在值为

$$-\frac{2}{5}\log_2\frac{2}{5} - \frac{2}{5}\log_2\frac{2}{5} - \frac{1}{5}\log_2\frac{1}{5} = 1.522$$

如果选“湿度”作为连接节点，五个晴天中，高湿三天，正常两天，内在值为

$$-\frac{3}{5}\log_2\frac{3}{5} - \frac{2}{5}\log_2\frac{2}{5} = 0.971$$

如果选“风力”作为连接节点，五个晴天中，风力“弱”三天，风力“强”两天，内在值为

$$-\frac{3}{5}\log_2\frac{3}{5} - \frac{2}{5}\log_2\frac{2}{5} = 0.971$$

以“气温”“湿度”“风力”三个属性作为根节点测试，信息增益率（式 (7.7)）分别是 $\frac{0.571}{1.522} = 0.375$、$\frac{0.971}{0.971} = 1$ 和 $\frac{0.016}{0.971} = 0.016$，“湿度”的信息增益率最大，由此得出和晴天这

个边相连的子节点是“湿度”这个属性。后面的计算过程雷同，不再赘述。最后构建的决策树与采用 ID3 算法构建的决策树一致（图 7.2）。

Ross Quinlan 对 C4.5 算法做了进一步改进，形成了 C5.0 算法。和 C4.5 相比，C5.0 建树速度更快、内存效率更高、决策树更小、准确度更高。

7.3　自举聚集法

自举聚集法（bootstrap aggregating，bagging）由 Leo Breiman 在 1994 年提出，是一种集成学习算法，旨在通过随机产生的数据集改善分类和回归算法的稳定性与准确性。它还能有效减小方差，避免过拟合。它通常应用于决策树方法，也可以用于其他类型的方法。bagging 来自 bootstrap aggregating 的缩写，和英文词 bagging 没有任何关系，但是在一些中文文献中，bootstrap aggregating 算法被称作袋装法或装袋法，也有作者把它称作套袋法。

给定一个尺寸为 m 的训练集 $\mathcal{S}$，自举聚集法从 $\mathcal{S}$ 中通过有放回的随机均匀抽样产生 N 个尺寸为 m' 的新训练集 $\mathcal{S}_i$。由于是有放回的抽样，$\mathcal{S}_i$ 中有重复的数据，抽样时，每个数据被抽中的概率为 $\frac{1}{m}$，抽不中的概率为 $1-\frac{1}{m}$，m' 次都抽不中的概率为 $\left(1-\frac{1}{m}\right)^{m'}$。如果 $m'=m$，当 $m\to\infty$ 时，抽不中的概率 $\left(1-\frac{1}{m}\right)^{m}\to \mathrm{e}^{-1}\simeq 0.368$，也就是说当 m 很大时，$\mathcal{S}_i$ 中大约有 63.2%的样本是相同的，大约有 36.8%的样本是不同的。这种抽样方法称作自助抽样。通过由自助抽样得到的 N 个训练集，能够训练出 N 个模型。对于回归问题，最后的结果是 n 个模型输出结果的平均值；对于分类问题，N 个模型都参加投票，最后的分类结果由 N 个模型分类的简单多数确定。

假设尺寸为 m 的训练集 $\mathcal{S}$ 是 m 个元组组成的集合 $\mathcal{S}$：

$$\mathcal{S}=<\boldsymbol{x}_1,y_1>,\cdots,<\boldsymbol{x}_i,y_i>,\cdots,<\boldsymbol{x}_m,y_m> \tag{7.11}$$

式中，y_i 是与 $\boldsymbol{x}_i$ 对应的响应，对于分类问题 y_i 就是 $\boldsymbol{x}_i$ 的类别标签。向量 $\boldsymbol{x}_i=(x_{1i},x_{2i},\cdots,x_{k,i})$，的每一个分量代表样本的一个属性或特征，共有 k 个属性。在该训练集上采用有放回重抽样，生成 N 个子集 $\mathcal{S}_i$，$i=1,2,\cdots N$，然后在每个子集构建决策树 f_i，$i=1,2,\cdots,N$。训练完成后，对于回归问题，来自训练集外的样本 $\boldsymbol{x}'$ 的预测由各个树对该样本预测的均值求得

$$\hat{f}=\frac{1}{N}\sum_{n=1}^{N}f_n(\boldsymbol{x}') \tag{7.12}$$

对于分类问题，来自训练集外的样本 $\boldsymbol{x}'$ 的类别由各个树对该样本类别进行投票，分类结果由投票的简单多数确定。

单棵决策树的预测结果对训练集中数据的噪声可能相当敏感。当由子集构建的决策树之间不存在强相关时，各个子集构建的决策树预测结果的均值能够平滑噪声的影响。采用确定性训练算法时，如果在单一的数据集上训练多个模型，这些模型之间高度相关，甚至完全一致，自举聚集法通过有放回抽样生成不同的训练子集，解除（至少部分解除）决策树之间的相关性。对于训练样本中的每一个数据 $\boldsymbol{x}_i$，预测结果的标准差为

$$\sigma = \sqrt{\frac{\sum_{n=1}^{N}(f_n(\boldsymbol{x}') - \hat{f})^2}{N-1}} \tag{7.13}$$

式中，决策树的数量 N 是一个超参数，其值从几十到数千都有可能，取决于原始训练集的大小。可以通过交叉验证方法发现最优决策树的数量 N，也可以通过观察袋外误差（out-of-bag error）得出。所谓袋外数据就是所有的训练子集中都不包含的数据。具体说来就是，对于尺寸为 m 的训练集 $\mathcal{S}$ 中的每一个样本 $\boldsymbol{x}_i$，$i = 1, 2, \cdots, m$，采用所有那些不包含该样本的由有放回抽样生成的子集所训练出的决策树对 $\boldsymbol{x}_i$ 进行预测，观察该数据的实际状况和预测结果之间的误差，所有参与预测的决策树平均误差就是袋外误差。使袋外误差最小的决策树数量 N 正是我们所要的。

7.4 随机森林

随机森林的核心内容包括三点：训练数据有放回地重抽样、特征（属性）的随机选择和森林决策。随机森林方法和自举聚集法有许多相同之处，将自举聚集法建树过程中待分裂特征的确定性选择改变成随机选择，自举聚集就变成随机森林。由此可以看出，随机森林中的随机包含两重含义：森林中生成决策树的数据集由原始数据有放回随机抽样产生，树的构建过程中节点分裂时特征（属性）的随机选取。主要步骤如下。

（1）从原始训练样本集中有放回地随机重抽样生成新的训练样本集合。假设训练集中样本的个数为 N，通过有放回重抽样来获得这 N 个样本，这样的抽样结果将作为生成决策树的训练集。

（2）如果有 M 个输入特征变量，每个节点都将随机选择 $m(m < M)$ 个特征变量，然后采用这 m 个变量来确定最佳的分裂点。在决策树的生成过程中，m 的值保持不变。

（3）每棵决策树都尽可能地生长，不剪枝。

（4）输出结果由森林中的所有决策树共同做出，每棵树的贡献权重相等。对于分类问题，森林的分类结果由所有树的分类结果的多数确定；对于回归问题，回归结果通过计算所有树的结果的简单平均值得到。

随机森林由大量的决策树组成，随机森林算法在自举聚集法的基础上增加了特征（属性）选择的随机性。这样做的理由是自举聚集法构建的树之间可能存在相关性，如果在建树的过程中，某个或某几个特征对目标输出处于支配地位，就会导致由自举聚集法构建的许多树之间具有相关性。对于分类问题，假设特征的总数为 A，则随机选择的特征数为 $\sqrt{A}$；对于回归问题，算法的发明者建议随机选择的特征数为 $\dfrac{A}{3}$。在实际应用中，随机选择特征的个数依赖于问题本身，是一个可调参数。

思考与练习

1. 采用 C4.5 算法，就表 7.1 提供的假设数据，建立决策树。
2. 利用 Scikit-learn 中的 DecisionTreeClassifier 工具，构建并训练一个决策树分类器。

第 8 章　蒙特卡罗树搜索

8.1　引　　言

蒙特卡罗方法又叫统计模拟方法，它使用随机数（或伪随机数）来解决计算的问题，是一类重要的数值计算方法。在数值模拟方面，蒙特卡罗方法有着悠久的历史。在各种人工智能博弈，尤其是不完全信息博弈，如拼字游戏和桥牌游戏等方面取得过显著的成果。计算机围棋方面，蒙特卡罗方法的递归应用取得了令人瞩目的成就。对计算机来说，围棋是一个相当难的博弈：纷繁复杂的走子选择、很深的搜索树、缺乏可靠的启发式价值函数。

通过在搜索空间中随机抽样，蒙特卡罗树搜索（Monte Carlo tree search，MCTS）关注最有潜力的行动。也就是说，该方法在决策空间中抽取随机样本，并根据结果建立搜索树，进而寻找最优决策。在人工智能领域，对于能够被表示成序贯决策树的问题，尤其是博弈和规划问题，蒙特卡罗树搜索已经产生了深远的影响。最近几年，蒙特卡罗树搜索已成为许多人工智能的重要工具。蒙特卡罗树搜索将计算机围棋从低段业余水平提升到专业大师水平。在计算机围棋中取得的丰硕成果使研究者现在对蒙特卡罗树搜索的成功和失败有了更好的理解，从而对基本算法进行扩展和改进。这些发展极大地增加了蒙特卡罗树搜索的应用范围，并将其性能提升到更高的水平。

蒙特卡罗方法采用随机性解决用其他方法难以解决的确定性的问题，可以追溯到 20 世纪 40 年代。1987 年，Bruce Abramson 在他的博士学位论文中探讨了蒙特卡罗树搜索的概念，并认为该方法严格、准确、容易估计、有效计算、领域无关。他对井字棋进行了深入的实验，并针对奥赛罗和象棋进行了机器生成评价函数实验。1989 年，作为启发式搜索方法，蒙特卡罗方法被用于自动定理证明。在 1992 年，B. Brugmann 首次将其用在下围棋的程序中。2002 年，Auer 等针对多臂老虎机提出了 UCB1，为 UCT 奠定了理论基础。2006 年，Chang 等针对马尔可夫决策过程提出了自适应多阶段抽样算法，这是首次将 UCB 探索–开发利用概念用于构建抽样/模拟树。受前人工作启发，2006 年，Coulo 阐述了蒙特卡罗方法在博弈树搜索中应用，并将其命名为蒙特卡罗树搜索。此后几年，蒙特卡罗树搜索不断地应用于计算机围棋，直至 2015 年 AlphaGo 以四比一的战绩战胜职业棋手李世石九段。

蒙特卡罗方法已广泛应用于具有随机性和部分可观测性的博弈中，但是它们同样适用于具有完全信息的确定性博弈。经过大量的博弈模拟，从当前状态开始直到博弈结束，选择最高概率赢得比赛的初始动作，来推进比赛进程。在大多数情况下，动作的采取是随机的，某些博弈也可能倾向于去探索，这样是没有博弈论保证的。换句话说，即使迭代过程在一段较长的时间内执行，最终选择的移动可能不是最优的。

过去十年来，在非博弈领域，如复杂的现实世界规划、优化和控制问题，蒙特卡罗树搜索同样取得了巨大的成功。它已经成为人工智能的重要工具。蒙特卡罗树搜索有很多吸引人的地方：它是一种统计上的任意时间算法（anytime algorithm），其更高的计算能力通常会带来更好的性能。它可以使用很少的领域知识，甚至不需要领域知识，在其他技术失败的困难问题上也取得了成功。如果有一个足够简单的环境模型用于快速多步模拟，那么蒙特卡罗树搜索对于单智能体序贯决策是有效的。

8.2　蒙特卡罗积分

早在 20 世纪 40 年代，数学家乌拉姆（Stanislaw Marein Ulam）提出从概率分布函数中产生随机样本，Metropolis 将这一思想命名为蒙特卡罗方法。蒙特卡罗是与意大利毗邻的摩纳哥的一个山边小镇，始建于 1865 年的赌场和拉斯维加斯的赌场齐名。赌博似乎和概率统计密切关联，以赌城命名一个新出现的统计模拟方法是个好主意，很快被大家接受。

物理学家将蒙特卡罗方法用于求函数的积分。假设 $h(x)$ 是一个复杂的函数，区间 $[a,b]$ 上的积分不能解析地得出。将 $h(x)$ 分解为函数 $f(x)$ 和一个概率密度函数 $p(x)$ 的乘积，则有

$$\int_a^b h(x)\mathrm{d}x = \int_a^b p(x)f(x)\mathrm{d}x = \mathbb{E}_{p(x)}[f(x)] \tag{8.1}$$

这样一来，求积分转换为求 $f(x)$ 基于密度函数 $p(x)$ 的期望。如果我们在区间 $[a,b]$ 上依照密度分布函数 $p(x)$ 随机抽取大量的数值 x_1，x_2，$\cdots$，x_n，则有

$$\int_a^b h(x)\mathrm{d}x = \mathbb{E}_{p(x)}[f(x)] \simeq \sum_{i=1}^{n} f(x_i) \tag{8.2}$$

8.3　博　　弈

博弈论把决策理论扩展到多智能体相互作用的情况。博弈具有一系列既定规则，允许一个或多个玩家的互动产生特定的结果。博弈可以通过以下几个部分描述。

（1）$\mathcal{S}$：状态的集合，用 s_0 表示初始状态。

（2）$\mathcal{S}_T \subseteq \mathcal{S}$，终止状态的集合。

（3）$n \in N$：玩家的数量。

（4）$\mathcal{A}$：行动的集合。

（5）$f: \mathcal{S} \times \mathcal{A} \to \mathcal{S}$：状态转移函数。

（6）$R: \mathcal{S} \to \mathbb{R}^k$：效用函数。

（7）$\rho: \mathcal{S} \to (0,1,\cdots,n)$：每个状态下将要行动的选手。

每场博弈从起始状态 s_0 开始，顺着时间 $t=1,2,\cdots$ 向前推进，直至抵达进入某个终止状态。每个玩家在 t 时刻 k_i 采用一个行动，通过状态转移函数 f 进入下一个状态 s_{t+1}。每个玩家获得一次奖赏（由效用函数 R 定义），也就是给他们的表现赋予一个数值。这些值可能是随意的（如用正数累计收益，负数计算成本）。在很多博弈中给一个非终止状态的奖赏为 0，给一个终止状态的奖赏为 1、0、-1（或 1、$\frac{1}{2}$、0），对应赢、平、输。

每一个玩家的策略决定了在一个给定状态 s 下选择行动 a 的概率。如果没有玩家能够依靠单方面转变策略而获益，这些玩家的组合策略将形成纳什均衡。这样的均衡总是存在的，但在真实的博弈中要计算它通常非常困难。

在现实世界中，博弈的奖赏具有延迟性，只有在终止状态获得的奖赏能够准确地体现玩家的表现。

8.3.1　组合博弈

按照以下性质给博弈分类。

（1）**零和**：在博弈的任何终结状态下，所有玩家的奖赏加起来是否为零。零和博弈也称为严格竞争博弈，赢家的收益等于输家的损失，总和为零。

（2）**信息**：对于玩家来说，博弈的状态是否完全可观察或部分可观察。

（3）**决定论**：机会因素是否起作用（也称为完全性，即对奖赏的不确定性）。

（4）**次序**：行动是序贯地发生还是自发地发生。

（5）**离散**：动作是离散的还是实时的。

两个玩家之间具有零和、完全信息、确定性、离散性和序贯性的博弈称为组合博弈。围棋、国际象棋和井字棋等都属于这类博弈。组合博弈是人工智能实验的优秀测试平台，如围棋，虽然它们只具有由简单规则定义的受控环境，但是常常表现得深刻且复杂，呈现出强烈的研究挑战。

8.3.2　博弈树

我们可以使用博弈树来表征一个博弈。博弈树是一种树结构，其中每一个节点表征博弈的确定状态。从一个节点向其子节点的转换称为走子（move）。节点的子节点数目称为分支因子（branching factor）。树的根节点表征博弈的初始状态。端节点（terminal nodes）是没有子节点的节点，表示博弈无法再继续进行。完备博弈树从根节点开始，包含所有节点的所有可能的走子，端节点的状态可以被评估，并给出博弈的结果。从一个根节点到一个端节点的树遍历表征了单个博弈过程。博弈树是一种递归的数据结构，因此当选择了一个最佳行动并到达一个子节点的时候，这个子节点其实就是其子树的根节点。因此，可以在每一次（以不同的根节点开始），将博弈看作由博弈树表征的、寻找最有潜力的下一步行动序列。在实践中很常见的是，不需要记住到达当前状态的路径，因为它在当前的博弈状态中并不重要。

8.3.3　极小极大算法

极小极大是一个决策、博弈、统计等领域采用的决策规则，它最小化最坏情况下可能的损失（minimax），或最大化最坏情况下可能的成果（maxmin）。极小极大起源于双人零和博弈，涵盖了玩家交替走子和同时走子，它也被扩展到更复杂的博弈和在不确定的情况下的一般决策。在零和博弈中，极小极大意味着最小化对手的最大收益。这等同于最小化自己的最大损失，也等同于最大化自己的最小收益。

1）极大极小值

一个玩家的极大极小值是他在不知道对手要采取什么样的行动下确定能够获得的最高价值。等效于它的对手知道该玩家走子的情况下迫使他所能接受的最低价值，定义如下：

$$v_i = \max_{a_i} \min_{a_{-i}} v_i(a_i, a_{-i}) = \max_{a_i} \left(\min_{a_{-i}} v_i(a_i, a_{-i}) \right) \tag{8.3}$$

式中，i 是玩家的标记；$-i$ 是除该玩家之外的所有其他对手；a_i 是玩家 i 采取的行动；a_{-i} 是除该玩家之外的所有其他对手采取的行动；v_i 是玩家 i 的价值函数。

依照最坏情况计算一个玩家的极大极小值：对于该玩家每一种可能的走子，遍历他的所有对手可能的走子，确定出对手最坏的走子组合，即让该玩家所得价值最小的组合，然后确定玩家 i 的走子以确保这个极小值具有最高的可能性。

2）极小极大值

一个玩家的极小极大值是他的对手在不知道他要采取的行动下迫使他所能接受的最小价值。等效于知道对手走子的情况下，他能确定获得的最高价值。定义如下：

$$\overline{v_i} = \min_{a_{-i}} \max_{a_i} v_i(a_i, a_{-i}) = \min_{a_{-i}} \left(\max_{a_i} v_i(a_i, a_{-i}) \right) \tag{8.4}$$

除了极小值和极大值操作顺序相反之外，这个定义和极大极小的定义非常相像。在这里，初始的结果集合 $v_i(a_i, a_{-i})$ 依赖 a_i 和 a_{-i}，然后对每一个可能的 a_{-i}，遍历所有可能的 a_i，计算 $v_i(a_i, a_{-i})$，选出其中最大的一个 $v'(a_{-i})$，最后在所有的 $v'(a_{-i})$ 中挑出值最小的作为最终的输出。

如果博弈中自己是先手，假设自己拥有整棵博弈树，就能够自底向上地给每个节点算出一个值。如果是属于自己的节点（即轮到自己走子），它的值将会是其子节点中的最大值。如果它是属于自己对手的节点，它的值会是其子节点中的最小值。实质上，这就是极小极大算法：构造博弈树，交替地使用最小/最大约束来算出每个节点的值。对先手来说，根节点的值就是整个博弈的值。

极小极大算法的伪代码如算法 8.1 所示。图 8.1 是极小极大算法示意图。圆圈代表先手玩家（最大化）的走子，方框代表其对手（最小化）的走子，圆圈和方框中的值代表极小极大算法的值。从根节点开始到叶子节点，该博弈树的深度为 5。

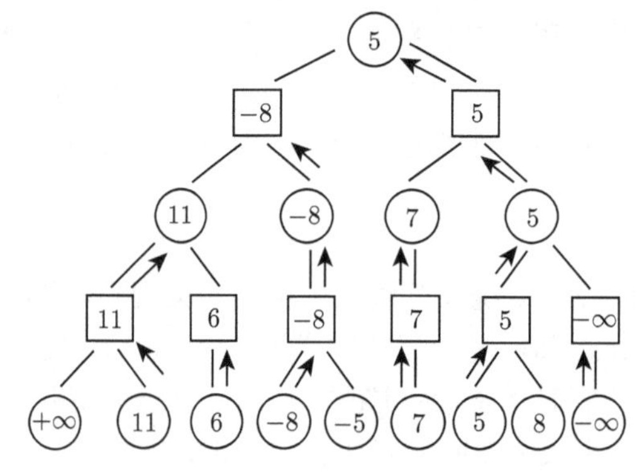

图 8.1　极小极大算法示意图

尽管极小极大算法始终确保为用户找到最好的走法，但存在一个大问题 —— 博弈树可能很庞大。例如，国际象棋是一个二人零和博弈的经典原型，每个博弈位置都有 30 种可能的走法。由于每盘博弈都大约要走 80 步（40 个回合），这样一来，树的底层会有将近 10^{118} 个节点。这意味着，实质上计算机是不可能构造出整个象棋的博弈树的。那我们能做些什么呢？第一项优化是在极小极大算法中限制我们对博弈树估算的深度。这么做可能没有真正地

算法 8.1　极小极大算法伪代码 (被调用函数)

```
1: function MINIMAX(node, depth, maximizingPlayer)
2:    if depth=0 或者节点是终止节点 then
3:        return 节点的启发式值
4:    endif
5:    if 最大化玩家 then
6:        bestValue := −∞
7:        for 节点的每一个子节点 do
8:            v :=minimax(child, depth−1, FALSE)
9:            bestValue:=max(bestValue, v)
10:           return bestValue
11:       end for
12:   else
13:       bestValue := ∞
14:       for 节点的每一个子节点 do
15:           v :=minimax(child, depth−1, TRUE)
16:           bestValue :=min(bestValue, v)
17:           return bestValue
18:       end for
19:   end if
20: end function
```

遍历到叶节点，因此我们使用一个启发式的逼近函数的近似值作为节点或博弈位置的值。不可避免地，该数值是不精确的，但它能让我们在使用极小极大算法时不必对底层的所有节点进行估值。启发性能越好，越能发现制胜的棋步，也更接近精确的极小极大值。对于极小极大的递归算法，我们需要限制递归的深度而不是让它一直递归到叶节点。最简单的实现方法是将一个深度参数传递给递归的极小极大函数并在每次递归中减少它的值。在底层的递归，我们使用启发式函数计算出当前博弈位置的极小极大值。现在得到的博弈树根节点的极小极大值仅仅是一个近似值。极小极大算法探索得越深，该值将越精确（因为我们更有机会遍历到叶节点），但会耗费更长的时间。计算极小极大值（指导如何走棋）时需要权衡精确度和耗时。每当再次轮到我们下棋时，对于新的博弈位置，需要重新计算它的极小极大值。每步走子都是基于当前博弈状态计算出的极小极大值做出的决定。在很多运行在标准 PC 硬件的国际象棋程序中，极小极大搜索的深度被限制在 6 层左右，包含了十亿个可能的博弈位置。超过这个层数会导致分析博弈位置的耗时更长，这是不现实的。例如，以 $\times 10^6$/s 的比率分析博弈位置，6 层的深度需要耗时约 15 分钟。

8.3.4　多臂老虎机

假设有 100 枚投掷时正反面出现的概率不同的硬币，从中选择一枚硬币进行投掷，如果掷出正面，得到一份奖赏。如果要在限定的投掷次数内拿到最多的奖赏，应该怎么做？显然要做的就是找到掷出时正面朝上概率最大的那枚硬币，然后用它进行投掷。

多臂老虎机有 K 个手臂，赌徒投币后拉下其中一个臂，然后老虎机以一定的概率吐出硬币。赌徒事先并不知道每个臂吐出硬币的概率，但是希望赢得最多的硬币。到底拉动哪个臂？决策是很困难的，因为奖赏的概率分布未知，潜在奖赏的估计必须根据过去的观察做出。

赌徒与多臂老虎机博弈的目标是在有限的拉臂次数内赢得最多的硬币。他拉下过 K 个臂中的一部分，还有一部分没有拉过。拉下的臂中，在某些臂上赔掉了本钱，某些臂上有收获，还没有拉过的臂可能会让他收获更大。理智的他为了实现有限的拉臂次数内获利最大的目标，一方面他会继续拉那些让他尝到甜头的臂，另一方面他会尝试那些没有拉过的臂。

多臂老虎机问题是一个著名的序贯决策问题。玩家需要在 K 个行动中做选择，通过持续采取最优行动，使累积奖赏最大。但是这会导致玩家陷入开发利用 – 探索悖论。Bandit 算法框架包括两个部分：探索（explore）和开发（exploit）。探索就是对数据集中概率未知的数据进行采样；开发就是利用概率已知的那部分数据。探索是随机地选择行动，而不是参照某个估计概率分布，不考虑曾经的经验。探索时，潜在的奖赏分布未知，其中可能藏有最大的奖赏，但是最大的奖赏可能已经包含在了采样过的数据中。所以，在最大决策次数限定的条件下，这种探索是有风险的。这就使开发 – 探索陷入两难境地，需要一个策略平衡开发和探索。

8.3.5　ϵ- 贪心

强化学习需要有清晰的探索机制。随机地选择行动，而不是参照某个估计概率分布，得到的只能是差的性能。对于有限马尔可夫决策过程，简单的探索方法是最实际的，ϵ-贪心（greedy）就是一个。智能体选择探索的概率为 ϵ，选择开发的概率为 $1-\epsilon$。这里，$0<\epsilon<1$ 是可调参数，可以根据事先给定的计划改变或根据某种启发式方法改变，ϵ 大则模型有更大的灵活性（能更快地探索到未知），ϵ 小则模型会有更好的稳定性（有更多机会去“开发”）。

8.3.6　遗憾

策略应该最小化玩家的遗憾，这里将遗憾定量化，定义如下：

$$R_n = \mu^* n - \sum_{j=1}^{K} \mu_j \mathbb{E}[T_j(n)] \tag{8.5}$$

式中，μ^* 表示最有可能的预期奖赏；μ_j 是拉下臂 j 所得到的奖赏；$\mathbb{E}[T_j(n)]$ 表示头 n 次拉臂中臂 j 预期被拉的次数。也就是说，遗憾是因为没有拉下最好的臂而造成的预期损失。

8.3.7　上置信界

想象一下，用户站在一台多臂老虎机面前，拉动每条臂获得的奖赏都服从一个随机的概率分布。然而，一开始，用户对这些概率分布一无所知。用户的目标是寻找一种玩这台老虎机的策略，使得在整个博弈的过程中能获得尽可能多的奖赏。很明显，用户需要能够在尝试尽可能多的老虎机（探索）与选择已知奖赏最多的老虎机（利用）之间寻求一种平衡。依照上置信界（upper confidence bound，UCB）制定策略能够达到这种平衡。

在统计学中，对于一个未知量的估计，总能找到一种量化其置信度的方法。最普遍的分布是正态分布（高斯分布）$N(\mu, \delta)$，其中的 μ 是估计量的期望，δ 则表示它的不确定性（δ 越大则表示越不可信），上置信界就是以均值的置信上限来代表它的预估值。

$$\mathrm{UCB1} = \overline{X}_j + \sqrt{\frac{2\ln n}{n_j}} \tag{8.6}$$

式中，$\overline{X}_j$ 是来自臂 j 的奖赏的均值；n_j 是臂 j 被操作的次数；n 是到目前为止操作的总次数。UCB1 算法的流程如下。

（1）对所有臂先尝试一次。

（2）按照式（8.6）计算每个臂的最终得分。

（3）选择得分最高的臂作为本次结果。

当臂 j 的平均收益较大时，也就是式（8.6）等号右边第一项较大时，臂 j 将在选择时占有优势；当臂 j 被选中的次数较少时，即 n_j 较小时，式（8.6）等号右边第二项较大，臂 j 将在选择时占有优势。也就是奖赏项 $\overline{X}_j$ 鼓励对高奖赏臂的开发利用，$\sqrt{\frac{2\ln n}{n_j}}$ 鼓励探索到目前未知罕至的区域，所以 UCB1 算法倾向选择被选中次数较少以及平均收益较大的臂。

UCB1 算法需要对所有的臂进行一次尝试，当臂比较多时，可能会比较耗时，如果 UCB1 算法的参数是确定的，那么输出结果就是确定的，也就是 UCB1 算法本质上仍然是一个确定性的算法，这会限制它的探索能力。

8.4　蒙特卡罗树搜索算法

蒙特卡罗树搜索基于两个基本概念：一是可以采用随机模拟估计行动的真实价值；二是可以有效地利用这些价值，将策略调整到通向最好的策略。该算法逐步构建一个由前树的探索结果引导的部分博弈树，这棵树用于估计走子的价值。随着树的建立，这些估计（特别是对那些最有前途的走子）将变得越来越准确。

基本算法涉及迭代地构建搜索树直到达到预先设定的计算条件，例如，时间、内存、迭代约束等。树中的每一个节点（顶点）代表一个状态，它包含了三个基本信息：代表的局面、被访问的次数、累计评分。和子节点的直接连接代表一个导致后继状态的行动。

蒙特卡罗树搜索是在 UCB1 基础上发展出来的一种解决多轮序贯博弈问题的策略。如图 8.2 所示，每一个搜索迭代包含四个步骤：选择 (selection)、拓展 (expansion)、模拟 (simulation)、反向传播 (backpropagation)。在开始阶段，搜索树只有一个节点，也就是我们需要做决策的局面。

（1）**选择**：从根节点出发，将子节点选择策略（如 UCB1 算法）递归地用于后继节点，直到抵达第一个可扩展节点。一个节点是可扩展的，如果它代表一个未终结状态，并且有一个从未被访问过的子节点。

（2）**拓展**：对叶子节点进行扩展。选择其一个从未访问过的子节点加入当前的搜索树。

（3）**模拟**：从刚拓展的新节点出发，根据缺省策略进行蒙特卡罗模拟，直到博弈结束，产生一个输出。

（4）**反向传播**：将模拟结果反向传播，更新博弈树中被选择节点的信息。

然后，启动循环，进入下一轮选择和模拟。可以看出，通过选择步骤，蒙特卡罗树搜索算法降低了搜索的宽度；而通过模拟步骤，蒙特卡罗树搜索算法又进一步降低了搜索的深度。因此，蒙特卡罗树搜索是一类极为高效地解决复杂博弈问题的搜索策略。

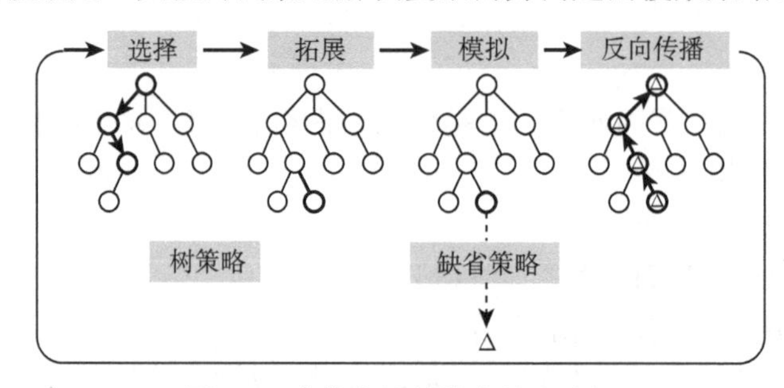

图 8.2　蒙特卡罗树搜索基本过程

以上四步包含了两个不同的策略。

（1）树策略：从已经包含在搜索树中的节点选择和创建叶子节点（选择和拓展）。

（2）缺省策略：从给定的非终止状态开始穷尽所有的博弈（选择和拓展后选择的行动序列已经完结）以产生一个价值估计（模拟）。

反向传播步不采用策略，但是会更新节点的统计，其中含有未来树策略决策的信息。

算法 8.2 的伪代码概括了这四个步骤。这里，v_0 是对应状态 s_0 的根节点，v_l 对应状态 s_l，它是树策略阶段抵达的最终节点，$\varDelta$ 是从状态 s_l 运行缺省策略抵达终止状态时所得的奖赏。全部搜索的结果 $a(\text{bestChild}(v_0))$ 是一个行动，该行动产生根节点 v_0 的最好子节点，这里“最好”的准确定义在算法执行时给出。图 8.2 展现了基本蒙特卡罗树搜索算法的一个迭代。从根节点 v_0 开始，根据某个效用函数递归地选择子节点，直至抵达一个节点 v_n，该节点要么描述一个终止状态，要么没有充分拓展。注意，该节点不必是树的叶子节点。从状态 s 选择一个还未采取过的行动，一个新的叶子节点 v_l 加到树上，对状态 s 施加行动 a 后到达状态 s'。到此为止，完成了树策略部分。然后，从新拓展的节点开始，运行模拟，产生奖赏 $\varDelta$。接着，沿着选择的节点序列 $\varDelta$ 反向传播，更新节点的统计数据。节点的访问数增加，根据 $\varDelta$，节点的平均奖赏或 Q 值被更新。奖赏 $\varDelta$ 可能是离散的（赢/平/输），也可能是连续的，甚至对于复杂的多智能体，奖赏将是一个向量。

算法 8.2　蒙特卡罗树搜索算法伪代码

初始化：创建状态为 s_0 的根节点 v_0

输出：行动 a　%它从根节点 v_0 生出最佳子节点

1: **for** 符合计算预算 **do**

2: 　$v_l \leftarrow \text{treePolicy}(v_0)$

3: 　$\varDelta \leftarrow \text{defaultPolicy}(s(v_l))$

4: 　反向传播 $(v_l, \varDelta)$

5: **end for**

6: **return** $a(\text{bestChild}(v_0))$

一旦搜索被打断或达到计算预算，搜索终止。通过某种机制，选择一个根节点 v_0 的行动 a。

Schadd 基于 Chaslot 等的研究，给了选择获胜动作的四个准则。

（1）最大子节点：选择获得奖赏最高的子节点。

（2）鲁棒子节点：选择被访问次数最多的子节点。

（3）最大–鲁棒子节点：选择获得奖赏最高和访问次数最多的子节点，如果不存在，继续搜索，直到取得让人满意的访问次数。

（4）安全子节点：选择最大化下置信界（lower confidence bound）的子节点。

8.5　树的上置信界

树的上置信界（upper confidence bound for trees，UCT）是蒙特卡罗树搜索家族中最流行的算法，本节对该算法进行详细描述，并简要给出收敛性证明。

蒙特卡罗树搜索的目标是获得状态行动价值的近似值。如图 8.2 所示，我们通过迭代构建部分搜索树来实现这一目标。然而，树的构建依赖于怎样在树中选择节点。蒙特卡罗树搜索的成功，尤其是在计算机围棋方面的成就，主要归功于树策略，尤其是 Kocsis 和 Szepesvári 提出采用 UCB1 作为树策略。将这些子节点的选择类比成多臂老虎机问题，这样一来子节点的价值通过蒙特卡罗模拟得到的期望奖赏近似给出，因此这些奖赏对应未知分布的随机变量。

UCB1 简单并有效，对于克服蒙特卡罗树搜索的利用–探索悖论，UCB1 是很有潜力的备选方法。将每次从已经存在的树上选择一个节点类比成一个独立的多臂赌博机问题。通过最大化 UTC 选择子节点 j：

$$\mathrm{UTC} = \overline{X}_j + 2C_p\sqrt{\frac{2\ln n}{n_j}} \tag{8.7}$$

式中，n 表示当前（父）节点被访问的次数；n_j 表示子节点 j 被访问的次数；$C_p > 0$ 是一个可调常数。如果多个子节点具有相同的最大值，则随机选择其中一个。$\overline{X}_j$ 限定在 $[0,1]$ 区间。一般认为 $n_j = 0$ 时，$\mathrm{UCT} = \infty$，这样一来，以前未访问过的子节点被赋予最大值，以确保一个节点的任意一个子节点被进一步拓展前，它的所有子节点至少被考虑一次。

UTC 方程（式 8.7）的第一项（开发）和第二项（探索）之间存在一个基本的平衡。当一个节点被访问后，它的探索项的分母变大，从而它的贡献下降。另外，如果父节点的另一个子节点被访问，则分子增加，从而没有被访问的兄弟节点的探索增加。探索项确保了每个子节点有一个非零的选择概率，从而给局面赋予固有的随机性。只要时间足够长，即使是低奖赏的子节点也将被选中，从而探索出不同博弈路径。

如果 UCB 选择的节点有尚未属于该树的子节点，那么将随机选择其中一个节点，并将其添加到该树中。然后采用缺省策略，直到到达终止状态。在最简单的情况下，这个默认策略是随机的，满足均匀分布。然后，从新加入的节点到根节点，将终止状态 S_T 的值 $\varDelta$ 反传播到本次迭代中被访问过的所有节点。

每一个节点都拥有两个值：被访问到的次数 $N(v)$ 和从该节点开始的所有局面奖赏的总和 $\boldsymbol{Q}(v)$。每一次，从根节点开始，每一个节点都是局面的一部分，它的值都要被更新。一旦达到计算预算，该算法终止，返回找到的最佳的行动，对应最高访问次数子节点。

算法 8.3 和算法 8.4 是 UCT 算法的伪代码，其中算法 8.3 是主函数，算法 8.4 是被调用函数。

算法 8.3 UCT 算法伪代码 (主函数)

```
1: function UCTSearch(s_0)
2:   while within computational budget do
3:     v_l ← TREEPOLICY(v_0)
4:     Δ ← DEFAULTPOLICY(s(v_l))
5:     BACKUP(v_l, Δ)
6:   end while
7:   return a (BESTCHILD(v_0, 0))
8: end function
```

算法 8.4 UCT 算法伪代码 (被调用函数)

```
1: // 树策略
2: function treePolicy(v)
3:   while v is nonterminal do
4:     if v not fully expanded then
5:       return EXPAND(v)
6:     else
7:       v ← BESTCHILD(v, C_p)
8:       return v
9:     end if
10:  end while
11: end function
12: // 拓展
13: function EXPAND(v)
14:   从 A 中选择一个还未尝试的行动 a
15:   给节点 v 增加一个新的子节点 v'
16:   s(v') = f(s(v), a)
17:   a(v') = a
18:   return v'
19: end function
20: // 最佳子节点
21: function BESTCHILD(v, c)
```

```
22:     return argmax_{v'∈children of v} Q(v')/N(v') + c·sqrt(2 ln N(v) / N(v'))
23: end function
24: // 缺省策略
25: function DEFAULTPOLICY(s)
26:     while s is 非终止状态 do
27:         按照均匀分布随机选择 a ∈ A(s)
28:         s ← f(s, a)
29:     end while
30:     return 状态 s 的奖赏
31: end function
32: // 反向传播
33: function BACKUP(v, Δ)
34:     while v 非空 do
35:         N(v) ← N(v) + 1
36:         Q(v) ← Q(v) + Δ
37:         v ← parent of v
38:     end while
39: end function
```

对于每个节点 v，有四个与它相关的数据：状态 $s(v)$、即将发生的行动 $a(v)$、模拟奖赏总和 $\boldsymbol{Q}(v)$（一个实值向量）和被访问的总次数 $N(v)$（非负整数）。$\Delta(v,p)$ 是奖赏向量 Δ 的分量，对应于在节点 v 的当前玩家 p。

针对根节点 v_0 调用函数，探索参数 c 设置成 0，总体搜索的返回值 $a(\text{BESTCHILD}(v_0, 0))$ 给出使子节点获得最高奖赏的行动 a。然而这个算法也有可能返回使子节点被访问次数最多的行动。这两种选项通常（不总是）描述相同的行动。

8.6　蒙特卡罗树搜索的特征

本节描述蒙特卡罗树搜索所具有的一些特性，正是这些特性使蒙特卡罗树搜索在许多领域成为流行的算法，而且常常取得成功。

8.6.1　启发式

MCTS 最显著的优势之一是不需要专门的领域知识。这一优势使它随时应用于能够由树建模的领域。虽然在博弈论意义上，全深度极小极大（在每一个状态，最小化对手的最大奖赏）是最优的，但受深度限制，极小极大的博弈质量取决于用于评估叶节点的启发式算法。像国际棋这样的博弈，经过数十年的研究，已经有了可靠的启发式方法，极小极大能够表现得非常完美。然而，在如围棋这样的博弈中，分支因素要比国际象棋高几个数量级，有用的启发式算法难以表达，极小极大的性能显著降低。

虽然蒙特卡罗树搜索对领域知识没有要求，但是使用专门的领域知识通常可以显著提高它的性能。所有基于蒙特卡罗树搜索的表现卓越的围棋程序现在都采用围棋专业知识，尤其在定式阶段更是如此。专业知识不需要完备，只要有利于走子即可。

当使用领域专门知识进行偏向走子时需要权衡：均匀随机选择走子的优点之一是快速，使人们在给定的时间内执行多次模拟。领域专门知识通常会大大减少模拟的次数，但也可能减少模拟结果的方差。

8.6.2　随时性

蒙特卡罗树搜索立即反向传播每一局面的输出，紧随算法的每一次迭代，确保所有的值都会更新。这样一来，算法能够在任何时刻即时从根节点返回一个动作，算法还运行额外的迭代以改善结果。

8.6.3　非对称性

树选择允许算法偏爱更有前途的节点（不允许其他节点的选择概率趋近于零），随着时间的推移，建立起来的决策树是不对称的树。换句话说，部分树的构建偏向于更有前途的、更重要的区域。树的形状可以用来更好地理解博弈本身，也就是通过对 UCT 搜索中生成的树的形状分析可以辨别出可玩和不可玩的博弈。

第9章　卷积神经网络

9.1　引　　言

从网络搜索、社会网络内容过滤，再到电商网站的产品推荐，机器学习在许多方面推动着现代社会的技术进步。机器学习已经广泛出现在照相机和智能手机之类的消费产品之中。机器学习系统被用于识别影像中的对象，将语音翻译成文本，将新的物件、物品等和用户感兴趣的对象匹配，以及从搜索中选择相关结果。这些应用正在更多地采用一类称为深度学习（Le Cun et al.，2015）的技术。传统的机器学习技术局限于处理原始的自然数据。数十年来，构建一个模式识别或机器学习系统需要小心谨慎的工程和大量的领域经验以制定特征提取方法，将原始的数据（如影像的像素值）转换成合适的本质表征或特征向量，根据这些特征，学习系统可以从输入中发现模式或对数据分类。

深度学习通过多处理层组成的计算模型学习数据的多层抽象表征。在语音识别、可视对象识别、目标探测，以及药物发现与基因组学等领域，深度学习体现出了它的先进性。通过反向传播算法，深度学习在大数据中发现错综复杂的结构，指示机器应该怎样调整它的内部参数，这些参数用来从上一层的表征计算出下一层的表征。深度卷积递归为图像处理、视频、语音带来了突破，对于文本和语音这样的序列数据，循环神经网络闪耀着光芒。

表征学习是一套给机器注入原始数据，然后机器自动发现分类所需要的表征学习方法。深度学习是拥有多层结构的表征学习方法。从输入层开始，通过构建简单的非线性模块将低层表征转换为较高层的表征，较高层次的表征比较低层次的表征更加抽象。经过足够的变换，可以学习到非常复杂的性质。对于分类任务，较高的表征层放大输入的特征，这样做对于识别是重要的，较高的表征层同时也抑制不相关的变量。以像素值点阵组成的图像为例，在第一表征层学习到的特征代表图像中特定局部和取向中边的出现或消失；第二表征层学习到的特征常常是通过打乱边的特定排列、忽视边位置的微小变化，发现模式；第三表征层可能是将模式组装成一个较大的组合，对应于某个熟悉的客体部件；后面的各层将探测由这些部件组合成的客体。深度学习的关键点在于这些特征层不是人类工程师设计的，它们是机器采用通用的学习步骤从数据中学习出来的。

最近十多年来，人工智能研究领域的主要进展来自深度学习。深度学习擅长在高维数据中发现复杂结构，因而应用在科学、工程、商业和政府的许多领域。除了在图像识别和语音识别方面打破了纪录，深度学习也在其他方面战胜了别的机器学习方法，例如，潜在药物分子活性的预测、粒子加速度数据的分析、大脑回路的构建、基因表达和疾病方面非编码 DNA 突变效果的预测。更令人惊奇的是，在主题分类、语义分析、问题回答、语言翻译诸方面，深度学习极大地推进了机器对自然语言的理解。

9.2 有监督学习

无论深度学习还是浅度学习, 有监督学习是机器学习共同的形式。试想，将图像分类成房子、汽车、人和宠物，我们首先收集大量的房子、汽车、人和宠物的图像。在训练阶段，对于每一个类别，给机器出示一张图像并产生一个由多个分量组成的向量形式的输出。在所有的分类中，我们希望正确的分类能够获得最高分，但是训练前，事情往往不是这样。定义目标函数为模型输出结果的得分值与应得分值之间的误差。然后，机器通过修改内部可调参数以减小这个误差。这些可调参数常常称为权值，可将其当作一个“旋钮”。在一个典型的深度学习问题中，或许有上亿个这样的可调参数和数十万个标记好的样本来训练机器。

为了恰当地调整权值向量，就每一个权重，学习算法计算梯度向量，当权重微量增加时，确定目标函数有多大的增量或减量，然后权重向量沿梯度向量相反的方向调整。如果将所有训练样本求均值得到的目标函数类比成高维权重空间中的丘陵景观，负梯度向量表明这一景观中最陡峭的下降方向。最终目标函数的取值接近最小值。

实际上，大多数人采用一个称为随机梯度下降（stochastic gradient descent，SGD）的步骤。对于几个样本，显示输入向量，对于这些样本，计算平均梯度，然后根据梯度调整权重。针对许多来自训练集中的小子集，重复这一过程，直至目标函数的均值停止减小。之所以称为随机的，是因为每一个小的子集给出全部样本均值的含噪估计。与精心设计的复杂许多的优化算法比较，这一简单的步骤常常会快速找到令人满意的权重集。训练之后，通过各种不同的样本集合测试系统的性能，称这些样本集为测试集。测试是为了检验机器的推广能力，也就是对于训练时没有出现过的全新的输入数据，机器给出合乎情理的答案的能力。

许多机器学习方法应用线性分类器对人工设计的特征进行分类。二分类线性分类器计算特征向量分量的加权和。如果其值高于某个阈值，输入就归到某个类别。

自从 20 世纪 60 年代，我们就已经知道这些线性分类器仅仅将输入空间切分为非常简单的区域，也就是由超平面分开的空间。但是对于图像和语音识别这样的问题，要求输入–输出函数对如位置、取向、光照、或音调、腔调等无关变量钝感。与此同时，对特别的微不足道的变化（如白狼与萨摩耶狗之间的差异）敏感。在像素层面，不同位置、不同环境下的两只萨摩耶狗的图像之间的差别可能很大，在同样位置、类似环境下，一只白狼和一只萨摩耶狗的图像可能很相似。线性分类器或其他的浅层分类器在原始的像素层面或许不能将二者区别开来，即把它们放在同一类别。这就是为什么浅层分类器需要有好的特征提取者，以解决选择性不变性困境，即根据图像的差异性精心挑选的表征对于无关的形态，如动物的姿势，是不变的。为赋予分类器更强大的分类能力，人们可以采用泛化非线性特征，就像核方法那样。即便就像高斯核中采用的泛化特征那样，对于远离训练集的样本数据，分类器的泛化性也不太好。通常的做法是手工设计特征提取方法，这就需要高超的工程技巧与专业经验。如果好的特征可以根据常规的学习步骤自动学习得到，那么就不需要能工巧匠。这正是深度学习的关键成就。深度学习的架构是一些简单方法的多层堆。所有的（或绝大多数）层都经受学习，计算层非线性地将输入映射到输出。堆中的每一个模块转换它们的输入以增加表征的选择性和不变性。一个有着 $5\sim20$ 深度的非线性层学习系统可以实现其输入的极其复杂的函数，对细微敏感，如从白狼中找出萨摩耶狗，而且对像背景、姿势、光照、周边物体这样的无关变量不敏感。

从 9.3 节开始，我们将了解卷积神经网络（Convolutional Neural Network，CNN）是怎样运行的①。

9.3　背景知识

9.3.1　张量和向量化

在这里，我们不对张量进行严格的定义，只是在直观上将一个张量看作一个数据的阵列。标量、向量和矩阵大家都很熟悉，它们分别是 0 阶、1 阶和 2 阶张量。我们用由 n 个数据组成的一维阵列表示 n 维空间中的向量，用黑体小写字母表示，如列向量 $\boldsymbol{x} \in \mathbb{R}^n$ 包含 n 个分量，由它们构成一个 n 行 1 列的一维阵列。类似地，我们可以构建二维、三维、四维以及更高维的数据阵列，它们分别对应二阶、三阶、四阶和更高阶的张量。我们用黑体大写字母表示一个二阶及二阶以上的张量。例如，$\boldsymbol{X} \in \mathbb{R}^{P \times Q \times D}$ 是三阶张量，共有 $P \times Q \times D$ 个分量，可以将其想象成由 D 张切片对齐后叠在一起形成的六面体阵列，而每张切片都是一个 $P \times Q$ 的二维阵列。需要特别注意的是，不要将数据阵列的维度和数据所在空间的维度搞混，例如，将 n 维实空间中的向量表示成一个一维数据阵列，向量来自 n 维空间，有 n 个分量，但是表示这个向量的阵列是一维的。我们将会在卷积神经网络中遇到四阶张量形式的滤波器组。

为了便于源代码的开发，对于任意阶张量，我们总是可以在形式上将其转换为一个列向量，张量的向量化规则事先人为约定，一旦约定就要遵守。例如，我们可以约定：从第一个阶次开始，依照分量的次序生成一维列向量的分量，排完第一个阶次的所有分量后排第二个阶次，然后第三个阶次（如果有的话），依次类推。以 $\mathrm{vec}(\cdot)$ 表示向量化操作。例如：

$$\boldsymbol{A} = \begin{bmatrix} a_1 & a_2 \\ a_3 & a_4 \end{bmatrix} \tag{9.1}$$

操作从第一列开始，以列优先进行，完成一列后再进行下一列，结果记为列向量，即 $\mathrm{vec}(\boldsymbol{A}) = (a_1 \ \ a_3 \ \ a_2 \ \ a_4)^{\mathrm{T}}$。对一个三阶张量向量化时，先向量化第一个切片，然后第二个，直至所有的切片向量化完成，各个切片向量化的结果串起来形成的列向量就是这个三阶张量的向量化的结果。这样的循环过程可以推广到任意维空间，将更高阶张量向量化。

9.3.2　向量的计算以及链式法则

CNN 的学习过程依赖于向量的计算以及链式法则。假设 z 是一个标量（$z \in \mathbb{R}$）而 $\boldsymbol{y} \in \mathbb{R}^P$ 是一个向量。如果 z 是 $\boldsymbol{y}$ 的一个函数，则 z 关于 $\boldsymbol{y}$ 的一个偏导数是一个向量，定义如下：

$$\left[\frac{\partial z}{\partial \boldsymbol{y}}\right]_i = \frac{\partial z}{\partial y_i} \tag{9.2}$$

① 编写过程中参照了南京大学计算机科学与技术系吴建鑫教授撰写的一份英文材料，特此表示感谢。

换句话说，$\frac{\partial z}{\partial \boldsymbol{y}}$ 是一个与 $\boldsymbol{y}$ 相同大小的向量，而其元素为 $\frac{\partial z}{\partial y_i}$。同样，有 $\frac{\partial z}{\partial \boldsymbol{y}}^{\mathrm{T}} = \frac{\partial z}{\partial \boldsymbol{y}^{\mathrm{T}}}$。并且，假设 $\boldsymbol{x} \in \mathbb{R}^Q$ 是另一个向量，而 $\boldsymbol{y}$ 是 $\boldsymbol{x}$ 的函数，则 $\boldsymbol{y}$ 关于 $\boldsymbol{x}$ 的偏导数定义为

$$\left[\frac{\partial \boldsymbol{y}}{\partial \boldsymbol{x}^{\mathrm{T}}}\right]_{i,j} = \frac{\partial y^i}{\partial x_j} \tag{9.3}$$

这个偏导数是一个 $P \times Q$ 的矩阵，其第 i 行、第 j 列的元素是 $\frac{\partial y^i}{\partial x_j}$。显然，$z$ 是 $\boldsymbol{x}$ 的一个链式形式的函数：一个映射是关于 $\boldsymbol{x}$ 和 $\boldsymbol{y}$ 的，另一个是关于 $\boldsymbol{y}$ 和 z 的，链式法则可以应用于如下公式，即

$$\frac{\partial z}{\partial \boldsymbol{x}^{\mathrm{T}}} = \frac{\partial z}{\partial \boldsymbol{y}^{\mathrm{T}}} \frac{\partial \boldsymbol{y}}{\partial \boldsymbol{x}^{\mathrm{T}}} \tag{9.4}$$

注意到，$\frac{\partial z}{\partial \boldsymbol{y}^{\mathrm{T}}}$ 是一个有 P 个元素的行向量，$\frac{\partial \boldsymbol{y}}{\partial \boldsymbol{x}^{\mathrm{T}}}$ 是一个 $P \times Q$ 的矩阵，则式 (9.4) 是一个有 Q 个元素的行向量，与 $\frac{\partial z}{\partial \boldsymbol{x}^{\mathrm{T}}}$ 维数相等。

9.3.3　克罗内克积

为了计算导数，需要介绍一下克罗内克积。给定两个矩阵 $\boldsymbol{A} \in \mathbb{R}^{m \times n}$，$\boldsymbol{B} \in \mathbb{R}^{p \times q}$，$\boldsymbol{A}$ 与 $\boldsymbol{B}$ 的克罗内克积为一个 $mp \times nq$ 的矩阵：

$$\boldsymbol{A} \otimes \boldsymbol{B} = \begin{bmatrix} a_{11}\boldsymbol{B} & \dots & a_{1n}\boldsymbol{B} \\ \vdots & \ddots & \vdots \\ a_{m1}\boldsymbol{B} & \dots & a_{mn}\boldsymbol{B} \end{bmatrix} \tag{9.5}$$

对于具有恰当维度的矩阵 $\boldsymbol{A}$、$\boldsymbol{B}$、$\boldsymbol{X}$，在维度合理的前提下（例如，矩阵乘法 $\boldsymbol{AXB}$ 是有意义的），克罗内克积有如下性质：

$$(\boldsymbol{A} \otimes \boldsymbol{B})^{\mathrm{T}} = \boldsymbol{A}^{\mathrm{T}} \otimes \boldsymbol{B}^{\mathrm{T}} \tag{9.6}$$

$$\mathrm{vec}(\boldsymbol{AXB}) = (\boldsymbol{B}^{\mathrm{T}} \otimes \boldsymbol{A})\mathrm{vec}(\boldsymbol{X}) \tag{9.7}$$

9.4　CNN 简述

本节我们将抽象地看到一个 CNN 是怎么运行、进行预测的，一些细节将在后面的章节进行讲解。

9.4.1　结构

一个 CNN 通常在其输入的部分放置一个三阶张量，例如，一张有 P 行、Q 列的图片，有 R、G、B 三个颜色通道。其进入输入模块后相继地进行其他操作。一个操作步骤通常称为一层，其可能是卷积层、池化层、全连接层、代价（损失）函数层等。我们将在接下来的部分介绍这些层。首先，我们来对 CNN 的结构进行抽象描述。

$$\boldsymbol{X}^1 \to \boxed{W^1} \to \boldsymbol{X}^2 \to \boxed{W^2} \to \cdots \to \boldsymbol{X}^l \to \boxed{W^l} \to \cdots \to \boldsymbol{X}^L \to \boxed{W^L} \to z \tag{9.8}$$

式 (9.8) 说明了一个 CNN 是如何一层层运行的。输入是 $\boldsymbol{X}^1$，例如，一摞图片（三阶张量），其通过第一个层，即第一个方框。我们将第 l 层概念性地表示为 $\boxed{W^l}$，第 l 层的输出为 $\boldsymbol{X}^{l+1}$，其也是第 $l+1$ 层的输入。这个过程一直进行，直到整个 CNN 完成，结果用 $\boldsymbol{X}^L$ 代表。然而，还有一个额外的为误差反向传播准备的层 $\boxed{W^L}$，它通常是显函数，用于计算模型结果和标签之间的差别，也就是误差。假设现在要解决的问题是一个图像分类问题，共分为 c 个类别。通常使用的策略是产生一个向量 $\boldsymbol{x}^L$，它的第 l 个元素 x^l 是 c 个类别中它属于第 l 个类别的预测概率 $P(c_l|\boldsymbol{X}^l)$。这就是，给定输入 $\boldsymbol{X}^1$，则 CNN 估计的后验概率为 $\boldsymbol{x}^L$。假设输入 $\boldsymbol{X}^1$ 对应的真实目标是 $\boldsymbol{t}$（基准），则用代价函数或损失函数度量 CNN 预测值 $\boldsymbol{x}^L$ 与目标 $\boldsymbol{t}$ 之间的差异。例如，最简单的损失函数可能是如下形式：

$$z = \|\boldsymbol{t} - \boldsymbol{x}^L\|^2 \tag{9.9}$$

交叉熵是更常见的损失函数。简而言之，式 (9.8) 将损失函数显式地表示为一个损失层，其操作过程用 $\boxed{W^L}$ 表示。

9.4.2　前向传播

假设式 (9.8) 中与层 $\boxed{W^1}, \cdots, \boxed{W^{L-1}}$ 对应的参数 $\boldsymbol{W}^1, \boldsymbol{W}^2, \cdots, \boldsymbol{W}^{L-1}$ 都已经学习完毕，我们就可以应用这个模型进行预测。这种预测仅包含 CNN 中的前向传播，即式 (9.8) 中箭头所示方向。我们以图片分类为例，从输入 $\boldsymbol{X}^1$ 开始，令其通过第一层（式 (9.8) 中 $\boxed{W^1}$），并得到 $\boldsymbol{X}^2$。接着，$\boldsymbol{X}^2$ 传入第二层，等等。最终，我们得到了 $\boldsymbol{X}^L$，然后估计 $\boldsymbol{X}^L$ 分别属于 c 个类别的后验概率。问题在于，我们如何学习参数。

9.4.3　随机梯度下降

随机梯度下降是 CNN 中参数学习的主流方法。假设通过一个给定的训练样例 $\boldsymbol{X}^1$ 来学习参数。训练包括从正反两个方向应用 CNN 进行训练。首先采用前向传播，应用当前的 CNN 模型得到预测结果。然后将预测结果和与 $\boldsymbol{X}^1$ 对应的目标 $\boldsymbol{t}$ 进行比较，即继续进行前向运算直到损失层，最终，我们得到了代价或损失 z。代价或损失 z 作为一个监督信号，指引模型的参数应该如何调整。应用 SGD 修改参数的方法如下：

$$\boldsymbol{W}^l \leftarrow \boldsymbol{W}^l - \eta \frac{\partial z}{\partial \boldsymbol{W}^l} \tag{9.10}$$

式中，η 是学习率。式 (9.10) 中上标表示层号，“$\leftarrow$”表示参数 $\boldsymbol{W}^l$ 从 k 次训练到 $k+1$ 次训练做了更新，所以式 (9.10) 也可表示为

$$(\boldsymbol{W}^l)^{k+1} = (\boldsymbol{W}^l)^k - \eta \cdot \frac{\partial z}{\partial (\boldsymbol{W}^l)^k} \tag{9.11}$$

一个新的问题接踵而至：如何计算偏导数？这看起来比较困难。

9.4.4　误差反向传播

最后一层的偏导数易于计算，因为显函数将 $\boldsymbol{X}^L$ 映射为 z，容易算出 $\dfrac{\partial z}{\partial \boldsymbol{W}^L}$，只有当 $\boldsymbol{W}^L$ 非空时才需要这一步。同理，计算 $\dfrac{\partial z}{\partial \boldsymbol{X}^L}$ 也比较简单。事实上，对每一层，我们需要计算两套结果：z 关于 $\boldsymbol{W}^l$ 的偏导数和 z 关于本层输入 $\boldsymbol{X}^l$ 的偏导数。

(1) 式 (9.10) 中，$\frac{\partial z}{\partial \boldsymbol{W}^l}$ 用来更新当前层（第 l 层）的参数。

(2) $\frac{\partial z}{\partial \boldsymbol{X}^l}$ 用来反向地更新参数，即第 $l-1$ 层的参数。一个直观的解释是：$\frac{\partial z}{\partial \boldsymbol{X}^l}$ 是从 z 逐层反向地传播到当前层的误差监督信息。因而，我们可以继续反向传播的过程，使用 $\frac{\partial z}{\partial \boldsymbol{X}^l}$ 来指导新参数的更新，并将误差反向传播到 $l-1$ 层。

因此，对于每一层 l，我们需要计算两套偏导数：$\frac{\partial z}{\partial \boldsymbol{X}^l}$ 和 $\frac{\partial z}{\partial \boldsymbol{W}^l}$。这样一层接一层地反向更新参数，使 CNN 变得易于训练。我们以第 l 层为例。当对第 l 层进行更新时，反向传播过程中的第 $l+1$ 层必须已经完成。就是说，$\frac{\partial z}{\partial \boldsymbol{X}^{l+1}}$ 和 $\frac{\partial z}{\partial \boldsymbol{W}^{l+1}}$ 的计算已经完成，并且已经存储在内存中准备被调用。现在，我们讨论一下 $\frac{\partial z}{\partial \boldsymbol{X}^l}$ 和 $\frac{\partial z}{\partial \boldsymbol{W}^l}$ 的计算。根据链式法则，有

$$\frac{\partial z}{\partial (\boldsymbol{W}^l)^{\mathrm{T}}} = \frac{\partial z}{\partial (\boldsymbol{X}^{l+1})^{\mathrm{T}}} \frac{\partial \boldsymbol{X}^{l+1}}{\partial (\boldsymbol{W}^l)^{\mathrm{T}}} \tag{9.12}$$

$$\frac{\partial z}{\partial (\boldsymbol{X}^l)^{\mathrm{T}}} = \frac{\partial z}{\partial (\boldsymbol{X}^{l+1})^{\mathrm{T}}} \frac{\partial \boldsymbol{X}^{l+1}}{\partial (\boldsymbol{X}^l)^{\mathrm{T}}} \tag{9.13}$$

因为 $\frac{\partial z}{\partial \boldsymbol{X}^{l+1}}$ 已经计算完成并且存储在内存中。只要计算 $\frac{\partial (\boldsymbol{X}^{l+1})}{\partial (\boldsymbol{W}^l)^{\mathrm{T}}}$ 以及 $\frac{\partial (\boldsymbol{X}^{l+1})}{\partial (\boldsymbol{X}^l)^{\mathrm{T}}}$，就可以很容易得到结果。关于 $\frac{\partial \boldsymbol{X}^{l+1}}{\partial (\boldsymbol{W}^l)^{\mathrm{T}}}$ 以及 $\frac{\partial \boldsymbol{X}^{l+1}}{\partial (\boldsymbol{X}^l)^{\mathrm{T}}}$ 的计算，在大多数情况下并不难解决，因为 $\boldsymbol{X}^l$ 通过参数 $\boldsymbol{W}^l$ 的函数直接和 $\boldsymbol{X}^{l+1}$ 关联。有关这个偏导数的细节将在下面讨论。

9.5 卷 积 层

现在，CNN 的架构已经清晰，下面从卷积层开始，介绍各种类型的 CNN 层。

9.5.1 输入，输出，滤波，记号

考虑第 l 层，其输入是三阶张量 $\boldsymbol{X}^l$，且 $\boldsymbol{X}^l \in \mathbb{R}^{P^l \times Q^l \times D^l}$。我们用三联子指标集 (i^l, j^l, d^l) 来指向 $\boldsymbol{X}^l$ 中的任一给定的单元，即该单元位于第 d^l 个切片（或通道）中，空间位置在 (i^l, j^l)（i^l 行，j^l 列）。在实际的 CNN 的学习中，经常采用小批量（mini-batch）处理策略。在此情形下，$\boldsymbol{X}^l$ 成为 $\mathbb{R}^{P^l \times Q^l \times D^l \times n}$ 空间中的一个四阶张量，其中，n 是小批量处理的大小。简单起见，这里取 $n=1$。如果指标从 0 开始进行计数，则 $0 \leqslant i^l < P^l, 0 \leqslant j^l < Q^l, 0 \leqslant d^l < D^l$。在第 l 层，一组卷积滤波器将输入 $\boldsymbol{X}^l$ 转换成 $\boldsymbol{Y}$，并将其作为下一层的输入。因此，$\boldsymbol{X}^{l+1}$ 和 $\boldsymbol{Y}$ 指向同一个目标。

现在，将注意力转向滤波器组 $\boldsymbol{F}$。假设用到了 D 个滤波器，每一个空间范围为 $P \times Q \times D^l$ 的滤波器都需要处理 $\boldsymbol{X}^l$ 中所有 D^l 个切片。因此，$\boldsymbol{F} \in \mathbb{R}^{P \times Q \times D^l \times D}$。类似地，我们采用指标变量 $0 \leqslant i < P, 0 \leqslant j < Q, 0 \leqslant d^l < D^l, 0 \leqslant d < D$ 来表明滤波器组 $\boldsymbol{F}$ 中的任一特定元素。注意，滤波器组 $\boldsymbol{F}$ 与式 (9.8) 中的 $\boldsymbol{W}^l$ 指的是同一个目标。

9.5.2　卷积

考虑一种最简单的卷积方式：步长为 1，边界没有加衬。这样，滤波器组对输入 $\boldsymbol{X}^l$ 的卷积结果为一个新的三阶张量 $\boldsymbol{Y}$，即 $\boldsymbol{X}^{l+1}$，其尺寸为 $P^{l+1}\times Q^{l+1}\times D^{l+1}$，其中，$P^{l+1}=P^l-P+1$，$Q^{l+1}=Q^l-Q+1$，$D^{l+1}=D$。

如图 9.1 所示，从 l 层到 $l+1$ 层，卷积输出计算如下。

（1）滤波器的尺寸为 $P\times Q\times D^l$。

（2）考虑空间位置 $(i^{l+1},\ j^{l+1})$，只要 $0\leqslant i^{l+1}<P^{l+1}=P^l-P+1$，$0\leqslant j^{l+1}<Q^{l+1}=Q^l-Q+1$，我们可以从 $\boldsymbol{X}^l$ 中提取一个与滤波器相同维度的子块（子空间），总共有 $P^{l+1}\times Q^{l+1}$ 个这样的子块。

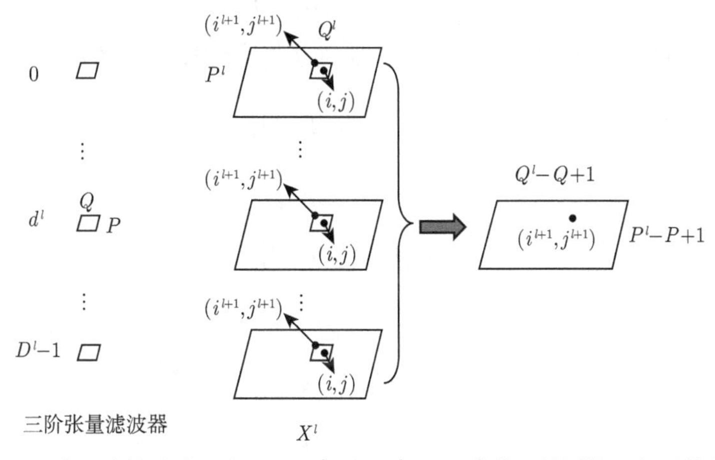

图 9.1　一个三阶的滤波器卷积长 P^l、宽 Q^l、厚 D^l 的一堆图像后得到单张图像

（3）两个三维的张量相乘（第 d 个滤波器以及来自 $\boldsymbol{X}^l$ 中的子块相乘），也就是对应元素相乘，然后求所有乘积的和得到一个数值。

这个数值就是这个子块上卷积的结果，也就是对于 $l+1$ 层中任意一张切片，其空间位置 (i^{l+1},j^{l+1}) 处的卷积结果。对于滤波器组中全部 D 个滤波器，重复以上步骤，就能得到一个有 D 个元素的向量，这就是针对 $\boldsymbol{X}^l$ 上一个子块进行卷积得到的完整结果。

卷积步骤的数学表达如下：

$$Y_{i^{l+1},j^{l+1}}=\sum_{i=0}^{P-1}\sum_{j=0}^{Q-1}\sum_{d=0}^{D^l-1}F_{i,j,d}\times X^l_{i^{l+1}+i,j^{l+1}+j,d}\tag{9.14}$$

对所有的 $0\leqslant d\leqslant D=D^{l+1}$，重复式（9.14），且满足 $0\leqslant i^{l+1}<P^l-P+1=P^{l+1}$,$0\leqslant j^{l+1}<Q^l-Q+1=Q^{l+1}$。式中，$X^l_{i^{l+1}+i,j^{l+1}+j,d}$ 代表 $\boldsymbol{X}^l$ 中位于 $(i^{l+1}+i,j^{l+1}+j,d)$ 处的元素。

这里省略了通常加到 $Y_{i^{l+1}+i,j^{l+1}+j,d}$ 上的偏置项 b_d。

9.5.3　卷积展开

式（9.14）看起来有些复杂，通过展开 $\boldsymbol{X}^l$ 能够简化卷积计算，先举例如下。

假设有 $D^l=D=1$,$P=Q=2$,$P^l=3$,$Q^l=4$，这就是将一个 3×4 的矩阵或者图像与一个 2×2 的滤波器相卷。例如：

$$\begin{bmatrix} 1 & 2 & 3 & 1 \\ 4 & 5 & 6 & 1 \\ 7 & 8 & 9 & 1 \end{bmatrix} * \begin{bmatrix} 1 & 1 \\ 1 & 1 \end{bmatrix} = \begin{bmatrix} 12 & 16 & 11 \\ 24 & 28 & 17 \end{bmatrix} \tag{9.15}$$

第一个矩阵以 $\boldsymbol{A}$ 表示，滤波器简单地与子空间中的元素相乘后相加，$*$ 是卷积符号。依照上面 $\boldsymbol{A}$ 的子块和滤波器做卷积时的先后次序，将这些 $\boldsymbol{A}$ 的子块汇集在一起，得到展开矩阵 $\boldsymbol{B}$：

$$\boldsymbol{B} = \begin{bmatrix} \begin{bmatrix} 1 & 2 \\ 4 & 5 \end{bmatrix} & \begin{bmatrix} 2 & 3 \\ 5 & 6 \end{bmatrix} & \begin{bmatrix} 3 & 1 \\ 6 & 1 \end{bmatrix} \\ \begin{bmatrix} 4 & 5 \\ 7 & 8 \end{bmatrix} & \begin{bmatrix} 5 & 6 \\ 8 & 9 \end{bmatrix} & \begin{bmatrix} 6 & 1 \\ 9 & 1 \end{bmatrix} \end{bmatrix} \tag{9.16}$$

然后，依照列优先约定 (无论是在 $\boldsymbol{B}$ 上还是 $\boldsymbol{B}$ 的子块上都按照列优先)，将矩阵 $\boldsymbol{B}$ 展为矩阵 $\boldsymbol{C}$：

$$\boldsymbol{C} = \begin{bmatrix} 1 & 4 & 2 & 5 \\ 4 & 7 & 5 & 8 \\ 2 & 5 & 3 & 6 \\ 5 & 8 & 6 & 9 \\ 3 & 6 & 1 & 1 \\ 6 & 9 & 1 & 1 \end{bmatrix} \tag{9.17}$$

同样将滤波器展为列向量 (列优先)，式 (9.15) 变为

$$\boldsymbol{C} \begin{bmatrix} 1 \\ 1 \\ 1 \\ 1 \end{bmatrix} = \begin{bmatrix} 12 \\ 24 \\ 16 \\ 28 \\ 11 \\ 17 \end{bmatrix} \tag{9.18}$$

很明显，重塑式 (9.18) 中的结果向量，就得到式 (9.15) 中的卷积结果矩阵。这样，卷积操作是线性的。我们可以将展开的输入矩阵与向量化的滤波器相乘得到结果向量，通过重塑这个向量，得到正确的卷积结果。

9.5.4　卷积展开的推广

仍然考虑步长为 1，边界不加衬卷积方式。我们将卷积展开的想法推广到其他情形，并使其形式化。如果 $D^l > 1$(也就是输入的 $\boldsymbol{X}^l$ 有多个切片)，先将第一个切片展开成一个行向量，然后第二个，$\cdots$，直到所有的切片都被展开成行向量。所有这样的行向量串联在一起形成一个被卷积的子块展开后的行向量。这样一来，与式 (9.17) 的 $\boldsymbol{C}$ 矩阵对应，该行向量元素的个数是 $P \times Q \times D^l$，而不是 $P \times Q$。

图 9.2 展示了根据滤波器的尺寸，以列优先将 $\boldsymbol{X}^l$ 展开的过程。假设 $\boldsymbol{X}^l$ 是 $\mathbb{R}^{P^l \times Q^l \times D^l}$ 上的三阶张量，$\boldsymbol{X}^l$ 中任一个元素的指示记为 i^l, j^l, d^l。考虑空间跨度为 $P \times Q$ 的滤波器组 $\boldsymbol{F}$，将 $\boldsymbol{X}^l$ 展开到与式 (9.17) $\boldsymbol{C}$ 矩阵同样意义的矩阵 $\boldsymbol{C} = \phi(\boldsymbol{X}^l)$，这里用 $\phi(\cdot)$ 表示

张量的展开操作。图 9.2 中，左图代表 $\boldsymbol{X}^l$，D^l 张切片中相同位置的尺寸为 $P\times Q$ 的小切片展开后变成 $\boldsymbol{C}$ 矩阵的一行，元素个数为 $P\times Q\times D^l$，采用两个指标 $(p,\ q)$ 来指向这个矩阵中的一个元素。这样一来，展开操作将 $\boldsymbol{X}^l$ 中 $(i^l,\ j^l,\ d^l)$ 所指示的元素赋值给 $\boldsymbol{C}$ 中 $(p,\ q)$ 所指示的元素。根据得到式（9.17）同样的思路可以得到展开的矩阵 $\boldsymbol{C}$，其行的总数为 $(P^l-P+1)\times(Q^l-Q+1)$，总列数为 $P\times Q\times D^l$。图 9.2 左图中特别标明了一个小切片，其中有一个元素的指标为 (i^l,j^l,d^l)，该元素位于小切片的第 i 行第 j 列，小切片右上角元素的指标为 (i^{l+1},j^{l+1},d^l)。仔细计算，就能发现指标 $(p,\ q)$ 及其与 $(i^l,\ j^l,\ d^l)$ 的联系由以下各式给出：

$$p=i^{l+1}+(P^l-P+1)\times j^{l+1} \tag{9.19}$$

$$q=i+P\times j+P\times Q\times d^l \tag{9.20}$$

$$i^l=i^{l+1}+i \tag{9.21}$$

$$j^l=j^{l+1}+j \tag{9.22}$$

式中，$0\leqslant i<P,\ 0\leqslant j<Q$；$0\leqslant i^{l+1}<P^l-P+1,\ 0\leqslant j^{l+1}<Q^l-Q+1$；$0\leqslant d^l<D^l$。给定 i,j,i^{l+1},j^{l+1},d^l，就可以确定 $(p,\ q)$ 和 (i^l,j^l)，其具体的元素与 $\boldsymbol{X}^l$ 中 (i^l,j^l,d^l) 处的元素相同。式（9.20）中，用 $P\times Q$ 除以 q，通过商取整，就能够确定其属于哪一切片 d^l。用 $P\times Q$ 除以 q 得到一个余数，再将该余数除以 P，商就是 j，余就是 i，其中 $0\leqslant i<P,\ 0\leqslant j<Q$。换句话说，$q$ 完全决定了 $\boldsymbol{C}$ 中的元素在 $\boldsymbol{X}^l$ 的子块中的具体位置。注意到，卷积的结果是 $\boldsymbol{X}^{l+1}$，其空间范围是 $P^{l+1}=P^l-P+1$，$Q^{l+1}=Q^l-Q+1$。因此，在式（9.19）中，p 除以 $P^{l+1}=P^l-P+1$ 得到的商和余数 (i^{l+1},j^{l+1}) 告诉我们用来做卷积的子块在 $\boldsymbol{X}^l$ 中的位置。

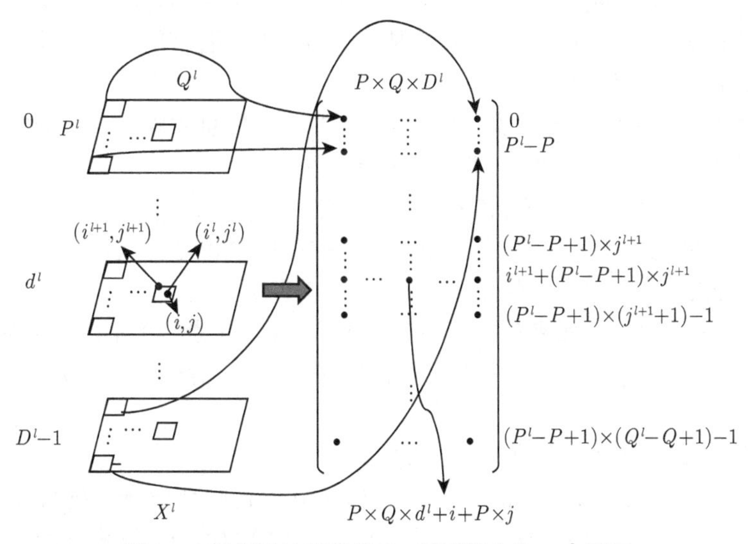

图 9.2　根据滤波器的尺寸，以列优先将 $\boldsymbol{X}^l$ 展开

基于卷积的定义，很显然，从 $(p,\ q)$ 到 (i^l,j^l,d^l) 的映射是一一对应的，但是，其逆映射是一对多的。

现在，我们用标准的向量操作将滤波器组 $\boldsymbol{F}$ 转换为向量。从一个滤波器开始，它是三

维空间 $\mathbb{R}^{P\times Q\times D^l}$ 中的一个张量，将其展开成一个向量，其规则与将 $\boldsymbol{X}^l$ 中的一个三维子块展开成一个向量完全相同，但是在此是将滤波器张量转成列向量而不是行向量。该向量有 $P\times Q\times D^l$ 个分量。滤波器组中总共有 D 个滤波器，因此，整个滤波器组将转换成一个 $P\times Q\times D^l$ 行、D 列的矩阵，仍然记作 $\boldsymbol{F}$。

最终，得到输入张量 $\boldsymbol{X}^l$ 与滤波器组的卷积的矩阵形式为

$$\boldsymbol{Y}=\boldsymbol{C}\boldsymbol{F} \tag{9.23}$$

式中，$\boldsymbol{Y}$ 是一个 $(P^l-P+1)(Q^l-Q+1)$ 行、D 列的矩阵，其中行数与卷积时将输入 $\boldsymbol{X}^l$ 按步长 1 切分出的子空间（子块）的个数一致，列数与滤波器组中滤波器的个数相等。将 $\boldsymbol{Y}$ 向量化，得到卷积的向量化表示，该向量共有 $(P^l-P+1)\times(Q^l-Q+1)\times D$ 个分量。

将合适维度的单位矩阵记为 $\boldsymbol{I}$，将式（9.7）应用到式（9.23），得到

$$\boldsymbol{y}=\mathrm{vec}(\boldsymbol{Y})=\mathrm{vec}(\boldsymbol{C}\boldsymbol{F}\boldsymbol{I})=(\boldsymbol{I}\otimes\boldsymbol{C})\mathrm{vec}(\boldsymbol{F})=(\boldsymbol{I}\otimes\boldsymbol{C})\boldsymbol{f} \tag{9.24}$$

$$\boldsymbol{y}=\mathrm{vec}(\boldsymbol{Y})=\mathrm{vec}(\boldsymbol{I}\boldsymbol{C}\boldsymbol{F})=(\boldsymbol{F}^{\mathrm{T}}\otimes\boldsymbol{I})\mathrm{vec}(\boldsymbol{C})=(\boldsymbol{F}^{\mathrm{T}}\otimes\boldsymbol{I})\boldsymbol{c} \tag{9.25}$$

式中，$\boldsymbol{f}$ 和 $\boldsymbol{c}$ 分别是将 $\boldsymbol{F}$ 和 $\boldsymbol{C}$ 向量化后得到的向量。式（9.24）中，$\boldsymbol{I}$ 的行数与列数是由 $\boldsymbol{F}$ 的列决定的。因此，式（9.24）中，$\boldsymbol{I}\in\mathbb{R}^{D\times D}$。同样，式（9.25）中，$\boldsymbol{I}\in\mathbb{R}^{(P^{l+1}Q^{l+1})\times(P^{l+1}Q^{l+1})}$。

9.5.5　更高维度的指标矩阵

将张量向量化的映射函数 $\phi(\cdot)$ 非常有用。$\phi(\boldsymbol{X}^l)$，也就是 $\boldsymbol{C}$ 矩阵有 $P^{l+1}Q^{l+1}PQD^l$ 个元素，根据以上推导，我们知道，$\phi(\boldsymbol{X}^l)$ 由 $(p,\ q)$ 两个指标索引。

由 q 可以确定用来和滤波器做卷积的子块中切片 d^l 的位置，也能够确定该子块中的空间偏移 (i,j)；根据 p 就能够确定 i^{l+1} 和 j^{l+1}，也就是卷积结果 $\boldsymbol{X}^{l+1}$ 中的空间偏移 (i^{l+1},j^{l+1})。$\boldsymbol{X}^l$ 的空间偏移由 $i^l=i^{l+1}+i$ 以及 $j^l=j^{l+1}+j$ 确定。

这就是说，映射 $t:(p,\ q)\rightarrow(i^l,j^l,d^l)$ 是一一对应的，因而是一个有效的函数，每一对 $(p,\ q)$ 满足 $t(p,\ q)=(i^l,j^l,d^l)$。

现在来仔细辨析 $\phi(\boldsymbol{X}^l)$，也就是 $\boldsymbol{C}$ 矩阵。需要什么信息才能充分地把握 $\phi(\boldsymbol{X}^l)$？很明显，对于 $\phi(\boldsymbol{X}^l)$ 中的每一个元素，需要且只需要三个信息。

(A) 其属于哪个子块，也就是 $p(0\leqslant p<P^{l+1}Q^{l+1})$ 的值是什么？

(B) 这个子块中包含哪个元素，即 $q(0\leqslant q<PQD^l)$ 的值是什么？

(C) $(p,\ q)$ 处的值是什么，也就是 $[\phi(\boldsymbol{X}^l)]_{pq}$ 等于多少？

因为 $\phi(\boldsymbol{X}^l)$ 中的每一个元素都来自 $\boldsymbol{X}^l$，我们将（C）变为一个不同但是等效的形式。

(C.1) 对于 $[\phi(\boldsymbol{X}^l)]_{pq}$，在 $\boldsymbol{X}^l$ 中的原本位置在哪里？即满足 $(0\leqslant u<P^lQ^lD^l)$ 的指标 u。

(C.2) 完整的 $\boldsymbol{X}^l$，也就是它的所有元素值。

因为 $0\leqslant p<P^{l+1}Q^{l+1}$，$0\leqslant q<PQD^l$，以及 $0\leqslant u<P^lQ^lD^l$，我们可以用一个矩阵 $\mathbf{H}\in\mathbb{R}^{(P^{l+1}Q^{l+1}PQD^l\times P^lQ^lD^l)}$ 编码（A）、（B）和（C.1）中的信息。该矩阵的一行对应 $\phi(\mathbf{X}^l)$ 中的一个元素（即 $(p,\ q)$ 对）。一行有 $P^lQ^lD^l$ 个元素，每个元素由 (i^l,j^l,d^l) 索引。因此，该矩阵中的每一个元素由五联子 $(p,\ q,\ i^l,\ j^l,\ d^l)$ 索引。

现在，将函数 $t(p,\ q)=(i^l,j^l,d^l)$ 重新编码为 $\boldsymbol{H}$。这就是说，对于 $\boldsymbol{H}$ 中任何可能的元素，其行指标确定一个 $(p,\ q)$ 对，其列指标确定 (i^l,j^l,d^l) 三联子。因此，定义 $\boldsymbol{H}$ 如下：

$$H(x,y)=\begin{cases}1, & t(p,\ q)=(i^l,j^l,d^l)\\ 0, & \text{otherwise}\end{cases} \tag{9.26}$$

矩阵 $\boldsymbol{H}$ 有如下特征。

(1) 高维度：行数为 $\boldsymbol{C}$ 中 $(p,\ q)$ 对的个数 $P^{l+1}Q^{l+1}PQD^l$，列数为 $\boldsymbol{X}^l$ 全部元素的总和 $P^lQ^lD^l$。

(2) 高度稀疏性：$\boldsymbol{H}$ 矩阵的每一行对应 $\boldsymbol{C}$ 矩阵中的一个元素（即一个 $(p,\ q)$ 对），其值只能是来自 $\boldsymbol{X}^l$ 中的一个元素。因而，在 $\boldsymbol{H}$ 矩阵的一行全部 $P^lQ^lD^l$ 个元素中，有且只有一个非零元素。

(3) $\boldsymbol{H}$ 采用 [A, B, C.1] 中的信息，只编码 $\phi(\boldsymbol{X}^l)$ 和 $\boldsymbol{X}^l$ 之间一一对应的信息，并不编码 $\boldsymbol{X}^l$ 中的具体值。

(4) 更重要地，将 $\boldsymbol{H}$ 一一对应的信息和 $\boldsymbol{X}^l$ 中的值放在一块，就有

$$\operatorname{vec}(\phi(\boldsymbol{X}^l))=\boldsymbol{H}\operatorname{vec}(\boldsymbol{X}^l) \tag{9.27}$$

自然而然地，就有后面要用到的

$$\frac{\partial\operatorname{vec}(\phi(\boldsymbol{X}^l))}{\partial(\operatorname{vec}(\boldsymbol{X}^l))^{\mathrm{T}}}=\boldsymbol{H} \tag{9.28}$$

9.5.6　反向传播的参数

如式 (9.12)、式 (9.13) 所示，需要计算 $\dfrac{\partial z}{\partial(\boldsymbol{X}^l)^{\mathrm{T}}}$ 和 $\dfrac{\partial z}{\partial(\boldsymbol{W}^l)^{\mathrm{T}}}$。从 l 层反向传播到 $l-1$ 层时要用到 $\dfrac{\partial z}{\partial(\boldsymbol{X}^l)^{\mathrm{T}}}$，而 $\dfrac{\partial z}{\partial(\boldsymbol{W}^l)^{\mathrm{T}}}$ 用来更新当前层（第 l 层）的参数。注意，$\boldsymbol{f}^l$、$\boldsymbol{F}^l$、$\boldsymbol{W}^l$ 是同一性质。同样，$\boldsymbol{y}^{l+1}$、$\boldsymbol{Y}^{l+1}$、$\boldsymbol{X}^{l+1}$ 也是同一性质。为方便，将式 (9.12)、式 (9.13) 重写如下：

$$\frac{\partial z}{\partial(\boldsymbol{f}^l)^{\mathrm{T}}}=\frac{\partial z}{\partial(\boldsymbol{y}^{l+1})^{\mathrm{T}}}\cdot\frac{\partial\boldsymbol{y}^{l+1}}{\partial(\boldsymbol{f}^l)^{\mathrm{T}}} \tag{9.29}$$

$$\frac{\partial z}{\partial(\boldsymbol{y}^l)^{\mathrm{T}}}=\frac{\partial z}{\partial(\boldsymbol{y}^{l+1})^{\mathrm{T}}}\cdot\frac{\partial\boldsymbol{y}^{l+1}}{\partial(\boldsymbol{y}^l)^{\mathrm{T}}} \tag{9.30}$$

式 (9.29) 中右边的第一项（第 $l+1$ 层）已经算出，由式 (9.24) 得到

$$\frac{\partial\boldsymbol{y}^{l+1}}{\partial(\boldsymbol{f}^l)^{\mathrm{T}}}=\boldsymbol{I}\otimes\boldsymbol{C} \tag{9.31}$$

这样一来，应用式 (9.6) 和式 (9.7) 得到

$$\begin{aligned}\frac{\partial z}{\partial\boldsymbol{f}^l}&=(\boldsymbol{I}\otimes\boldsymbol{C})^{\mathrm{T}}\frac{\partial z}{\partial\boldsymbol{y}^{l+1}}\\&=(\boldsymbol{I}\otimes\boldsymbol{C}^{\mathrm{T}})\frac{\partial z}{\partial\boldsymbol{y}^{l+1}}\\&=(\boldsymbol{I}\otimes\boldsymbol{C}^{\mathrm{T}})\operatorname{vec}\left(\frac{\partial z}{\partial\boldsymbol{Y}^{l+1}}\right)\\&=\operatorname{vec}\left(\boldsymbol{C}^{\mathrm{T}}\frac{\partial z}{\partial\boldsymbol{Y}^{l+1}}\right)\end{aligned} \tag{9.32}$$

从而

$$\frac{\partial z}{\partial \boldsymbol{W}^{l}} = \boldsymbol{C}^{\mathrm{T}} \frac{\partial z}{\partial \boldsymbol{X}^{l+1}} \tag{9.33}$$

这样一来，我们就能够更新 l 层中的参数了。

9.5.7 反向传播：监督信号

在第 l 层，我们仍然要计算 $\frac{\partial z}{\partial \mathrm{vec}(\boldsymbol{X}^{l})}$。为此，要将 $\mathrm{vec}(\boldsymbol{X}^{l})$ 重塑成矩阵 $\boldsymbol{X}^{l} \in \mathbb{R}^{(P^{l}Q^{l}) \times D^{l}}$，并且交替使用这两种等效的形式。根据链式法则，$\frac{\partial z}{\partial (\mathrm{vec}(\boldsymbol{X}^{l})^{\mathrm{T}})} = \frac{\partial z}{\partial \mathrm{vec}(\boldsymbol{Y}^{\mathrm{T}})} \frac{\partial \mathrm{vec}(\boldsymbol{Y})}{\partial (\mathrm{vec}(\boldsymbol{X}^{l}))^{\mathrm{T}}}$（参见式（9.13）。将式（9.25）、式（9.28）应用到该式右侧第二项，得到

$$\frac{\partial \mathrm{vec}(\boldsymbol{Y})}{\partial (\mathrm{vec}(\boldsymbol{X}^{l}))^{\mathrm{T}}} = \frac{\partial (\boldsymbol{F}^{\mathrm{T}} \otimes \boldsymbol{I})\mathrm{vec}(\boldsymbol{C})}{\partial (\mathrm{vec}(\boldsymbol{X}^{l})^{\mathrm{T}})} = (\boldsymbol{F}^{\mathrm{T}} \otimes \boldsymbol{I})\boldsymbol{H} \tag{9.34}$$

因此

$$\frac{\partial z}{\partial (\mathrm{vec}(\boldsymbol{X}^{l}))^{\mathrm{T}}} = \frac{\partial z}{\partial (\mathrm{vec}(\boldsymbol{Y})^{\mathrm{T}})} (\boldsymbol{F}^{\mathrm{T}} \otimes \boldsymbol{I})\boldsymbol{H} \tag{9.35}$$

由式（9.7），得到

$$\begin{aligned}\frac{\partial z}{\partial (\mathrm{vec}(\boldsymbol{Y})^{\mathrm{T}})} (\boldsymbol{F}^{\mathrm{T}} \otimes \boldsymbol{I}) &= \left((\boldsymbol{F} \otimes \boldsymbol{I}) \frac{\partial z}{\partial \mathrm{vec}(\boldsymbol{Y})} \right)^{\mathrm{T}} \\ &= \left((\boldsymbol{F} \otimes \boldsymbol{I}) \mathrm{vec}(\frac{\partial z}{\partial \boldsymbol{Y}}) \right)^{\mathrm{T}} \\ &= \mathrm{vec} \left(\boldsymbol{I} \frac{\partial z}{\partial \boldsymbol{Y}} \boldsymbol{F}^{\mathrm{T}} \right)^{\mathrm{T}} \\ &= \mathrm{vec} \left(\frac{\partial z}{\partial \boldsymbol{Y}} \boldsymbol{F}^{\mathrm{T}} \right)^{\mathrm{T}} \end{aligned} \tag{9.36}$$

有

$$\frac{\partial z}{\partial (\mathrm{vec}(\boldsymbol{X}^{l})^{\mathrm{T}})} = \mathrm{vec} \left(\frac{\partial z}{\partial \boldsymbol{Y}} \boldsymbol{F}^{\mathrm{T}} \right)^{\mathrm{T}} \boldsymbol{H} \tag{9.37}$$

或者

$$\frac{\partial z}{\partial (\mathrm{vec}(\boldsymbol{X}^{l}))} = \boldsymbol{H}^{\mathrm{T}} \mathrm{vec} \left(\frac{\partial z}{\partial \boldsymbol{Y}} \boldsymbol{F}^{\mathrm{T}} \right) \tag{9.38}$$

式（9.38）右边第二项中，$\frac{\partial z}{\partial \boldsymbol{Y}} \boldsymbol{F}^{\mathrm{T}} \in \mathbb{R}^{(P^{l+1}Q^{l+1}) \times (PQD^{l})}$，而 $\mathrm{vec}\left(\frac{\partial z}{\partial \boldsymbol{Y}} \boldsymbol{F}^{\mathrm{T}} \right)$ 是 $\mathbb{R}^{P^{l+1}Q^{l+1}PQD^{l}}$ 中的一个向量。另外，$\boldsymbol{H}^{\mathrm{T}}$ 是 $\mathbb{R}^{(P^{l}Q^{l}D^{l})(P^{l+1}Q^{l+1}PQD^{l})}$ 中的指标矩阵。

为了确定 $\mathrm{vec}(\boldsymbol{X}^{l})$ 中的一个元素或者 $\boldsymbol{H}^{\mathrm{T}}$ 中的一列，我们需要一个指标三联子 (i^{l}, j^{l}, d^{l})，其中，$0 \leqslant i^{l} < P^{l}$，$0 \leqslant j^{l} < Q^{l}$，$0 \leqslant d^{l} < D^{l}$。同样，为了定位 $\boldsymbol{H}^{\mathrm{T}}$ 中的一行或者 $\frac{\partial z}{\partial \boldsymbol{Y}} \boldsymbol{F}^{\mathrm{T}}$ 中的一个元素，我们需要指标对 $(p,\ q)$，其中 $0 \leqslant p < P^{l+1}Q^{l+1}$，$0 \leqslant q < PQD^{l}$。

因此，$\frac{\partial z}{\partial (\mathrm{vec}(\boldsymbol{X}^{l}))}$ 中，第 (i^{l}, j^{l}, d^{l}) 个元素等同于两个向量乘法：它们是 (i^{l}, j^{l}, k^{l}) 索引

的 $\boldsymbol{H}^{\mathrm{T}}$ 的行和 $\operatorname{vec}\left(\frac{\partial z}{\partial \boldsymbol{Y}} \boldsymbol{F}^{\mathrm{T}}\right)$。

由于 $\boldsymbol{H}^{\mathrm{T}}$ 是一个指示矩阵，其行向量由 (i^l, j^l, d^l) 索引，其中只有指标 $(p,\ q)$ 满足 $t(p,\ q)=(i^l, j^l, d^l)$ 的那些元素，其值为 1，否则为 0。因此，$\frac{\partial z}{\partial \operatorname{vec}(\boldsymbol{X}^l)}$ 中的第 (i^l, j^l, d^l) 个元素等于 $\operatorname{vec}\left(\frac{\partial z}{\partial \boldsymbol{Y}} \boldsymbol{F}^{\mathrm{T}}\right)$ 中这些对应元素的和。

将以上文字叙述用严谨的数学语言表达，得到以下简洁的方程：

$$\left[\frac{\partial z}{\partial(\operatorname{vec}(\boldsymbol{X}^l))}\right]_{i^l, j^l, d^l}=\sum_{(p,\ q)}\left[\operatorname{vec}\left(\frac{\partial z}{\partial \boldsymbol{Y}} \boldsymbol{F}^{\mathrm{T}}\right)\right]_{p, q} \tag{9.39}$$

换句话说，为了计算 $\frac{\partial z}{\partial(\operatorname{vec}(\boldsymbol{X}^l))}$，我们不需要显式地使用高维向量 $\boldsymbol{H}^{\mathrm{T}}$。取而代之，通过式 (9.39)、式 (9.19) ~ 式 (9.22)，可以有效地得到 $\frac{\partial z}{\partial(\operatorname{vec}(\boldsymbol{X}^l))}$，然后由式 (9.33) 计算 $\frac{\partial z}{\partial \boldsymbol{W}^{l-1}}$，如此循环直至 $\frac{\partial z}{\partial \boldsymbol{W}^1}$。

9.6 池 化 层

本节将使用与卷积层相同的标记法。$\boldsymbol{X}^l \in \mathbb{R}^{P^l Q^l D^l}$ 作为第 l 层的输入，该层为一个池化层。池化的操作不需要参数（即 $\boldsymbol{W}^l$ 是空集，所以这一层不需要参数的学习），但是在设计 CNN 的结构时，池化的空间延展 $(P \times Q)$ 是给定的。池化层的输出（$\boldsymbol{Y}$ 或 $\boldsymbol{X}^{l+1}$）是一个 3 阶张量，其尺度为 $P^{l+1} \times Q^{l+1} \times D^{l+1}$，其中

$$P^{l+1}=\frac{P^l}{P}, \quad Q^{l+1}=\frac{Q^l}{Q}, \quad D^{l+1}=D^l \tag{9.40}$$

针对 $\boldsymbol{X}^l$ 的池化操作是一个切片接着一个切片（即一个通道接着一个通道）独立地进行。对每一个切片，$P^l \times Q^l$ 的矩阵在空间上被分为 $P^{l+1} \times Q^{l+1}$ 个子区域，每一个子区域的大小为 $P \times Q$。然后池化操作将每一个子区域映射成一个数值。

有两种得到广泛应用的池化类型：最大池化和平均池化，分别将该子区域映射为该区域内的最大值和该区域所有元素的平均值。在数学上：

$$\max: y_{i^{l+1}, j^{l+1}, d}=\max_{0 \leqslant i<P, 0 \leqslant j<Q} \boldsymbol{X}_{i^{l+1} \times P+i, j^{l+1} \times Q+j, d}^i \tag{9.41}$$

$$Y_{i^{l+1}, j^{l+1}, d}=\frac{1}{PQ} \sum_{0 \leqslant i<P, 0 \leqslant j<Q} \boldsymbol{X}_{i^{l+1} \times P+i, j^{l+1} \times Q+j, d}^i \tag{9.42}$$

式中，$0 \leqslant i^{l+1}<P^{l+1}$；$0 \leqslant j^{l+1}<Q^{l+1}$；$0 \leqslant d<D^{l+1}$。

池化是一种局部操作，其前向计算直截了当。现在我们关注反向传播。这里只讨论最大池化，平均池化过程类似。在这里，我们同样求助于指标矩阵。对于这个指标矩阵，我们需要编码的全部事情就是要弄清楚 $\boldsymbol{Y}$ 中每一个元素来自于 $\boldsymbol{X}^l$ 的什么地方。

我们需要一个三联子 (i^l, j^l, d^l) 来定位输入 $\boldsymbol{X}^l$ 中的一个元素，另外一个三联子 $(i^{l+1}, j^{l+1}, d^{l+1})$ 来定位输出 $\boldsymbol{Y}$ 中的一个元素。当且仅当以下条件成立时，$Y_{i^{l+1}, j^{l+1}, d^{l+1}}$ 来自 X_{i^l, j^l, d^l}^l。

(1) 它们位于同一切片。

(2) 第 (i^l, j^l) 的空间记录属于第 (i^{l+1}, j^{l+1}) 子区域。

(3) 第 (i^l, j^l) 的空间记录是该子区域中的最大值。

将这些条件转换成方程，就是

$$\begin{aligned}&d^{l+1} = d^l\\&\left\lfloor\frac{i^l}{P}\right\rfloor = i^{l+1}, \quad \left\lfloor\frac{j^l}{Q}\right\rfloor = j^{l+1}\\&X^l_{i^l,j^l,d^l} \geqslant Y_{i+i^{l+1}\times P, j+j^{l+1}\times Q, d^l}, \forall 0 \leqslant i < P, 0 \leqslant j < Q\end{aligned} \tag{9.43}$$

式中，$\lfloor\cdot\rfloor$ 表示向下取整。

给定一个 $(i^{l+1}, j^{l+1}, d^{l+1})$ 三联子，只有一个 (i^l, j^l, d^l) 三联子满足全部条件。因此，我们定义一个指示函数：

$$S(\boldsymbol{X}^l) \in \mathbb{R}^{(P^{l+1}Q^{l+1}D^{l+1})\times(P^lQ^lD^l)} \tag{9.44}$$

三联子 $(i^{l+1}, j^{l+1}, d^{l+1})$ 确定 S 中的一行，(i^l, j^l, d^l) 确定一列。两者一起明确 $S(\boldsymbol{X}^l)$ 中一个元素。我们规定，如果式（9.43）自发满足，则元素为 1，否则为 0。借助指示矩阵，得到

$$\operatorname{vec}(\boldsymbol{Y}) = S(\boldsymbol{X}^l)\operatorname{vec}(\boldsymbol{X}^l) \tag{9.45}$$

然后，显然

$$\frac{\partial \operatorname{vec}(\boldsymbol{Y})}{\partial(\operatorname{vec}(\boldsymbol{X}^l)^{\mathrm{T}})} = S(\boldsymbol{X}^l), \quad \frac{\partial z}{\partial(\operatorname{vec}(\boldsymbol{X}^l)^{\mathrm{T}})} = \frac{\partial z}{\partial(\operatorname{vec}(\boldsymbol{Y})^{\mathrm{T}})}S(\boldsymbol{X}^l) \tag{9.46}$$

从而

$$\frac{\partial z}{\partial \operatorname{vec}(\boldsymbol{X}^l)} = S(\boldsymbol{X}^l)^{\mathrm{T}}\frac{\partial z}{\partial \operatorname{vec}(\boldsymbol{Y})} \tag{9.47}$$

$S(\boldsymbol{X}^l)$ 是非常稀疏的，每一行中有且仅有一个元素非零，每一列至多有一个元素非零。因此，计算过程中不需要使用完整的矩阵。取而代之的是，我们仅需要记录非零元素的位置，$S(\boldsymbol{X}^l)$ 中只有 $P^{l+1}Q^{l+1}D^{l+1}$ 个非零元素。

9.7 逆向操作

如同式（9.23）所示，卷积是线性的，这意味着可以进行逆向操作，也就是反卷积。这里不深入挖掘反卷积的细节，只提供一个简明的数学结果。如前所述，卷积操作与指示矩阵 $\boldsymbol{H}$ 关联，由式（9.27）得到

$$\operatorname{vec}(\boldsymbol{X}^l) = \boldsymbol{H}^{\mathrm{T}}\operatorname{vec}(\phi(\boldsymbol{X}^l)) \tag{9.48}$$

然后重塑 $\operatorname{vec}(\boldsymbol{X}^l)$，得到尺度与 $\boldsymbol{X}^l$ 相同的张量。

如果步长大于 1，卷积常常与图像边缘的补白或者降采样效果联系在一起。作为响当当的数学工具，反卷积可以用来消除补白或升采样，在像素级标记中（如在语义分割方面）得到越来越多的应用。在某些程度上，池化操作也可以反向进行。平均池化操作是线性的，可以通过乘以指示矩阵的转置进行反池化（参考式（9.48））。最大池化不是线性的，式（9.45）中指示矩阵 $S(\boldsymbol{X}^l)$ 依赖于输入 $\boldsymbol{X}^l$。然而，将记录最大池化操作中拥有最大元素的那个位置作为辅助变量，最大池化同样可以合理地反池化。

9.8　ReLU 层

ReLU 层并不会改变输入的尺寸，也就是说 $\boldsymbol{X}^l$ 和 $\boldsymbol{Y}$ 拥有相同的尺寸。事实上，校正线性单元（ReLU）可视为对输入的每一个元素逐个地进行截断操作：

$$Y_{i,j,d} = \max\{0, \boldsymbol{X}^l_{i,j,d}\}, \tag{9.49}$$

式中，$0 \leqslant i < P^l = P^{l+1}$；$0 \leqslant j < Q^l = Q^{l+1}$；$0 \leqslant d < D^l = D^{l+1}$。ReLU 层中没有参数，因此不需要参数学习。由式（9.49），显然有

$$\frac{\mathrm{d}Y_{i,j,d}}{\mathrm{d}X^l_{i,j,d}} = \| X^l_{i,j,d} > 0 \| \tag{9.50}$$

式中，$\|\cdot\|$ 是指示函数，如果判据成立则值为 1，否则为 0。因此有

$$\left[\frac{\partial z}{\partial \mathbf{X}^l}\right]_{i,j,d} = \begin{cases} \left[\dfrac{\partial z}{\partial \mathbf{Y}}\right]_{i,j,d}, & X^l_{i,j,d} > 0 \\ 0, & \text{otherwise} \end{cases} \tag{9.51}$$

值得注意的是，$\boldsymbol{Y}$ 与 $\boldsymbol{X}^{l+1}$ 相同。严格地说，函数 $\max(0, x)$ 在 $x = 0$ 不是可微的，因此理论上式（9.50）可能稍微有点问题。但在实际应用中，这不是个问题，可以放心使用。

思考与练习

1. 深度卷积神经网络是重要的深度学习方法，给网络输入数据，它能学到什么？
2. 一个深度卷积神经网络的隐层主要有哪些基本单元？哪些单元有参数要训练？
3. 式（9.19）～ 式（9.22）只有卷积步长为 1 时才成立。假定卷积步长为 s，重新确定式（9.19）～ 式（9.22）。

第 10 章　深度卷积神经网络

在第 9 章，深度学习的基本理论得到了比较系统的阐述。本章的重点在于实现一个深度卷积神经网络，包括网络的架构及其源代码、网络的训练和网络的测试。

自 2012 年以来，先后出现了许多网络架构，本章将重点介绍得到公认、被广泛引用的网络架构，包括 Alex 网络（AlexNet）（Krizhevsky et al.，2017）、VGG 网络（Simonyan and Zisserman，2014）、Inception 网络（InceptionNet）（Szegedy et al.，2016），残差网络（ResNet）（He et al.，2016）等。这些网络均参加过 ILVRC（imagenet large-scale visual recognition challenge）赛，并取得了优异的成绩。ILSVRC 从 2010 年开始举办，到 2017 年是最后一届。ILSVRC 使用的数据集是 ImageNet 数据集的一个子集，该子集又分为训练集、测试集和验证集，分别含有大约 120 万张图像、5 万张图像和 15 万张图像，分为 1000 种类别，每类大约有 1000 张图像。ImageNet 是一个根据 WordNet 层级结构组织的图像数据库，图像收集自互联网。到目前为止，该数据库手工注释了超过 1400 万幅图像，以指示图像中的对象。至少一百万个图像加了边界框。ImageNet 包含两万两千多个图像类别。ILVRC 采用 top-1 错误率（top-1 error）和 top-5 错误率（top-5 error）作为评判标准。模型输出的结果是图像属于哪个类别的概率，如果有 1000 个类别，就有 1000 个概率值。如果模型输出的最大概率值对应的类别和目标一致，就认为预测正确，否则错误，从而可以定义 top-1 错误率：

$$\text{top} - 1\ \text{error} = \frac{\text{预测错误样本数}}{\text{总样本数}}$$

如果将输出的概率值从大到小排列，排在前 5 位的概率值对应的类别中包含了目标类别，也可以得到一定的认同，姑且认为预测正确，否则错误，从而可以定义 top-5 错误率：

$$\text{top} - 5\ \text{error} = \frac{\text{预测错误样本数}}{\text{总样本数}}$$

本书附录展示与这些网络对应的基于 PyTorch 的源代码。PyTorch 是一个基于 Torch 的 Python 开源机器学习库，它具有强大的 GPU 加速的张量计算能力，也包含自动求导系统的深度神经网络。Torch 是一个与 Numpy 类似的张量操作库，与 Numpy 不同的是 Torch 对 GPU 支持得很好。

10.1　Alex 网络

AlexNet 来源于 ILSVRC-2012 竞赛中获得冠军的一个网络模型。Alex 正式发表在 2012 年举办的神经信息处理系统大会（NIPS 2012），文章的标题为 *ImageNet classification with deep convolutional neural networks*。这篇文章有三位作者，分别是：亚历克斯・克里泽夫斯基（Alex Krizhevsky）、伊利亚・苏茨科弗（Ilya Sutskever）和杰弗里・韩丁（Geoffrey Hinton）。

亚历克斯 • 克里泽夫斯基是杰弗里 • 韩丁的学生。这个网络架构以文章的第一作者命名，称为 AlexNet。

AlexNet 的卷积层和全连接层包含近 6000 万个参数和 659000 多个神经元，最终的输出层是 1000 通道的 softmax 函数值。网络结构如图 10.1 所示，网络总共有 8 层，其中包括 5 个卷积层、3 个全连接层。

第一层：卷积层 1，输入为 224 像素 × 224 像素 × 3（红、绿、蓝三个颜色通道）的图像，滤波器组中有 96 个三通道滤波器，其尺寸为 $11 \times 11 \times 3$，stride = 4。stride 表示步长，也就是两次相邻卷积间相隔像素点的个数，pad = 0, 表示不在图像边缘加衬。单个滤波器对输入图像卷积后得到输出图像的宽和高都是 $\left\lceil \frac{224 + 2 \times \text{pad} - \text{kernel\_size}}{\text{stride}} + 1 \right\rceil = \left\lceil \frac{224 + 2 \times 0 - 11}{4} + 1 \right\rceil = 55$。$\lceil * \rceil$ 表示对 $*$ 向上取整。输出的特征图上神经元的个数为 $55 \times 55 \times 96 = 290400$。局部响应正则化（local response normalized）处理后进入第二个隐层。

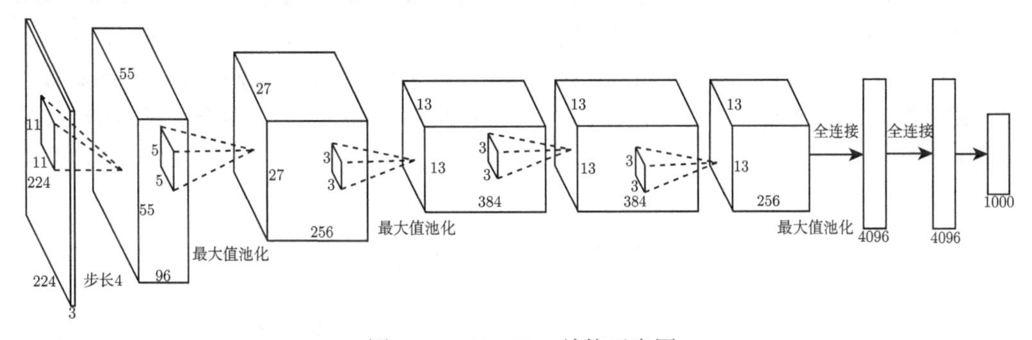

图 10.1　AlexNet 结构示意图

第二层：卷积层 2, 输入为上一层卷积输出的特征图。滤波器组中滤波器的个数为 256，其尺寸为 $5 \times 5 \times 96$，pad = 2，stride = 1。卷积后输出的特征图的高和宽都是 $55+2\times2-5+1 = 55$。接着进行尺度为 3×3、步长为 2 的最大值池化，池化时，图像边缘不加衬。池化后，特征图的宽和高都是 $\left\lceil \frac{55 + 2 \times \text{pad} - \text{pooling\_size}}{\text{stride}} + 1 \right\rceil = \left\lceil \frac{55 + 2 \times 0 - 3}{2} + 1 \right\rceil = 27$。池化后输出的特征图上神经元的总数为 $27 \times 27 \times 256 = 186624$。之后是批处理正则化，然后进入第三个隐层。

第三层：卷积层 3，输入为第二层输出的特征图，滤波器组中滤波器的个数为 384，其尺寸为 $3 \times 3 \times 256$，pad = 1，stride = 1。卷积后输出的特征图的高和宽都是 $27+2\times1-3+1 = 27$。接着进行尺度为 3×3、步长为 2 的最大值池化，池化时，图像边缘不加衬。池化后，特征图的宽和高都是 $\left\lceil \frac{27 + 2 \times \text{pad} - \text{pooling\_size}}{\text{stride}} + 1 \right\rceil = \left\lceil \frac{27 + 2 \times 0 - 3}{2} + 1 \right\rceil = 13$。池化后输出的特征图上神经元的总数为 $13 \times 13 \times 384 = 64896$。之后是批处理正则化，然后进入第四个隐层。

第四层：卷积层 4，输入为第三层输出的特征图，滤波器组中滤波器的个数为 384，其尺寸为 $3 \times 3 \times 384$，pad = 1，stride = 1。卷积后输出的特征图的高和宽都是 $13+2\times1-3+1 = 13$，输出的特征图上神经元的总数为 $13 \times 13 \times 384 = 64896$。

第五层：卷积层 5，输入为第四层输出的特征图，滤波器组中滤波器的个数为 256，其尺寸为 $3 \times 3 \times 384$，pad $= 1$，stride $= 1$。卷积后输出的特征图的高和宽都是 $13 + 2 \times 1 - 3 + 1 = 13$，输出的特征图上神经元的总数为 $13 \times 13 \times 256 = 43264$。接着进行尺度为 3×3、步长为 2 的最大值池化，池化时，图像边缘不加衬。池化后，特征图的宽和高都是 $\left\lceil \frac{13 + 2 \times \text{pad} - \text{pooling\_size}}{\text{stride}} + 1 \right\rceil = \left\lceil \frac{13 + 2 \times 0 - 3}{2} + 1 \right\rceil = 6$。池化后输出的特征图上神经元的总数为 $6 \times 6 \times 256 = 9216$。

第六层：全连接层，输入特征数 9216，输出特征数 4096。

第七层：全连接层，输入特征数 4096，输出特征数 4096。

第八层：全连接层，输入特征数 4096，输出特征数 1000。上面介绍过，ImageNet 这个比赛的分类个数为 1000。全连接层中使用了校正线性单元（rectified linear unit，ReLU）和 Dropout。

AlexNet 中八层的神经元总数为 $55 \times 55 \times 96 + 27 \times 27 \times 256 + 13 \times 13 \times (384 + 384 + 256) + 9216 + 4096 + 4096 = 667488$；要训练的参数总数为 $11 \times 11 \times 3 \times 96 + 5 \times 5 \times 96 \times 256 + 3 \times 3 \times 256 \times 384 + 3 \times 3 \times 384 \times 384 + 3 \times 3 \times 384 \times 256 + 9216 \times 4096 + 4096 \times 4096 + 4096 \times 1000 = 62367776$，绝大多数参数来自全连接层。Alex 网络的 PyTorch 源码见附件 A，网络参数训练的 Python 源代码见附件 D。

10.2　VGG 网络

VGG 网络（VGGNet）是 ImageNet LSVRC-2014 的第二名，第一名是 GoogLeNet。表 10.1 所示是 VGG11、VGG13、VGG16 和 VGG19 的网络结构。

对于从图像中提取特征，VGG 网络仍然是一个优秀的算法。它的缺点在于，全连接层导致需要训练的参数太多，达到 10^8 量级。VGG 网络发明者的初衷是想搞清楚卷积网络深度是如何影响大规模图像分类与识别的精度和准确率的。在增加网络层数的同时，为了避免参数过多，VGG 网络在所有层都采用 3×3 的小卷积核，卷积层步长设置为 1。在卷积神经网络中，感受野定义为特征图（feature map）上的一个神经元所感受到的输入空间的大小。当输入空间的尺寸为 5×5 时，一个 5×5 的卷积核将该空间映射为特征图的一个点（尺寸为 1×1）；步长为 1 时，一个 3×3 的卷积核将 5×5 的空间映射为一个 3×3 空间，紧接着的另一个 3×3 的卷积将得到特征图上的一个点。因而，我们可以认为两个 3×3 的卷积堆叠获得的感受野（receptive field）相当于一个 5×5 卷积的感受野。同理，可以得出连续 3 个 3×3 卷积的感受野相当于一个 7×7 卷积的感受野。

不同于 AlexNet 采用的 3×3、步长 2 的最大值池化，VGG 网络采用尺寸为 2×2 的最大值池化。VGG 网络有 3 个全连接层，通过设计不同的卷积层数目，VGG 网络有多个版本。卷积层最少的 VGG11 有 8 个卷积层与 3 个全连接层，最多的 VGG19 有 16 个卷积层与 3 个全连接层。此外 VGG 网络有 5 个池化层，分布在不同的卷积层之下。相比于 AlexNet，VGG 网络有更小的卷积核和更深的层级。参照前面的 AlexNet 的源代码，就可以用 PyTorch 实现 VGG 网络。

表 10.1　VGG 网络结构

VGG11	VGG11-LRN	VGG13	VGG16	VGG16	VGG19
conv 3，64	conv 3，64 LRN	conv 3，64 conv 3，64	conv 3，64 conv 3，64	conv 3，64 conv 3，64	conv 3，64 conv 3，64
最大值池化	最大值池化	最大值池化	最大值池化	最大值池化	最大值池化
conv 3，128	conv 3，128	conv 3，128 conv 3，128	conv 3，128 conv 3，128	conv 3，128 conv 3，128	conv 3，128 conv 3，128
最大值池化	最大值池化	最大值池化	最大值池化	最大值池化	最大值池化
conv 3，256 conv 3，256	conv 3，256 conv 3，256	conv 3，256 conv 3，256	conv 3，256 conv 3，256 conv 1，256	conv 3，256 conv 3，256 conv 3，256	conv 3，256 conv 3，256 conv 3，256 conv 3，256
最大值池化	最大值池化	最大值池化	最大值池化	最大值池化	最大值池化
conv 3，512 conv 3，512	conv 3，512 conv 3，512	conv 3，512 conv 3，512	conv 3，512 conv 3，512 conv 1，512	conv 3，512 conv 3，512 conv 3，512	conv 3，512 conv 3，512 conv 3，512 conv 3，512
最大值池化	最大值池化	最大值池化	最大值池化	最大值池化	最大值池化
conv 3，512 conv 3，512	conv 3，512 conv 3，512	conv 3，512 conv 3，512	conv 3，512 conv 3，512 conv 1，512	conv 3，512 conv 3，512 conv 3，512	conv 3，512 conv 3，512 conv 3，512 conv 3，512
最大值池化	最大值池化	最大值池化	最大值池化	最大值池化	最大值池化
FC，4096 FC，4096 FC，1000 softmax	FC，4096 FC，4096 FC，1000 softmax	FC，4096 FC，4096 FC，1000 softmax	FC，4096 FC，4096 FC，1000 softmax	FC，4096 FC，4096 FC，1000 softmax	FC，4096 FC，4096 FC，1000 softmax

10.3　Inception 网络

Inception 网络（InceptionNet），也被称为 GoolgeNet，它计算成本低，性能高，是深度卷积神经网络发展史上一个里程碑式的网络。在 InceptionNet 出现之前，大部分流行卷积神经网络仅仅是把卷积层堆叠得越来越多，使网络越来越深，以此希望能够得到更好的性能。VGG 网络的泛化性能好，常用于图像特征的抽取、目标检测等。VGG 网络的最大问题在于参数数量。这一问题也是 InceptionNet 所重点关注的。InceptionNet 没有如同 AlexNet 和 VGG 网络那样大量使用全连接层。

和其他网络相比较，InceptionNet 最大的不同就是采用了 Inception 模块。经典的 Inception 模块如图 10.2 所示，它使用 3 个不同大小的滤波器（1×1、3×3、5×5）对输入执行卷积操作。该模块使深度卷积神经网络不仅有深度，而且有宽度，是一种具有优良局部拓扑结构的网络。通过对输入特征并行地执行多个卷积运算或池化操作，并将所有输出结果叠加在一起，形成一个更深的特征图。在一张图像中，信息分布更全局性的模式偏好较大的卷积核，信息分布比较局部的模式偏好较小的卷积核，在同一层级上运行具备多个尺寸的滤波器可以兼顾不同尺度的模式，网络本质上会变得宽一些。为了抵消网络变宽后计算机资源开销的增加，InceptionNet 的设计者在 3×3 和 5×5 卷积层之前添加额外的 1×1 卷积层，来限制输入信道的数量。尽管添加额外的卷积操作似乎是反直觉的，但是 1×1 卷积比 5×5 卷积要廉价很多，而且输入信道数量减少也有利于降低算力成本。因为 1×1、3×3 或 5×5 等不同的卷积运算与池化操作可以获得输入图像的不同信息，并行处理这些运算并结合所有结果将获得更好的图像表征。

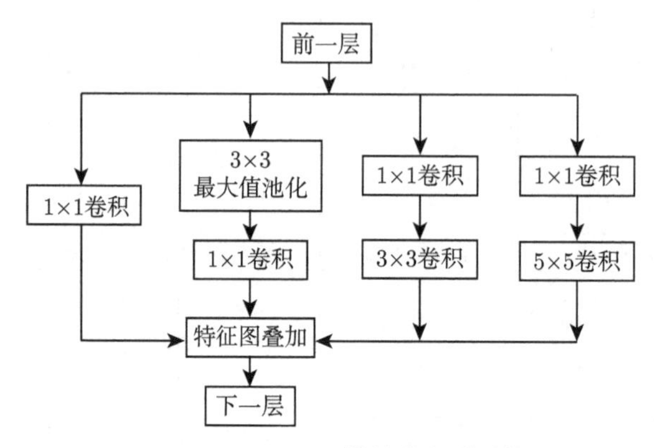

图 10.2　ImageNet LSVRC-2014 挑战赛上采用的 Inception 模块

InceptionNet 使用大量技巧来改善网络的性能，包括计算机资源的开销、运算速度和准确率等方面。它的不断改进和完善带来了许多 InceptionNet 版本，常见的版本有 Inception v1、Inception v2、Inception v3、Inception v4 和 Inception-ResNet。下面我们重点考虑 Inception v4（图 10.3）。

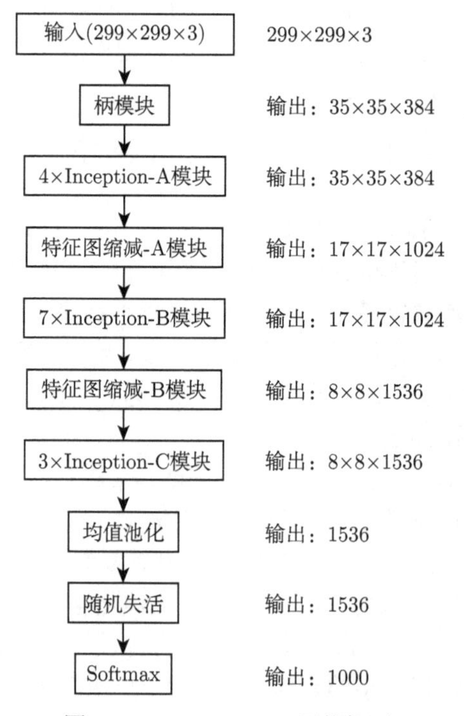

图 10.3　Inception v4 网络概要

Inception v4 网络由 1 个柄模块（图 10.4）、4 个 Inception-A 模块（图 10.5）、7 个 Inception-B 模块（图 10.6）、3 个 Inception-C 模块（图 10.7）、1 个特征图缩减-A 模块（图 10.8）、1 个特征图缩减-B 模块（图 10.9）、均值池化、随机失活共同组成。图 10.4 右边的“输出：$A \times B \times C$”表示每张输出的特征图的尺寸为 $A \times B$，且有 C 个同样尺寸的特征图叠在一起，形成尺寸为 $A \times B \times C$ 的三阶张量。

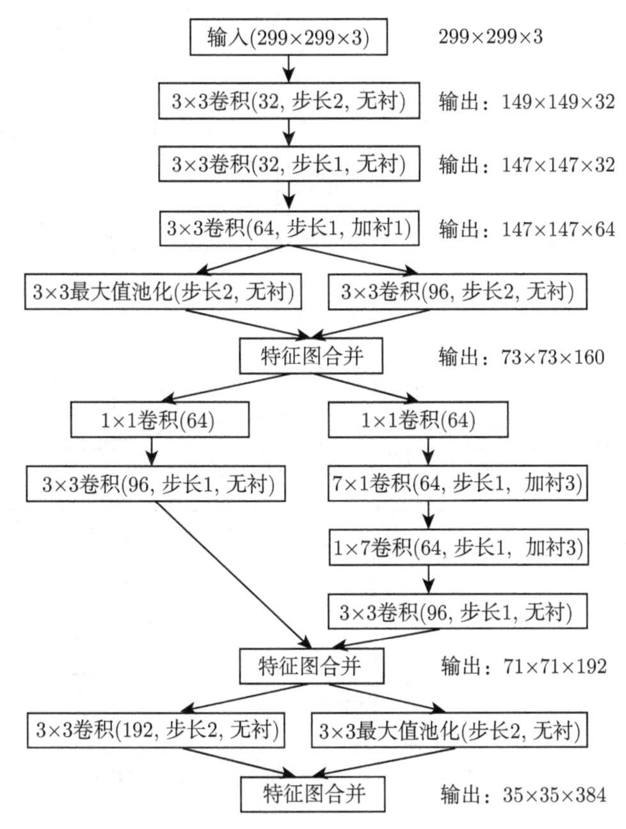

图 10.4　Inception v4 网络的柄模块

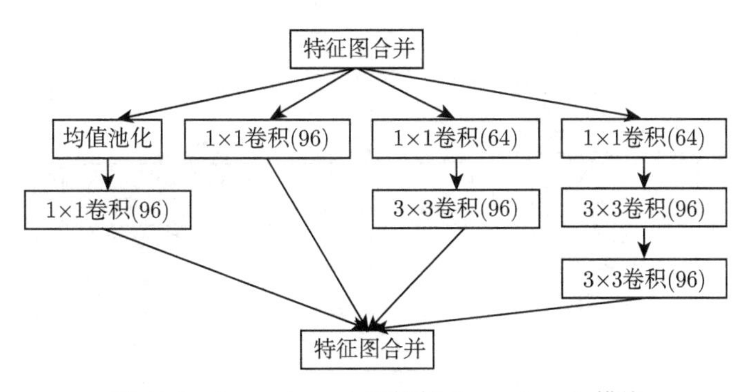

图 10.5　Inception v4 网络的 Inception-A 模块

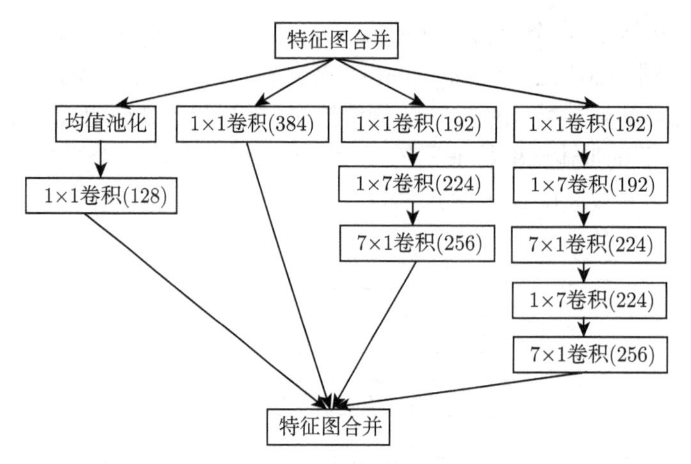

图 10.6　Inception v4 网络的 Inception-B 模块

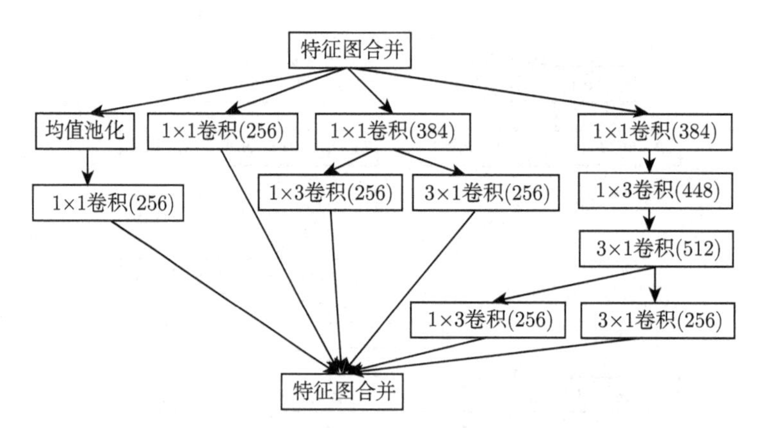

图 10.7　Inception v4 网络的 Inception-C 模块

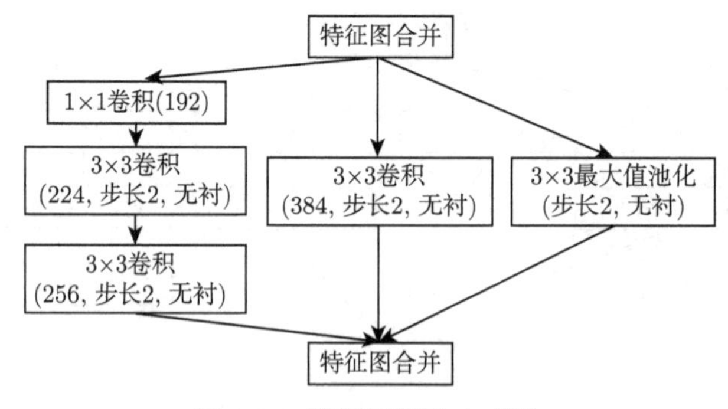

图 10.8　特征图缩减-A 模块

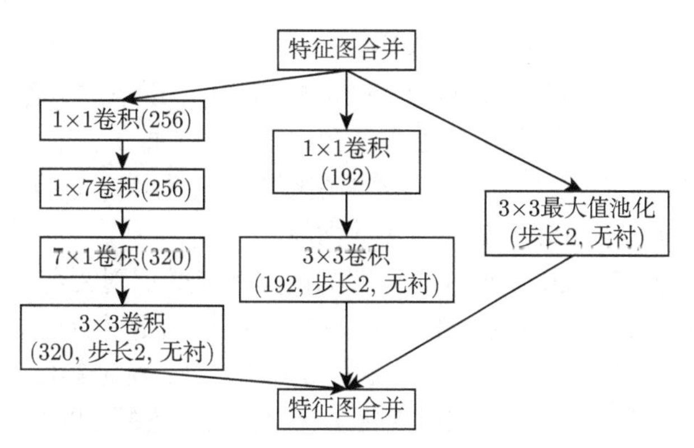

图 10.9　特征图缩减-B 模块

Inception v4 网络中 Inception-A 模块（图 10.5）、Inception-B 模块（图 10.6）、Inception-C 模块（图 10.7）是经典的 Inception 模块（图 10.2）变形。在这些图中，属于卷积的方块里面标注有卷积核（滤波器）的尺寸、输出的特征图的个数。例如，“3×3 卷积（96，步长 2，衬 1）”表示卷积核的尺寸为 3×3，输出的特征图数为 96，卷积时的步长为 2，卷积操作时，在输入的特征图的四个边各补一个点，使卷积输出特征图的尺寸等于输入特征图的尺寸。

Inception-A 模块对经典的 Inception 模块的最大改变在于将 5×5 的卷积分解成了两个 3×3 的卷积。一个 5×5 的卷积在计算成本上是两个 3×3 卷积的 1.39 倍。将 Inception-A 模块中的 3×3 卷积换成 1×7 和 7×1 两个卷积的串联就可以得到 Inception-B 模块。将 Inception-A 模块中的 3×3 卷积换成 1×3 和 3×1 两个卷积的串联或并联就可以得到 Inception-C 模块。Inception v4 网络采用特征图缩减 -A 模块和特征图缩减 -B 模块取代单纯的最大值池化。缩减模块通过在最大值池化旁边增加并联的卷积以改善单纯的最大值池化导致的信息损失。总之，Inception 网络通过在卷积层和池化层增加网络的宽度，比较好地克服了网络的特征表征瓶颈。

Inception v4 网络的 PyTorch 源码见附件 B，网络参数训练的 Python 源代码见附件 D。

10.4　残 差 网 络

通常，人们认为增加网络的宽度和深度可以提高网络的性能，深的网络一般都比浅的网络效果好。一个现成的例子就是 VGG 网络，该网络就是在 AlexNex 的基础上通过增加网络深度大幅度提高了网络性能。网络的深度用网络隐层的数量表征。隐层数量越多，网络越深；隐层数量越少，网络越浅。假如有一个深的网络 A 和一个浅的网络 B，那么 A 的性能至少与 B 的性能一样好。因为就算把 B 网络全部迁移到 A 的前面几层，而 A 后面的层只要做一个恒等映射，就可以达到与 B 网络一样的效果。真实的情况并不符合这样简单的逻辑，深度的增加可能会导致梯度的弥散或爆炸，从而使网络参数训练中断。

有一些成熟的方法，例如，批处理正则化（batch normalization），可以比较有效地改善误差反向传播过程中遇到的梯度问题，使数十层的网络得以训练。梯度问题似乎退出了，但是退化问题出现了。退化指的是随着网络的加深，其性能不仅没有增强反而下降，具体表现在训练集上的准确率不能提升甚至下降，通过浅层网络等同映射构造深层模型，结果深层模型并没有比浅层网络有等同或更低的错误率。

残差网络（residual network，ResNet）在 2015 年刷新了图像方面各大比赛的纪录，以绝对优势取得了多个比赛的冠军。而且它在保证网络精度的前提下，使网络的深度达到了 152 层，后来又进一步加到 1000 层的深度。残差网络解决了朴素网络（plain network）的退化问题，能够通过单纯地增加网络深度提高网络的性能。

残差网络正式发表在 2016 年举办的计算机视觉和模式识别大会（IEEE Conference on Computer Vision and Pattern Recognition，CVPR 2016），标题为 *Deep residual learning for image recognition*。文章的开篇先是说明了深度网络的好处：特征等级随着网络的加深而变高，网络的表达能力也会大大提高。因此提出了一个问题：是否可以通过叠加网络层数来获得一个更好的网络呢？作者经过实验发现，单纯地把网络叠起来的深层网络的效果反而不如合适层数的较浅的网络效果。因此作者在朴素网络的基础上增加了一个捷径（shortcut），构建出一个残差块（residual block），此时拟合目标就变为残差。

10.4.1　残差块

残差网络是由残差块构建而成的。基本的残差块（图 10.10）由两条路径并联构成：一条路径由两个卷积层组成，输入为 $\boldsymbol{x}$，输出为 $f(\boldsymbol{x})$，f 代表两层卷积操作；另一条路径是一条捷径（shortcut），输入和输出等同，都是 $\boldsymbol{x}$。残差块的输出 $H(\boldsymbol{x})=f(\boldsymbol{x})+\boldsymbol{x}$。显然 $f(\boldsymbol{x})$ 是残差块的输出 $H(\boldsymbol{x})$ 与输入 $\boldsymbol{x}$ 之差，这也就是将模块称作残差模块的原因。如果 $f(\boldsymbol{x})=0$，残差块就是一个恒等映射。特别要注意的是，残差 $f(\boldsymbol{x})$ 和 $\boldsymbol{x}$ 的尺寸必须一致，否则二者之间对应元素的求和就没有办法进行。

假设对于残差模块输出从 1.1 到 1.21，增加 10%，则映射 f 的输出是从 0.1 到 0.21，增加了 110%。整个模块的输出变化不大，但是残差映射的输出变化相当大。这意味着，即使残差模块输出只有微小的变化，残差映射中卷积核参数也可以在比较大的范围内调整，从而产生更好的训练效果。残差的思想是去掉相同的主体部分，从而突出微小的变化。

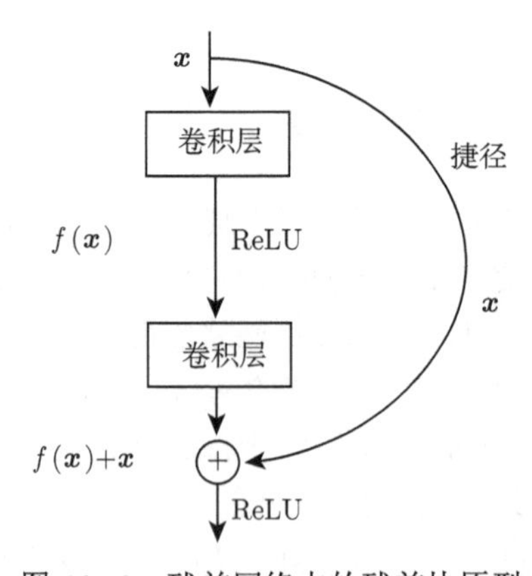

图 10.10　残差网络中的残差块原型

为了保证残差网络的有效性，在一个残差块中至少要有两个卷积层。如果只有一个卷积层，残差块的输出将是 $\boldsymbol{w}\cdot\boldsymbol{x}+\boldsymbol{x}+b=(\boldsymbol{w}+1)\cdot\boldsymbol{x}+b$，也就是残差块退化成了一个普通的卷积层。残差模块有多种变形，常见的几种变形如图 10.11 所示。图 10.11（a）是瓶颈（bottleneck）

残差块，原型中的两个卷积层换成了卷积核的大小分别为 1×1、3×3、1×1 的三个卷积层。图 10.11（b）中将捷径换成了 1×1 的卷积核，以适用卷积通道输出的特征图的尺寸。因为 3×3 卷积层的输出通道数和输入通道数可能不一致，选择 1×1 卷积层输出的通道数与特征图的尺寸，以实现两个并行通路输出的特征之间的按位求和。图 10.11（c）在捷径上串了一个随机失活函数（dropout），以改善网络在训练中可能出现的过拟合。图 10.11（d）将捷径通路和卷积通路输出的特征各自乘以一个比例因子，图中给出的是 0.5，实际应用时，这两个比例因子可以不一致，例如，捷径上的比例因子取 1，卷积层的输出乘以 0.7 等。

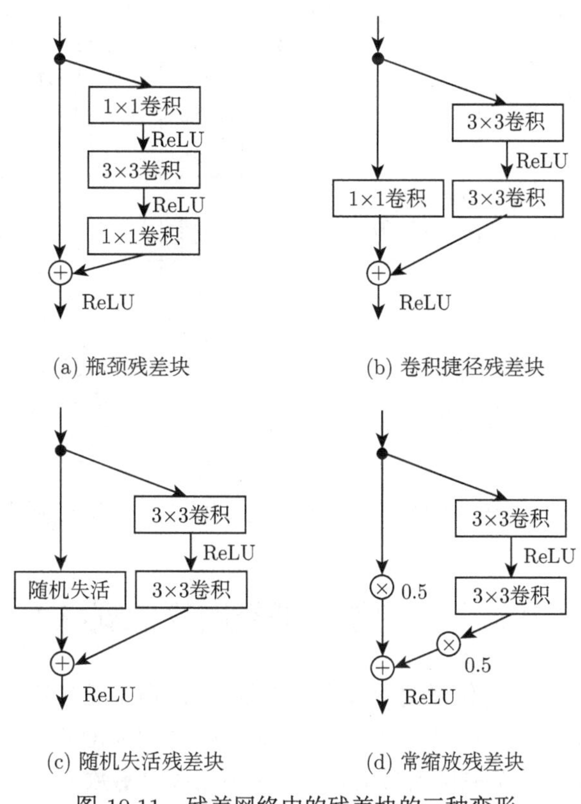

图 10.11　残差网络中的残差块的三种变形

10.4.2　残差网络的结构

常见的残差网络有 ResNet18、ResNet34、ResNet50、ResNet101、ResNet152，其中的数字代表网络含有的卷积层数目。在进入残差块前，所有这些网络都有一个 7×7 的卷积层和一个最大值池化层。假设输入的是尺寸为 224×224 的 RGB 三通道彩图，经过第一层 7×7、加衬 3、步长为 2、通道数为 64 的卷积操作，图像的尺寸变为 $(224-7+2\times3)/2=111.5$，向上取整得到特征图的尺寸为 112×112，在经过 3×3、步长为 2 的最大值池化后（向上取整），特征图尺寸变为 56。ResNet18、ResNet34、ResNet50、ResNet101、ResNet152 的残差块数目分别是 8、16、16、33、50。ResNet18、ResNet34 每个残差块含有两个卷积层，其核的尺寸都是 3×3；ResNet50、ResNet101、ResNet152 中每个残差块采用瓶颈结构，它含有三个卷积，其核的尺寸分别为 1×1、3×3、1×1。这些残差网络的具体结构如表 10.2 所示，每一个卷积核大小后面的数字是该卷积操作输出的特征图通道数，例如，$3 \times 3, 64, 2$ 表示输出的通道数是 64，步长为 2。

表 10.2　5 种 ResNet 网络的结构

输出尺寸	ResNet18	ResNet34	ResNet50	ResNet101	ResNet152
112×112	$7 \times 7, 64, 2$	$7 \times 7, 64, 2$	$7 \times 7, 64, 2$	$7 \times 7, 64, 2$	$7 \times 7, 64, 2$
56×56	最大值池化	最大值池化	最大值池化	最大值池化	最大值池化
56×56	$2 \times \begin{bmatrix} 3 \times 3, 64 \\ 3 \times 3, 64 \end{bmatrix}$	$3 \times \begin{bmatrix} 3 \times 3, 64 \\ 3 \times 3, 64 \end{bmatrix}$	$3 \times \begin{bmatrix} 1 \times 1, 64 \\ 3 \times 3, 64 \\ 1 \times 1, 256 \end{bmatrix}$	$3 \times \begin{bmatrix} 1 \times 1, 64 \\ 3 \times 3, 64 \\ 1 \times 1, 256 \end{bmatrix}$	$3 \times \begin{bmatrix} 1 \times 1, 64 \\ 3 \times 3, 64 \\ 1 \times 1, 256 \end{bmatrix}$
28×28	$2 \times \begin{bmatrix} 3 \times 3, 128 \\ 3 \times 3, 128 \end{bmatrix}$	$4 \times \begin{bmatrix} 3 \times 3, 128 \\ 3 \times 3, 128 \end{bmatrix}$	$4 \times \begin{bmatrix} 1 \times 1, 128 \\ 3 \times 3, 128 \\ 1 \times 1, 512 \end{bmatrix}$	$4 \times \begin{bmatrix} 1 \times 1, 128 \\ 3 \times 3, 128 \\ 1 \times 1, 512 \end{bmatrix}$	$8 \times \begin{bmatrix} 1 \times 1, 128 \\ 3 \times 3, 128 \\ 1 \times 1, 512 \end{bmatrix}$
14×14	$2 \times \begin{bmatrix} 3 \times 3, 256 \\ 3 \times 3, 256 \end{bmatrix}$	$6 \times \begin{bmatrix} 3 \times 3, 256 \\ 3 \times 3, 256 \end{bmatrix}$	$6 \times \begin{bmatrix} 1 \times 1, 256 \\ 3 \times 3, 256 \\ 1 \times 1, 1024 \end{bmatrix}$	$23 \times \begin{bmatrix} 1 \times 1, 256 \\ 3 \times 3, 256 \\ 1 \times 1, 1024 \end{bmatrix}$	$36 \times \begin{bmatrix} 1 \times 1, 256 \\ 3 \times 3, 256 \\ 1 \times 1, 1024 \end{bmatrix}$
7×7	$2 \times \begin{bmatrix} 3 \times 3, 512 \\ 3 \times 3, 512 \end{bmatrix}$	$3 \times \begin{bmatrix} 3 \times 3, 512 \\ 3 \times 3, 512 \end{bmatrix}$	$3 \times \begin{bmatrix} 1 \times 1, 512 \\ 3 \times 3, 512 \\ 1 \times 1, 2048 \end{bmatrix}$	$3 \times \begin{bmatrix} 1 \times 1, 512 \\ 3 \times 3, 512 \\ 1 \times 1, 2048 \end{bmatrix}$	$3 \times \begin{bmatrix} 1 \times 1, 512 \\ 3 \times 3, 512 \\ 1 \times 1, 2048 \end{bmatrix}$
1×1	均值池化	均值池化	均值池化	均值池化	均值池化
	全连接,1000	全连接,1000	全连接,1000	全连接,1000	全连接,1000
	softmax	softmax	softmax	softmax	softmax

残差网络的 PyTorch 源码见附件 C，网络参数训练的 Python 源代码见附件 D。

10.5　深度卷积神经网络的训练

深度学习通过代价的反向传播调整每一层的参数，以最小化代价函数作为优化目标。随机梯度下降、AdaDelta、自适应梯度、Adam、Nesterovs 加速梯度和 RMSprop 是常见的求解方法。所有的求解器都有一个共同的目的，就是最小化代价函数。

可将学习过程分为四个层面：① 确定优化方案，创建被训练网络，为模型的评估创建测试网络；② 通过前向过程和反向传播对网络参数进行迭代更新；③ 对被训练网络进行阶段性评估；④ 在优化过程中保存模型和求解状态。每次迭代也分为四个阶段：① 通过前向传播计算特征输出和代价；② 通过反向传播计算梯度；③ 根据求解方法对将参数和梯度进行整合；④ 根据学习率和学习方法更新网络参数。

10.5.1　权值初始化

权值初始化是训练网络前首先要完成的工作。在理想状态下，对归一化的数据，可以合理地认为合适的权值应当是一半正值一半负值。有理由认为所有权值都可以给定相同的初值，但是，这种初始化方法往往是错误的。

早在 2010 年就有人提出过一种比较有效的权值初始化方法。这种被称为 Xavier 的初始化方法能够保证在进行正向和反向传播时都能获得激励和梯度的有效变化。该方法中，权值在一个给定的区间均匀采样，即权值满足：

$$W \sim U\left[-\sqrt{\frac{6}{n^j+n^{j+1}}}, \sqrt{\frac{6}{n^j+n^{j+1}}}\right] \tag{10.1}$$

式中，n^j 是输入层神经元个数；n^{j+1} 是输出层神经元个数。

2015 年，又有人针对 ReLU 提出了另一种权值初始化方法。通过这种初始化方法得到的初始权值满足均值为零、标准差为 $\sqrt{\dfrac{2}{n_l}}$ 的高斯分布，其中 n_l 为输入层 l 的神经元个数：

$$W \sim N\left(0, \frac{2}{n_l}\right) \tag{10.2}$$

与 Xavier 相比，这种方式考虑到了非线性的情况。通过这个方法初始化的网络不仅在训练过程中收敛速度比 Xavier 快，而且网络可以有更多的隐层。

10.5.2 学习率更新

学习率决定着权值变化的快慢，也影响参数训练的收敛速度。学习率的调整往往要根据学习曲线（代价–训练回合数关系曲线）的变化做出调整。过大的学习率会导致训练振荡甚至不收敛；过小的学习率会造成收敛过慢甚至早熟。合适的学习率通常表现为：前期收敛速度快，后期收敛速度放缓，代价能够下降到理想值。

学习率确定比较困难，需要根据实际情况做出调整。表 10.3 是对常用的学习率初始化和学习率变化的一个总结。在公式栏中，等号左边的 η 是更新后的学习率，右边是更新前的学习率，iter 是当前迭代次数，maxIter 是最大迭代次数，floor 表示向下取整，step 是一个固定的迭代次数，γ 是衰减率。

表 10.3　常用的学习率更新方式

名称	公式	备注
固定	$\eta=\eta$	
分段指数衰减	$\eta=\eta\times\gamma^{\text{floor}\left(\frac{\text{iter}}{\text{step}}\right)}$	step 内保持常数
变步分段指数衰减	与分段指数衰减相同	step 可变
指数衰减	$\eta=\eta\times\gamma^{\text{iter}}$	
多项式	$\eta=\eta\times\left(1-\dfrac{\text{iter}}{\text{maxIter}}\right)^{\text{power}}$	
Sigmoid	$\eta=\eta\times\dfrac{1}{1+\exp\left(-\gamma\times(\text{tier}-\text{step})\right)}$	

10.5.3 批量正则化

深度学习在视觉、语音和其他领域都取得了重大进展。随机梯度下降法被证明是训练深度网络的有效方式，它通过代价最小化优化网络参数 θ：

$$\theta=\underset{\theta}{\operatorname{argmin}}\frac{1}{N}\sum_{i=1}^{N}z(\boldsymbol{x}_i,\theta) \tag{10.3}$$

式中，$\{\boldsymbol{x}_i,\ i=1,2,\cdots,N\}$ 是训练数据集。在 SGD 中，训练是按步进行的，每一步采用大小为 m 的小批量数据 $\{\boldsymbol{x}_i,\ i=1,2,\cdots,m\}$ 计算损失函数对参数的梯度：

$$\frac{1}{m}\frac{\partial z(\boldsymbol{x}_i,\theta)}{\partial\theta},\quad i=1,2,\cdots,m \tag{10.4}$$

采用小批量样本训练网络是比较常用的方法。首先，小批量样本上损失函数的梯度是对整个训练集梯度的估计，其准确度会随着小批量数的增大而提高；其次，鉴于现代计算平台的并行性能，基于一个批次 m 个样本的并行计算比 m 个不同的样本计算 m 次更有效。

虽然随机梯度既简单又高效，但是仍然需要对网络超参数谨慎地调优，尤其是用于优化网络所采用的学习率以及模型参数的初始值。网络训练的复杂性在于每层输入都要受到前若干层的影响，所以随着网络的加深，参数微小的调整都将会被放大。当层输入分布发生变化时就会产生新的问题，因为它会去适应变化后新的分布，固定的输入分布对于一个网络来说必然会有积极效应。一次卷积的输出为 $y=\boldsymbol{W}\cdot\boldsymbol{X}+b$，其中 $\boldsymbol{X}$ 是层输入，权值 $\boldsymbol{W}$ 和偏差 b 是要学习的网络参数。如果采用 Sigmoid 函数作为激活函数，$g(y)=\dfrac{1}{1+\mathrm{e}^{-y}}$，$y\geqslant 0$。随着 y 的增大，$g(y)$ 趋近于 1。也就是说，除了较小的 y 值，输出将趋于饱和，梯度会消失，模型训练将变得很慢。当进行网络训练时，如果能够保证非线性输入有一个比较稳定的分布，那么优化器就有可能不会陷入饱和，训练速度就会提高。

批量归一化通过减少内部协变量转移提高网络训练速度。通过修正层输入的均值和方差，批量归一化对梯度沿着网络正常反向传播起到了很大的作用。有了这种方法，就可以使用更大的学习率，而不用太担心网络训练时发散。批量归一化使得采用非线性激活函数成为可能，从而不用担心网络陷入饱和模式，不仅如此，它还能够减少对随机抛弃连接的使用。批量归一化分两步进行：首先，对每一个特征图进行正则化处理，确保每一个特征图的均值为 0，方差为 1。对于有 d 维输入的一个层，$\boldsymbol{x}=(x^1,\cdots,x^d)$，正则化操作如下式：

$$x^k=\frac{x^k-\mathbb{E}[x^k]}{\sqrt{\mathrm{Var}[x^k]+\epsilon}},\quad k=1,2,\cdots,d \tag{10.5}$$

式 (10.5) 引入一个接近 0 的正小量 ϵ 是为了避免分母为 0。即使是特征图像互不相关，这种正则化方式也能加速收敛。为了进一步确保稳定性，对于每一个 x^k，引入两个参数 γ^k 和 β^k，对正则化后的值进行缩放和平移：

$$y^k=\gamma^k x^k+\beta^k,\quad k=1,2,\cdots,d \tag{10.6}$$

这两个参数和其他参数一样会被学习，并被修改。如果将它们设置为 $\gamma^k=\sqrt{\mathrm{Var}[x^k]}$，$\beta^k=\mathbb{E}[x^k]$，那么 y^k 就被还原为 x^k。

10.5.4 增大数据集

减少过拟合最简单也是最常用的方法就是人工增大数据集。这里给出两种人工增大数据集的方法，计算量都很小，且不占用过多的转存空间。第一种方法包括产生图像平移和水平镜像。假设有一张尺寸 256 像素 × 256 像素的图像，对该图像随机提取 224 像素 × 224 像素的图块并生成它们的镜像，则产生 2048 张有差异的图像。通过数据扩增，可以改善训练的过拟合。第二种增大数据集的方法是改变训练图像 RGB 通道的强度。对于每一张训练图像，其 RGB 三通道一个像素定义为 $\boldsymbol{I}_{xy} = \begin{bmatrix} I_{xy}^R & I_{xy}^G & I_{xy}^B \end{bmatrix}^{\mathrm{T}}$。$\boldsymbol{I}_{xy}$ 的相关矩阵为 $\boldsymbol{R} = \frac{1}{3}\boldsymbol{I}_{xy}\boldsymbol{I}_{xy}^{\mathrm{T}}$。$\boldsymbol{R}$ 是一个尺寸为 3×3 的矩阵，它的三个特征值记为 λ_1、λ_2、λ_3，各自对应的特征向量记为 $\boldsymbol{f}_1$、$\boldsymbol{f}_2$、$\boldsymbol{f}_3$，每个特征向量都有三个分量。然后构造一个新的向量：

$$[\boldsymbol{f}_1 \quad \boldsymbol{f}_2 \quad \boldsymbol{f}_3][\alpha_1\lambda_1 \quad \alpha_2\lambda_2 \quad \alpha_3\lambda_3]^{\mathrm{T}} \tag{10.7}$$

式中，$\alpha_i\ (i = 1, 2, 3)$，由均值为 0、标准差为 0.1 的高斯分布随机产生。一张用于训练的图像中的所有像素共享相同的 α_i。扩充的图像三个通道的像素值由原像素值和新构建的向量求和得到，即

$$\boldsymbol{I}_{xy} \leftarrow \boldsymbol{I}_{xy} + [\boldsymbol{f}_1 \quad \boldsymbol{f}_2 \quad \boldsymbol{f}_3][\alpha_1\lambda_1 \quad \alpha_2\lambda_2 \quad \alpha_3\lambda_3]^{\mathrm{T}} \tag{10.8}$$

10.5.5　图形处理器与并行计算

迄今为止，几乎所有深度学习的研究和应用都采用图形处理器（GPU）训练的方式。大体有两个原因：其一，采用 GPU 训练的方式大大缩短了训练网络所需要的时间，尤其是现在的网络动辄几十层甚至是上百层，若由 CPU 进行计算，那么耗时是巨大的；其二，成本降低，随着 GPU 技术的日渐成熟，采购 GPU 所用的成本也大大减少。另一个常用于加快计算速度的方式是并行计算。用多个处理器协同处理同一个问题，虽然增加了硬件成本，但是时间成本大大降低。

10.6　全卷积神经网络与图像的分割

10.6.1　全卷积神经网络

卷积神经网络通常在多个卷积层之后接上几个全连接层，使卷积层产生的特征图能被映射为特征向量。这样的卷积神经网络结构适用于图像级别的分类任务，如 AlexNet 最后输出一个 1000 维的向量表示输入图像属于每一类的概率。不同于基于图像级别的分类任务，图像的分割是将图像中一些特定的区域从图像中分割出来，也就是说分割是在像素级别完成的。

有一种网络架构不含全连接层，所有要训练的参数都来自卷积层，故称这样的网络为全卷积网络（Long et al.，2015）（fully convolutional network，FCN）。FCN 从卷积层输出的特征中恢复出每个像素所属的类别，也就是对图像进行像素级的分类，从而解决了语义级别的图像分割问题。与经典的卷积神经网络在卷积层后使用全连接层得到固定长度的特征向量进行分类不同，FCN 采用反卷积层对卷积层的特征图进行上采样，使它恢复到输入图像相同的尺寸，从而可以对每一个像素都产生一个预测，同时保留了原始输入图像中的空间信息。图 10.12 中从左至右分别是 8 倍上采样、4 倍上采样、2 倍上采样全卷积神经网络，来自 Wang 等（2016）公开发表的工作。

10.6.2　图像分割

采用图 10.12 所示的网络对脑组织中的灰质（GM）、白质（WM）和脑脊液（CSF）进行

分割。数据来自开放的互联网脑分割库（internet brain segmentation repository，IBSR）。这里，我们采用的是 T1 加权项数据，数据集名称为 IBSR_V2.0 skull-stripped NIfTI，层间距 1.5mm，共有 18 个个体的核磁共振脑影像数据，年龄位于 7~71 岁，4 女 14 男，具体信息如表 10.4 所示。每组样本的编号文件内都有 6 个子文件，其文件名称及对应的说明见表 10.5。

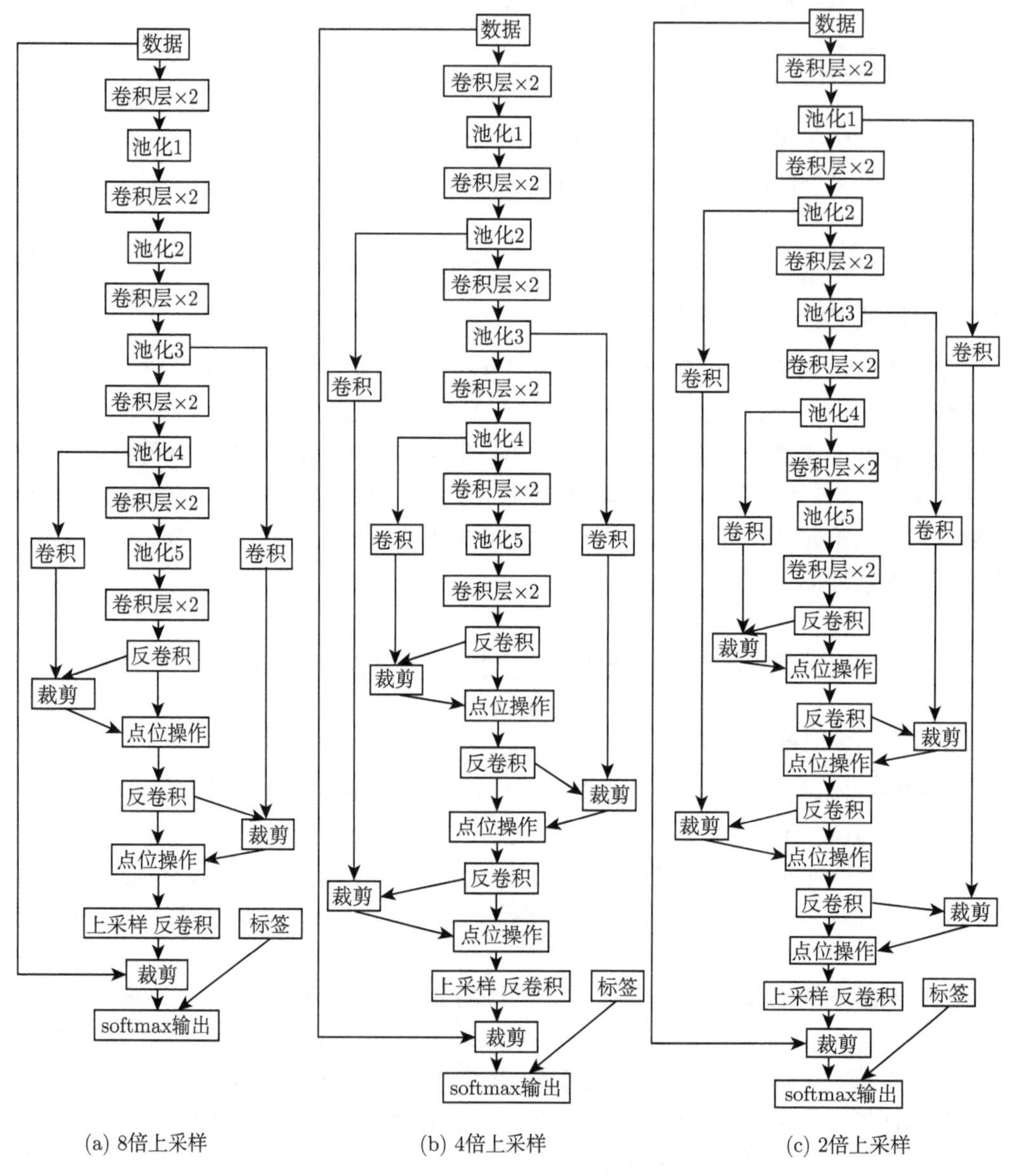

(a) 8倍上采样　(b) 4倍上采样　(c) 2倍上采样

图 10.12　全卷积神经网络

本章将使用 IBSR_##_ana_strip.nii 数据作为训练数据，使用 IBSR_##_segTRI_fill_ana.nii 文件数据作为标签数据，标签数据文件将脑影像数据分为四类：背景像素、脑脊液、灰质和白质，对应的像素值分别为 0、1、2、3。选取年龄为青少年的 4 组样本作为训练集，对应于表 10.4 中的样本号为 03、04、13、14。在 Linux/Ubuntu 平台上使用 nifti2dicom 将这

4 组样本的 IBSR_##_ana_strip.nii 和 IBSR_##_segTRI_fill_ana.nii 文件沿 z 轴方向转化为 DICOM 格式的切片数据，每个文件会生成 256 张切片。之后对图像进行切分，最大保留有效信息，去除多余的背景像素，以保证分割和训练速度，图 10.13 是 03 号样本第 150 个切片的脑影像数据和标签数据，由于原图过暗，所以像素值乘以了某一倍数。在全卷积网络的训练中，为了消除照度的影响，所有训练数据在进行卷积之前往往先进行去均值操作，也就是将每一个像素值都减去图像的均值。

表 10.4　用于训练和测试的 18 个样本

样本号	性别	年龄	样本号	性别	年龄
01	男	37	10	女	35
02	男	41	11	女	59
03	女	青少年	12	男	71
04	男	青少年	13	男	青少年
05	男	41	14	男	青少年
06	男	46	15	男	8
07	女	70	16	男	7
08	男	60	17	男	8
09	男	41	18	男	13

表 10.5　子文件名称及其说明

子文件名称	子文件说明
IBSR_##_ana.nii	原始影像
IBSR_##_ana_brainmask.nii	大脑掩模
IBSR_##_ana_strip.nii	将掩模作用于大脑影像，仅留下大脑影像
IBSR_##_seg_ana.nii	将大脑分为 84 种解剖结构
IBSR_##_segTRI_ana.nii	将 84 个解剖结构分为三类：灰质、白质、脑脊液
IBSR_##_segTRI_fill_ana.nii	将位于大脑掩模内，并且未被标注的背景像素标记为脑脊液

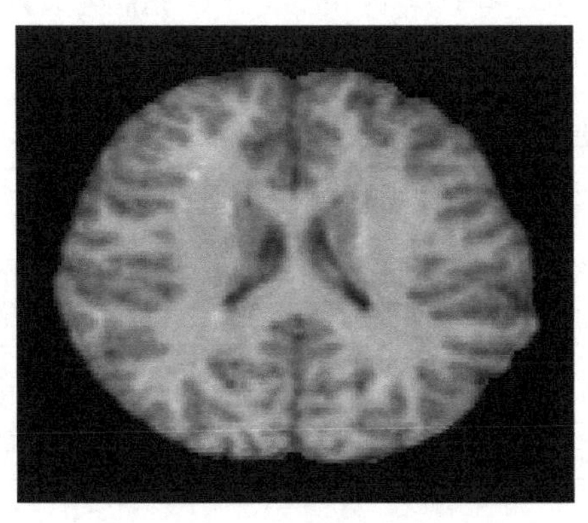

(a) 脑影像数据

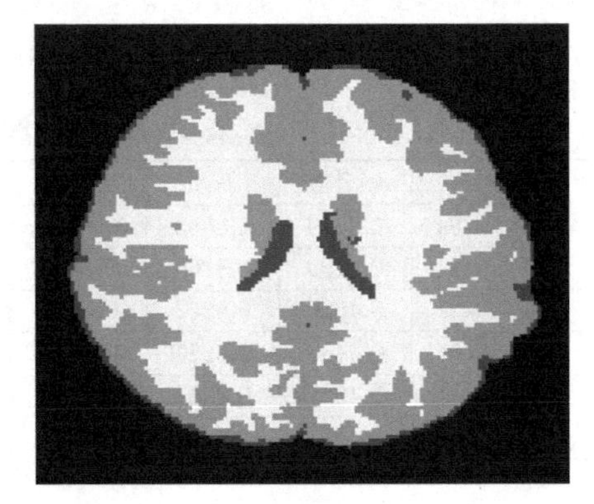

(b) 标签数据

图 10.13　03 号样本第 150 层脑影像数据及其标签数据

生成训练集调用 Python 接口实现，先利用 Python 的 pydicom 模块中的 dcmread 读取训练样本中的切片数据。读取完毕后，随机选取五分之四的数据作为训练集，余下的五分之一数据作为验证集。选取的 4 组样本中共有 $256 \times 4 = 1024$ 张图像，所以真正用于训练网络所使用的数据量为 $1024 \times \frac{4}{5} = 819$ 张图像。将数据集分成训练集和验证集后，将所有尺寸为 128×256 的原始图像切成 128×155，以剔除多余的背景像素。

训练网络过程中，采用固定的学习率 1.0×10^{-10}，动量参数取值 0.99。图 10.14 给出了采用 FCN 对 02 号样本和 03 号样本第 150 层切片进行分割得到的结果。图中第一行对应 02 号样本，第二行对应 03 号样本。从左到右：(a) 是原始图像，(b) 是标签图像，(c) 是 FCN-8s 分割结果，(d) 是 FCN-4s 分割结果，(e) 是 FCN-2s 分割结果。FCN-8s、FCN-4s 和 FCN-2s 的网络架构分别由图 10.12 (a)、(b) 和 (c) 给出。

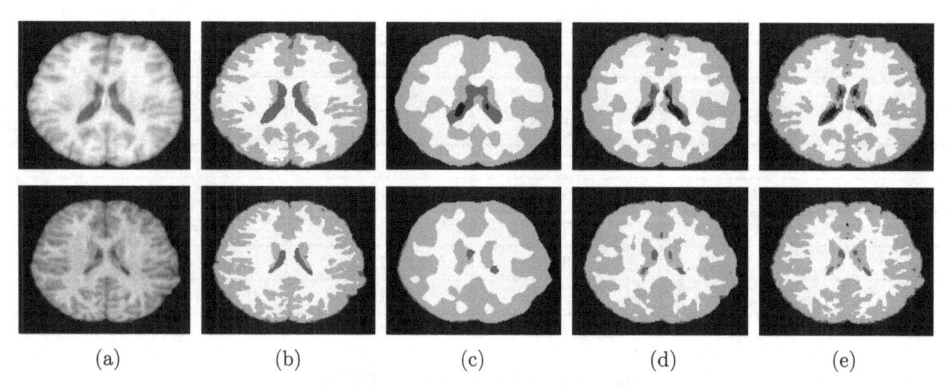

(a)　(b)　(c)　(d)　(e)

图 10.14　02 号样本和 03 号样本第 150 层切片分割效果

图像分割中常常采用 Dice 比率（Dice ratio）作为分割评价指标，定义如下：

$$\text{DiceRatio}(A, B) = \frac{2 \times |A \bigcap B|}{|A| + |B|} \tag{10.9}$$

式中，A 是标签像素集；$|A|$ 是集合 A 中的总像素；B 是网络分割出的像素集；$|B|$ 是集合 B 中的总像素；$|A \cap B|$ 是集合 A 和集合 B 共同的像素。显然，对于完全错误的分割，A 和 B 无交集，Dice 比率为 0，当 A 和 B 一致时，Dice 比率为 1。将 01 号样本、02 号样本、05 号样本和 17 号样本作为训练好的 FCN 的测试集。表 10.6 是测试得到的结果。

表 10.6　测试集上的 Dice 比率

样本号	网络	脑脊液	灰质	白质	样本号	网络	脑脊液	灰质	白质
01	FCN-8s	0.3570	0.8363	0.7702	05	FCN-8s	0.2678	0.8051	0.7765
	FCN-4s	0.4199	0.8365	0.7863		FCN-4s	0.3260	0.8122	0.8046
	FCN-2s	0.4620	0.8257	0.7960		FCN-2s	0.4111	0.8096	0.8181
02	FCN-8s	0.3400	0.8227	0.7884	17	FCN-8s	0.3421	0.8551	0.7395
	FCN-4s	0.4327	0.8358	0.8187		FCN-4s	0.4415	0.8744	0.7931
	FCN-2s	0.4994	0.8357	0.8393		FCN-2s	0.4855	0.8730	0.8234

10.7　深度卷积神经网络在 DNA 序列分析中的应用

DNA 序列是由 A、G、T、C 四个碱基组成的一维序列。一张尺寸为 $P \times Q$ 的图像形成一个 Q 行、P 列的矩阵，一个长度为 Q 的一维序列组成一个 Q 行、1 列的矩阵。所以从数据上看，DNA 序列和图像没有什么区别，只不过是其中一个维度的尺寸为 1 而已。从代码实现角度看，只要将处理图像时对应列的实参赋值 1 就可以直接处理 DNA 序列或时间序列。

本节将采用深度卷积神经网络提取 DNA 序列的特征（Zhang et al.，2018）。图 10.15 展示了怎样将 DNA 序列数字化及其接下来的卷积过程。序列中的每一个碱基都被转换成一个含有四个元素的向量，其中一个元素的值为 1，其余元素值为 0。A、C、G 和 T 四个碱基转换成向量时，值为 1 的位置是不同的。

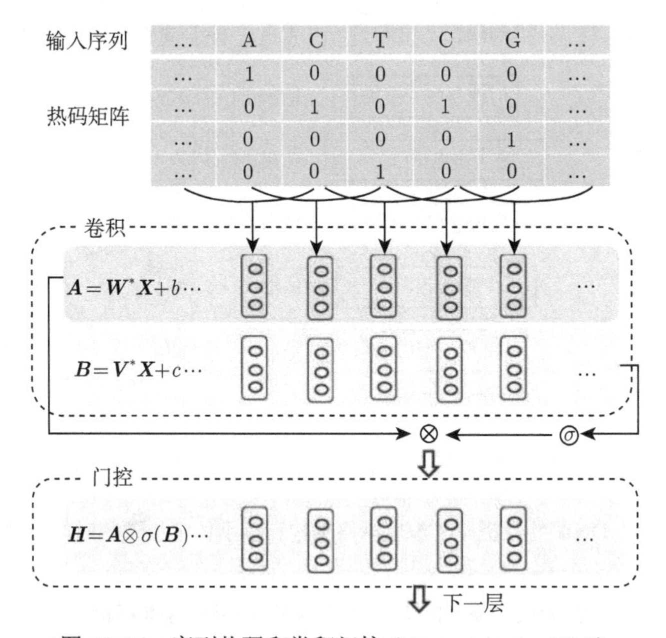

图 10.15　序列热码和卷积门控（Zhang et al.，2018）

为了增强网络训练过程中的稳定性，我们对卷积加了一个门控。门控思想来自循环神经网络。图 10.15 还展示了门控过程：对于每一次输入，进行两次卷积，将其中一次卷积结果（**B**）中的每一个分量经 Sigmoid 函数转换为一个位于（0 1）区间的值，然后将转换后的结果和另外一个卷积的结果进行点位积。

对于 DNA 序列进行的特征提取，图 10.16 左侧所示是一个效果非常好的通用的深度卷积神经网络架构（Zhang et al.，2018），其中门控卷积-A 模块、门控卷积-B 模块和门控卷积-C 模块在图 10.17 中给出。图 10.17 的各个模块中：1×1、7×1、11×1 指的是卷积核的尺寸；所有（*）中的 * 指的是输出的特征图的个数，也就是卷积核的个数；$\otimes$ 代表点位乘积；ⓢ 代表由 Sigmoid 函数构成的 σ 门。各图中每一次卷积后都连接有 ReLU 单元。

核小体序列是缠绕在组蛋白八聚体外的一段长约 147 个碱基的核苷酸序列。我们用标记好的核小体序列训练图 10.16 所示的网络，输入数据的尺寸以及各个层输出的特征图的尺寸展示在图 10.16 的右侧。用训练好的网络识别人（H. sapiens）、线虫（C. elegans）和果蝇（D. melanogaster）基因组中的核小体，网络性能的指标值如表 10.7 所示。

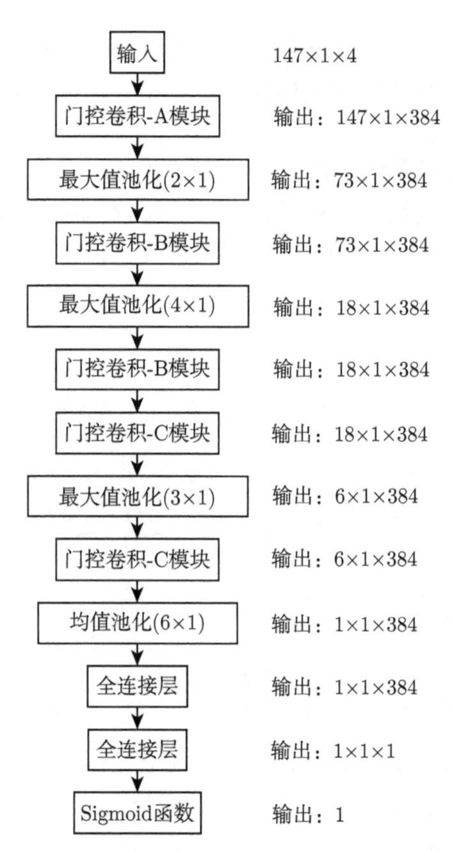

图 10.16　用于 DNA 特征提取的深度网络架构和核小体定位预测时的特征输出尺寸

表 10.7　20 折交叉验证下得到的网络性能指标

物种	灵敏度	特异度	准确度	马修相关系数	ROC 曲线下面积
人	0.9212	0.8562	0.8889	0.7906	0.9412
线虫	0.9339	0.9041	0.9188	0.8444	0.9653
果蝇	0.8974	0.8713	0.8847	0.7828	0.9401

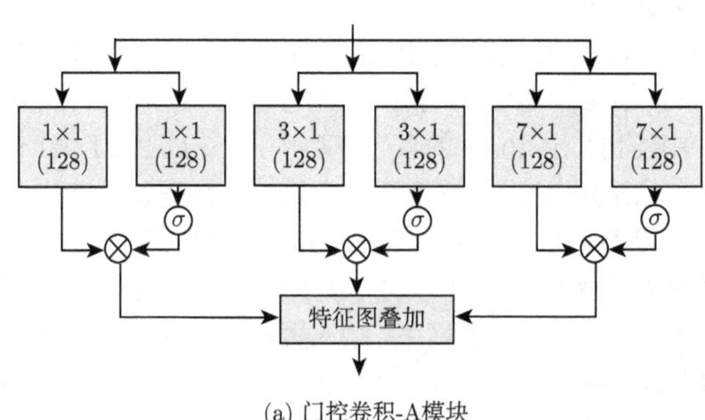

(a) 门控卷积-A模块

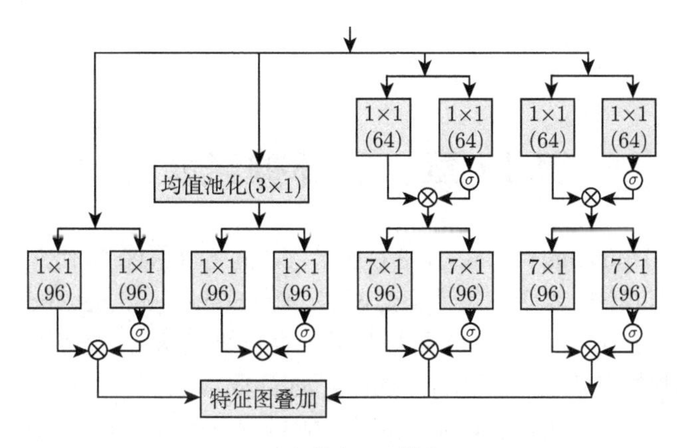

(b) 门控卷积-B模块

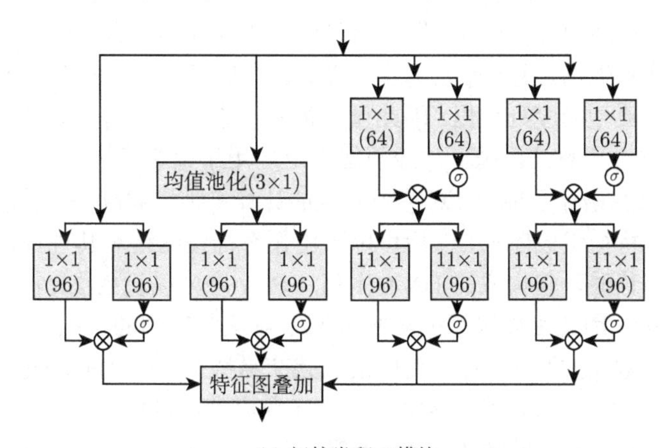

(c) 门控卷积-C模块

图 10.17　三个不同的门控卷积模块

思考与练习

1. 残差网络中，如果恒等映射的输出通道数和残差层的输出通道数不一致该怎么办？

2. 仔细比较全卷积神经网络 8 倍上采样、4 倍上采样、2 倍上采样的网络结构，想象一下由它们分割出来的图像有什么区别。

3. 对相同的数据集，分别训练 AlexNet、InceptionNet 和残差网络，对该数据集进行分类，对分类结果进行评判和比较。

第 11 章　循环神经网络

循环神经网络（Rumelhart et al.，1986）始于 20 世纪 80~90 年代，并在 21 世纪初发展成为重要的深度学习算法，其中长短期记忆网络（Hochreiter and Schmidhuber，1997）（long short-term memory networks，LSTM）是最常见的循环神经网络。循环神经网络对历史具有记忆性、全网络参数共享并且图灵完备（Turing completeness）。

循环神经网络（recurrent neural network，RNN）是一类人工神经网络，它是节点之间沿着序列发展方向连接形成的有向图。循环神经网络的特别结构使它能展现出系统的时间动力学行为。不同于前向神经网络，循环神经网络可以利用其内部状态（记忆）处理输入的序列。这样一来，只要是序列数据，无论来自哪个专业领域，都可以尝试采用循环神经网络进行建模。自然语言数据是典型的序列数据，因此循环神经网络是自然语言处理（natural language processing，NLP）的重要算法。循环神经网络广泛应用于语音识别、机器翻译、文本分类、社交网站数据挖掘以及语音合成等。对基于视频的计算机视觉问题，采用卷积神经网络逐帧提取图像特征，这些特征组成序列，然后可以采用循环神经网络对其进行建模与预测。在生物学领域，由四个核苷酸残基构成的 DNA 序列、RNA 序列以及由 20 个氨基酸组成的蛋白质序列都是序列数据，因此可以采用循环神经网络对这些序列的一些重要生物学特征进行建模和预测。某些金融类的数据，如股市中的股票交易数据，也是序列数据，也有人尝试采用循环神经网络对其建模。循环神经网络为序列问题提供端对端解决方法，从输入端到输出端，端对端方法提供问题的完整解决方案，不需要将一个问题分成若干子问题然后采用不同的方法分步求解，例如，端到端的语音识别系统，从语音（输入端）到文字（输出端）只需要一个神经网络模型。

11.1　循环的含义

让我们考虑由外部输入信号序列 $\boldsymbol{x}^1,\cdots,\boldsymbol{x}^{t-1},\boldsymbol{x}^t,\cdots$ 驱动的动态循环系统：

$$\boldsymbol{h}^t = f(\boldsymbol{h}^{t-1}, \boldsymbol{x}^t; \theta) \tag{11.1}$$

式中，$\boldsymbol{h}^{t-1}$ 和 $\boldsymbol{h}^t$ 是该系统在 $t-1$ 和 t 处的状态；θ 是系统的参数。式（11.1）表明该动态系统是一个循环系统，因为系统在 t 处的状态依赖于 $t-1$ 处的状态，而在 $t-1$ 时状态又依赖 $t-2$ 时的状态，这种依赖一直进行下去直至系统的起始，而这种依赖关系具有相同的函数形式：

$$\boldsymbol{h}^t = f(f(\boldsymbol{h}^{t-2}, \boldsymbol{x}^{t-1}; \theta), \boldsymbol{x}^t; \theta) \tag{11.2}$$

式（11.1）或式（11.2）可以用一个有向无环图表示（图 11.1），这是一个只有输入没有输出的循环神经网络。图中的圆圈是网络中的节点，也可以理解成循环神经网络的神经元。从式（11.1）或式（11.2）看出，循环公式中，参数都是记为 θ，而不是 θ^t。这意味着，系统在循环的过程中，参数是共享的。式（11.1）中，t 是序列中元素的索引号，沿着序列的发展方向，t 从小到大编号。因为时间序列是最早得到深入研究的序列，当我们提到序列中元素的索引号时，常常会称它为“时间”。本章中的许多地方会借用“时间”指代这个索引号，这只是一个习惯称呼，并非就是时间，因为序列常常并非时间序列。

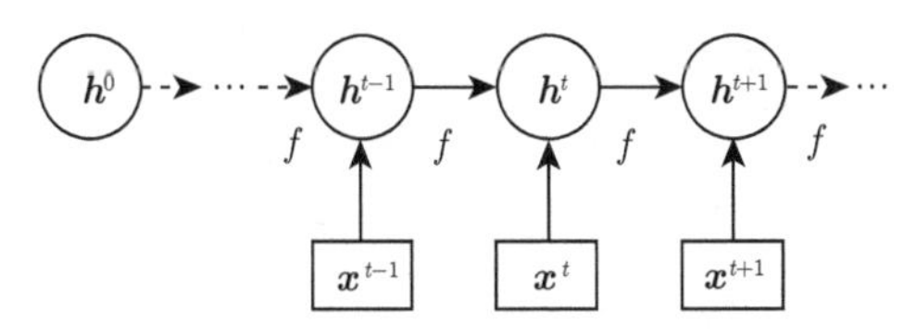

图 11.1　没有输出的循环神经网络

当前神经元的状态 $\boldsymbol{h}^t$ 由序列 $\boldsymbol{x}^1,\cdots,\boldsymbol{x}^t$ 生成，常常认为 $\boldsymbol{h}^t$ 是序列 $\boldsymbol{x}^1,\cdots,\boldsymbol{x}^t$ 的抽象表征。t 时的状态 $\boldsymbol{h}^t$ 只和 $t-1$ 时的状态以及当前输入 $\boldsymbol{x}^t$ 显性相关，我们可以认为状态变量 $\boldsymbol{h}$ 在不同的循环步 t 处具有相同的长度（分量个数），而这个长度和外界输入信号序列的长度无关，正是这个原因，才使得在每个循环步可以采用相同的函数 f，并共享参数 θ；更进一步，学习得到的函数，包括其中的参数 θ，具有更好的泛化能力，即使对于长度没有包含在训练集中的序列，该函数仍然适用。

11.2　循环神经网络的架构

式（11.1）中，之所以用 $\boldsymbol{h}$ 表示状态，是因为我们认为状态是隐藏的（hidden）。但是隐含的状态 $\boldsymbol{h}^t$ 可以有输出 $\boldsymbol{o}^t$，它是模型给出的可观测向量，将其和真值比较就可以定义损失。图 11.2 是经典的循环神经网络，其中，圆圈或方块表示一个向量，箭头表示对箭头起始端向量进行一次数学操作得到箭头结束端的向量。输入 $\boldsymbol{x}^t$ 到隐状态 $\boldsymbol{h}^t$ 的连接权重为 $\boldsymbol{U}$，隐状态之间的连接权重为 $\boldsymbol{W}$，隐状态到输出之间的连接权重为 $\boldsymbol{V}$。这里 $\boldsymbol{W}$、$\boldsymbol{U}$、$\boldsymbol{V}$ 都是二阶张量（矩阵），$\boldsymbol{h}^t$、$\boldsymbol{o}^t$、$\boldsymbol{x}^t$ 等都是一阶张量（列向量）。一个二阶张量和一个一阶张量的内积得到的结果是一个一阶张量。

对于图 11.2 所示网络，t 时刻的隐状态 $\boldsymbol{h}^t$ 有两路输入 $\boldsymbol{h}^{t-1}$ 和 $\boldsymbol{x}^t$，以及一路输出 $\boldsymbol{o}^t$。假设输入序列的总长度为 τ，从初始状态 $\boldsymbol{h}^0$ 出发，从 $t=1$ 到 $t=\tau$，隐状态 $\boldsymbol{h}^t$ 和输出 $\boldsymbol{o}^t$ 满足以下前向传播公式：

$$\begin{aligned}
\boldsymbol{a}^t &= \boldsymbol{W}\cdot\boldsymbol{h}^{t-1}+\boldsymbol{U}\cdot\boldsymbol{x}^t+\boldsymbol{b}\\
\boldsymbol{h}^t &= \tanh(\boldsymbol{a}^t)\\
\boldsymbol{o}^t &= \boldsymbol{V}\cdot\boldsymbol{h}^t+\boldsymbol{c}\\
\hat{\boldsymbol{y}}^t &= \mathrm{softmax}(\boldsymbol{o}^t)
\end{aligned}\tag{11.3}$$

式中，$\boldsymbol{b}$ 和 $\boldsymbol{c}$ 是偏置向量；softmax 函数将输出向量 $\boldsymbol{o}^t$ 转换成每个分量都在 $(0,1)$ 区间取值的拟概率向量 $\hat{\boldsymbol{y}}^t$，它是模型输出的真实的概率 $\boldsymbol{y}^t$ 的估计值。t 时刻的损失 z^t 体现估计值 $\hat{\boldsymbol{y}}^t$ 和真值 $\boldsymbol{y}^t$ 之间的差异。尽管在图 11.2 中没有指定隐藏单元（状态）的激活函数，在公式里，状态 $\boldsymbol{h}^t$ 的激活采用了双曲正切激活函数。如果用矩阵表示式（11.3），只需要去掉该式中的内积符号“·”。

图 11.2 所示的网络将外部输入序列映射到一个长度相同的输出序列。假设在任何时刻 t，输出向量 $\boldsymbol{o}^t$ 由 n 个分量组成，即 $\boldsymbol{o}^t=(o_1^t,\cdots,o_n^t)$，则通过 softmax 函数将输出 $\boldsymbol{o}$ 映射成概率向量:

$$\hat{\boldsymbol{y}}^t=(\hat{y}_1^t,\cdots,\hat{y}_n^t) \tag{11.4}$$

式中，$\hat{y}_i^t$ 由 softmax 函数给出，即

$$\hat{y}_i^t=\frac{\mathrm{e}^{o_i^t}}{\sum\limits_{j=1}^{n}\mathrm{e}^{o_j^t}},\quad i=1,2,\cdots,n \tag{11.5}$$

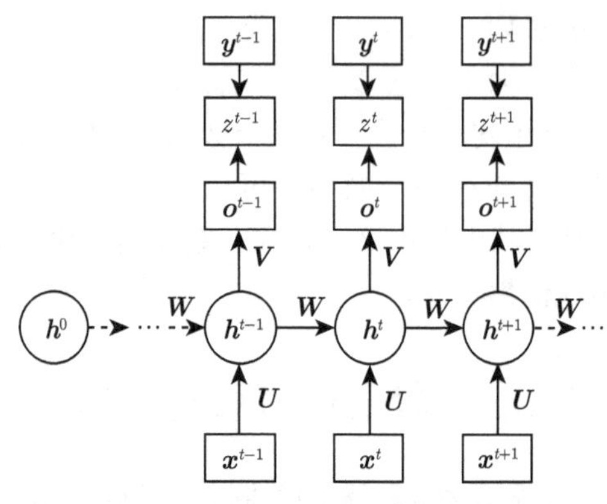

图 11.2　输出输入序列长度相同的经典循环神经网络

与图 11.2 中每个时刻都有输出不同，图 11.3 是整个序列输入结束时才有单个输出的循环神经网络，我们可以采用这种结构概括输入序列，输出一个序列的表征。图 11.3 中，L 表示网络的输出 o^τ 和真实值 y^τ 之间的差异，也就是网络的损失。这样的网络能用来对输入序列进行分类，例如，输入一段文字判断其是否传载负面信息，输入一段音乐辨别它所表达的情感等。

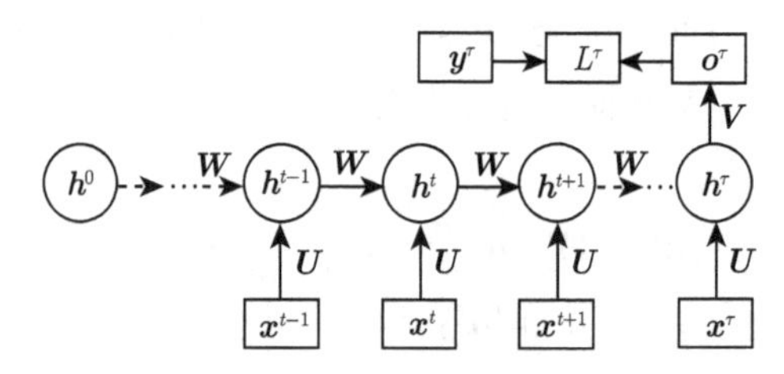

图 11.3　整个序列输入结束时才有单个输出的循环神经网络

图 11.4 中，输入只有一个，图中标为 $\boldsymbol{x}$，但是输出为一个完整的序列。图中，L^t 表示网络 t 时刻的输出 o^t 和真实值 y^t 之间的差异，也就是网络的损失。这种类别的网络结构又分成两种情形，图 11.4 (a) 中，只在起始时刻有输入，图 11.4 (b) 中，每一个时刻有相同的输入。这类网络可用于由图像生成文字序列，其功能有点像看图说话。例如，由患者的 CT 或 MRI 图像自动生成由文字叙述的医疗诊断报告，首先通过深度卷积神经网络识别图像中的病灶特征表示，然后将这些特征作为一个 RNN 的输入，让其生成医学诊断报告。

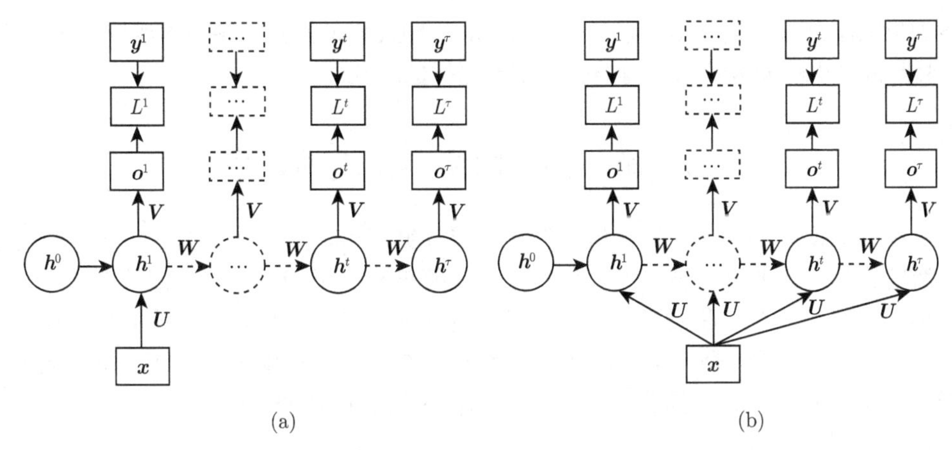

(a)　(b)

图 11.4　由单一的输入生成整个序列的循环神经网络

图 11.2 所示的网络是将一个序列映射为另一个等长的序列；图 11.3 所示的网络是将一个序列映射成一个向量；图 11.4 所示的网络是将一个向量映射成一个序列。现在我们来考虑怎样将一个输入序列映射为一个不等长的输出序列。这是一个非常实际的问题，例如，将英译汉或汉译英，尽管输入序列和输出序列高度相关，不排除偶尔两条序列长度相同，但是大都数时候它们是不等长的。如图 11.5 所示，将一个输入序列映射为一个不等长的输出序列历经两个过程，首先是通过一个循环神经网络将输入的序列编码成一个向量 $\boldsymbol{C}$，然后通过另一个循环神经网络将 $\boldsymbol{C}$ 映射为一个序列。通常将 $\boldsymbol{C}$ 称作上下文向量。将输出上下文向量的网络称为编码器（encoder）；将上下文映射为序列的网络称作解码器（decoder）。编码器输出的上下文向量 $\boldsymbol{C}$ 通常是编码器的最终隐状态 $\boldsymbol{h}^\tau$ 的简单函数，最直接的方法就是把编码器最后的隐状态 $\boldsymbol{h}^\tau$ 直接赋值给 $\boldsymbol{C}$。和图 11.3、图 11.4 所示的网络类似，上下文向量 $\boldsymbol{C}$ 输入给解码器至少可以采用两种方式：将 $\boldsymbol{C}$ 直接赋值给解码器的初始状态（图 11.5（a））和将 $\boldsymbol{C}$ 连接到解码器的每个时间步的隐藏单元（图 11.5（b））。图 11.5 中，编码器输入的序列的长度为 τ，解码器输出的序列长度为 T。当编码器的输入序列较长时，上下文向量 $\boldsymbol{C}$

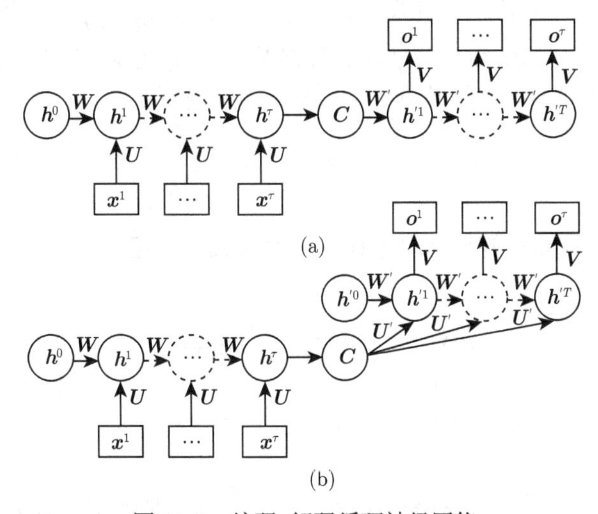

(b)

图 11.5　编码–解码循环神经网络

的维度如果太小就有可能概括不了这个序列，从而导致解码得到的序列出现较大的偏差，例如，当机器将汉语翻译成英语时可能会观察到这样的现象。

11.3 循环神经网络中梯度的计算

在卷积神经网络中，我们只在最后的输出层计算损失，然后计算损失对每一个隐层滤波器参数的梯度，再通过和梯度结合的算法，如随机梯度下降法，修正滤波器参数。有别于卷积神经网络每一个卷积层都有属于自己的滤波器参数，且只有在最终的输出层计算损失，在循环神经网络中，所有的时间步之间参数是共享的，且每一个隐状态层的输出都会产生损失。循环神经网络中损失的反向传播称作时间反向传播（back-propagation through time，BPTT）。

参数的训练依赖损失反向传播过程中梯度的计算，现在，我们参照经典的循环神经网络架构（参考图 11.5）计算损失对参数的梯度，这里给出的计算方法对其他循环神经网络损失梯度的计算具有借鉴意义。对于长度为 τ 的输入序列 $\boldsymbol{x}^1,\cdots,\boldsymbol{x}^\tau$，与之配对的输出序列为 $\boldsymbol{y}^1,\cdots,\boldsymbol{y}^\tau$，输出的总损失 z 是所有时间步的损失之和。对于输入序列，输出的目标是 $\boldsymbol{y}^t$，概率为 1，模型预测的输出为 $\boldsymbol{y}^t$ 的概率为 $p_{\text{model}}(\boldsymbol{y}^t|\boldsymbol{x}^1,\cdots,\boldsymbol{x}^t)$，采用交叉熵损失函数，总损失为

$$z=\sum_t z_t=-\sum_t \log p_{\text{model}}(\boldsymbol{y}^t|\boldsymbol{x}^1,\cdots,\boldsymbol{x}^t) \tag{11.6}$$

假设 $\boldsymbol{y}^t$ 只有一个分量为 $y^t=1$，其他分量都是 0，从 $\hat{\boldsymbol{y}}^t$ 中读取与这个非零分量对应的 $\hat{y}_i^t$，对其取负对数作为 t 时间步的损失，如果 $\hat{y}_i^t=1$，则损失 $z^t=0$；如果 $\hat{y}_i^t$ 和 1 比很小，则损失就非常大，总损失为

$$z=\sum_{t=1}^{\tau} z^t=-\sum_{t=1}^{\tau}\log \hat{y}_i^t \tag{11.7}$$

图 11.5 所展示的循环神经网络包含的参数有 $\boldsymbol{U}$、$\boldsymbol{V}$、$\boldsymbol{W}$、$\boldsymbol{b}$ 和 $\boldsymbol{c}$，我们需要计算误差对其中每一个参数的梯度，也就是要计算 $\dfrac{\partial z}{\partial \boldsymbol{U}}$、$\dfrac{\partial z}{\partial \boldsymbol{V}}$、$\dfrac{\partial z}{\partial \boldsymbol{W}}$、$\dfrac{\partial z}{\partial \boldsymbol{c}}$、$\dfrac{\partial z}{\partial \boldsymbol{b}}$，其中 z 是误差函数。有了梯度，就可以由任何和梯度结合的技术训练参数，例如，由随机梯度下降方法，计算从第 k 次训练到第 $k+1$ 次训练，时间节点 t 处参数 $\boldsymbol{W}$ 的更新：

$$(\boldsymbol{W}^t)^{k+1}=(\boldsymbol{W}^t)^k-\eta\cdot\frac{\partial z}{\partial(\boldsymbol{W}^t)^k} \tag{11.8}$$

式中，η 是学习率。回顾卷积神经网络中损失相对参数的梯度：

$$\frac{\partial z}{\partial(\boldsymbol{W}^l)^{\mathrm{T}}}=\frac{\partial z}{\partial(\boldsymbol{X}^{l+1})^{\mathrm{T}}}\frac{\partial \boldsymbol{X}^{l+1}}{\partial(\boldsymbol{W}^l)^{\mathrm{T}}} \tag{11.9}$$

$$\frac{\partial z}{\partial(\boldsymbol{X}^l)^{\mathrm{T}}}=\frac{\partial z}{\partial(\boldsymbol{X}^{l+1})^{\mathrm{T}}}\frac{\partial \boldsymbol{X}^{l+1}}{\partial(\boldsymbol{X}^l)^{\mathrm{T}}} \tag{11.10}$$

就第 l 层而言，$\dfrac{\partial z}{\partial(\boldsymbol{X}^{l+1})^{\mathrm{T}}}$ 是损失对输出的梯度，$\dfrac{\partial \boldsymbol{X}^{l+1}}{\partial(\boldsymbol{W}^l)^{\mathrm{T}}}$ 是输出对参数的导数，$\dfrac{\partial \boldsymbol{X}^{l+1}}{\partial(\boldsymbol{X}^l)^{\mathrm{T}}}$ 是

输出对输入的导数。对于经典的循环神经网络（参考图 11.5），t 时刻，网络的隐状态是 $\boldsymbol{h}^t$，除了最后的隐状态 $\boldsymbol{h}^\tau$ 只有一路输出 $\boldsymbol{o}^\tau$ 之外，其他的隐状态都有两路输出：$\boldsymbol{h}^{t+1}$ 和 $\boldsymbol{o}^t$。损失对隐状态的梯度是两路输出对应的梯度之和，类比式（11.10），我们得到损失对隐状态的梯度：

$$\frac{\partial z}{\partial(\boldsymbol{h}^t)^{\mathrm{T}}}=\frac{\partial z}{\partial(\boldsymbol{h}^{t+1})^{\mathrm{T}}}\frac{\partial \boldsymbol{h}^{t+1}}{\partial(\boldsymbol{h}^t)^{\mathrm{T}}}+\frac{\partial z}{\partial(\boldsymbol{o}^t)^{\mathrm{T}}}\frac{\partial \boldsymbol{o}^t}{\partial(\boldsymbol{h}^t)^{\mathrm{T}}} \tag{11.11}$$

对式（11.11）左右两边取转置得到

$$\frac{\partial z}{\partial \boldsymbol{h}^t}=\left(\frac{\partial \boldsymbol{h}^{t+1}}{\partial(\boldsymbol{h}^t)^{\mathrm{T}}}\right)^{\mathrm{T}}\frac{\partial z}{\partial \boldsymbol{h}^{t+1}}+\left(\frac{\partial \boldsymbol{o}^t}{\partial(\boldsymbol{h}^t)^{\mathrm{T}}}\right)^{\mathrm{T}}\frac{\partial z}{\partial \boldsymbol{o}^t} \tag{11.12}$$

由式（11.3）中第三式得

$$\left(\frac{\partial \boldsymbol{o}^t}{\partial(\boldsymbol{h}^t)^{\mathrm{T}}}\right)^{\mathrm{T}}=\boldsymbol{I}\boldsymbol{V}^{\mathrm{T}}=\boldsymbol{V}^{\mathrm{T}} \tag{11.13}$$

式中，$\boldsymbol{I}$ 为单位矩阵。由式（11.3）中的前两式直接得出（用矩阵代替张量，去掉式（11.3）中的内积符号）

$$\boldsymbol{h}^{t+1}=\tanh(\boldsymbol{a}^{t+1})=\tanh(\boldsymbol{W}\boldsymbol{h}^t+\boldsymbol{U}\boldsymbol{x}^{t+1}+\boldsymbol{b}) \tag{11.14}$$

从而

$$\frac{\partial \boldsymbol{h}^{t+1}}{\partial(\boldsymbol{h}^t)^{\mathrm{T}}}=\frac{\partial \tanh(\boldsymbol{a}^{t+1})}{\partial(\boldsymbol{a}^{t+1})^{\mathrm{T}}}\frac{\partial \boldsymbol{a}^{t+1}}{\partial(\boldsymbol{h}^t)^{\mathrm{T}}}==\left(\boldsymbol{I}-\boldsymbol{H}^{t+1}\right)\boldsymbol{W} \tag{11.15}$$

式中，$\boldsymbol{H}^{t+1}$ 是一个对角矩阵，它的第 i 行、第 i 列的元素为 $(h_i^{t+1})^2$，h_i^{t+1} 是向量 $\boldsymbol{h}^{t+1}$ 的第 i 个分量。将式（11.13）和式（11.15）代入式（11.12）得到

$$\frac{\partial z}{\partial \boldsymbol{h}^t}=\boldsymbol{W}^{\mathrm{T}}\left(\boldsymbol{I}-\boldsymbol{H}^{t+1}\right)^{\mathrm{T}}\frac{\partial z}{\partial \boldsymbol{h}^{t+1}}+\boldsymbol{V}^{\mathrm{T}}\frac{\partial z}{\partial \boldsymbol{o}^t} \tag{11.16}$$

对于长度为 τ 的输入序列，由于各个时间步参数共享，总损失是各个时间步损失之和，$z=\sum_t z^t$。显然，$\dfrac{\partial z}{\partial z^t}=1$。因为目标输出 $\boldsymbol{y}^t$ 和网络的估计 $\hat{\boldsymbol{y}}^t=\mathrm{softmax}(\boldsymbol{o}^t)$ 都是向量，假设目标输出 $\boldsymbol{y}^t$ 只有 1 个分量为 $y^t=1$，其余分量都是 0，$\hat{\boldsymbol{y}}^t$ 中与这个非零分量对应的是第 i 个分量 $\hat{y}_i^t$，则 t 时的损失为

$$z^t=-\log\hat{y}_i^t=-\log(\mathrm{softmax}(\boldsymbol{o}^t))_i \tag{11.17}$$

$$\left(\frac{\partial z^t}{\partial \boldsymbol{o}^t}\right)_i=-\frac{1}{(\mathrm{softmax}(\boldsymbol{o}^t))_i}\frac{\partial(\mathrm{softmax}(\boldsymbol{o}^t))_i}{\partial \boldsymbol{o}_i^t}=\hat{y}_i^t-1 \tag{11.18}$$

总损失对输出 $\boldsymbol{o}^t$ 的梯度的第 i 个分量为

$$\left(\frac{\partial z}{\partial \boldsymbol{o}^t}\right)_i=\left(\frac{\partial z}{\partial z^t}\frac{\partial z^t}{\partial \boldsymbol{o}^t}\right)_i=\left(\frac{\partial z^t}{\partial \boldsymbol{o}^t}\right)_i=\hat{y}_i^t-1 \tag{11.19}$$

类比式（11.10），有了损失 z 对隐状态 $\boldsymbol{h}$ 或对输出 $\boldsymbol{o}^t$ 的梯度，只需要将该梯度乘以该隐状态 $\boldsymbol{h}$ 或输出 $\boldsymbol{o}^t$ 对参数的导数，就可以得到损失 z 对参数的导数，这样一来，可以得出

$$\frac{\partial z}{\partial \boldsymbol{b}}=\sum_t \frac{\partial z}{\partial \boldsymbol{b}^t}=\sum_t \left(\frac{\partial \boldsymbol{h}^t}{\partial (\boldsymbol{b}^t)^{\mathrm{T}}}\right)^{\mathrm{T}} \frac{\partial z}{\partial \boldsymbol{h}^t}=\sum_t \left(\boldsymbol{I}-\boldsymbol{H}^t\right)^{\mathrm{T}} \frac{\partial z}{\partial \boldsymbol{h}^t} \tag{11.20}$$

$$\frac{\partial z}{\partial \boldsymbol{c}}=\sum_t \frac{\partial z}{\partial \boldsymbol{c}^t}=\sum_t \left(\frac{\partial \boldsymbol{o}^t}{\partial (\boldsymbol{c}^t)^{\mathrm{T}}}\right)^{\mathrm{T}} \frac{\partial z}{\partial \boldsymbol{o}^t}=\sum_t \boldsymbol{I}\frac{\partial z}{\partial \boldsymbol{o}^t}=\sum_t \frac{\partial z}{\partial \boldsymbol{o}^t} \tag{11.21}$$

$$\begin{aligned}\frac{\partial z}{\partial \boldsymbol{U}}&=\sum_t \frac{\partial z}{\partial \boldsymbol{U}^t}=\sum_t \left(\frac{\partial \boldsymbol{h}^t}{\partial (\boldsymbol{U}^t)^{\mathrm{T}}}\right)^{\mathrm{T}} \frac{\partial z}{\partial \boldsymbol{h}^t}\\&=\sum_t \left(\frac{\partial \tanh(\boldsymbol{a}^t)}{\partial (\boldsymbol{a}^t)^{\mathrm{T}}}\frac{\partial \boldsymbol{a}^t}{\partial (\boldsymbol{U}^t)^{\mathrm{T}}}\right)^{\mathrm{T}} \frac{\partial z}{\partial \boldsymbol{h}^t}\\&=\sum_t \left((\boldsymbol{I}-\boldsymbol{H}^t)\boldsymbol{I}^{4\mathrm{th}}\boldsymbol{x}^t\right)^{\mathrm{T}} \frac{\partial z}{\partial \boldsymbol{h}^t}\end{aligned} \tag{11.22}$$

$$\frac{\partial z}{\partial \boldsymbol{V}}=\sum_t \frac{\partial z}{\partial \boldsymbol{V}^t}=\sum_t \left(\frac{\partial \boldsymbol{o}^t}{\partial (\boldsymbol{V}^t)^{\mathrm{T}}}\right)^{\mathrm{T}} \frac{\partial z}{\partial \boldsymbol{o}^t}=\sum_t \left(\boldsymbol{I}^{4\mathrm{th}}\boldsymbol{h}^t\right)^{\mathrm{T}} \frac{\partial z}{\partial \boldsymbol{o}^t} \tag{11.23}$$

$$\begin{aligned}\frac{\partial z}{\partial \boldsymbol{W}}&=\sum_t \frac{\partial z}{\partial \boldsymbol{W}^t}=\sum_t \left(\frac{\partial \boldsymbol{h}^t}{\partial (\boldsymbol{W}^t)^{\mathrm{T}}}\right)^{\mathrm{T}} \frac{\partial z}{\partial \boldsymbol{h}^t}\\&=\sum_t \left(\frac{\partial \tanh(\boldsymbol{a}^t)}{\partial (\boldsymbol{a}^t)^{\mathrm{T}}}\frac{\partial \boldsymbol{a}^t}{\partial (\boldsymbol{W}^t)^{\mathrm{T}}}\right)^{\mathrm{T}} \frac{\partial z}{\partial \boldsymbol{h}^t}\\&=\sum_t \left((\boldsymbol{I}-\boldsymbol{H}^t)\boldsymbol{I}^{4\mathrm{th}}\boldsymbol{h}^{t-1}\right)^{\mathrm{T}} \frac{\partial z}{\partial \boldsymbol{h}^t}\end{aligned} \tag{11.24}$$

以上各式中，$\boldsymbol{I}$ 是单位矩阵，$\boldsymbol{I}^{4\mathrm{th}}$ 是四阶单位阵列，如果将以上各式由矩阵形式改写成张量形式，则 $\boldsymbol{I}^{4\mathrm{th}}$ 就是四阶单位张量。注意式（11.20）~式（11.24）中：

$$\frac{\partial z}{\partial \boldsymbol{y}}=\sum_t \frac{\partial z}{\partial \boldsymbol{y}^t},\quad \boldsymbol{y}\text{ 分别为 }\boldsymbol{b}、\boldsymbol{c}、\boldsymbol{U}、\boldsymbol{V}、\boldsymbol{W} \tag{11.25}$$

由于参数 $\boldsymbol{b}$、$\boldsymbol{c}$、$\boldsymbol{U}$、$\boldsymbol{V}$ 和 $\boldsymbol{W}$ 是全局参数，即整个序列共享的参数。针对局部计算，我们设置虚参数 $\boldsymbol{b}^t$、$\boldsymbol{c}^t$、$\boldsymbol{U}^t$、$\boldsymbol{V}^t$ 和 $\boldsymbol{W}^t$，先求出每个时间 t 损失对虚参数的梯度，然后通过求和得到全局的损失对参数的梯度。

11.4　长短期记忆网络

我们期望的循环神经网络能够根据过去的信息预测未来或根据过去的信息增强对当前信息的理解，例如，使用过去的视频段来推测对当前段的理解。如打计算机游戏时，某个画面出现了一个破坏性角色埋伏，一分钟之后这个角色出现了，打游戏的用户很容易根据画面做出决策，现在将玩家换成循环神经网络机器，我们希望它具有和人一样的远程记忆能力，也理解当前的画面，不幸的是，时间间隔稍微长一点，传统的循环神经网络就会丧失记忆。

如图 11.6 所示，我们将经典的循环神经网络的架构稍微做一点变形，姑且将图中阴影覆盖的部分称作处理单元。上一个处理单元的状态 $\boldsymbol{h}^{t-1}$ 和本单元的输入 $\boldsymbol{x}^t$ 经过加权后送给激活函数 tanh，得到本单元的状态 $\boldsymbol{h}^t$。就一个很长的序列来说，离当前处理单元较远的上游单元的信息在进入当前处理单元前要依序进入中间的每一个处理单元，通过每一个处理单元都被加权处理一次，被激活处理一次（参照式（11.3））。这将导致网络长程记忆的快速衰减。理想的循环神经网络是梯度在网络中传播时既不弥散也不爆炸。弥散会导致梯度的消失，爆炸会导致训练参数的急剧变化，这两种情况中的任何一个出现，网络中的参数都得不到训练。梯度的消失或爆炸使循环神经网络无法把握长时间跨度的非线性关系，这就是传统的循环神经网络固有的长期依赖问题。

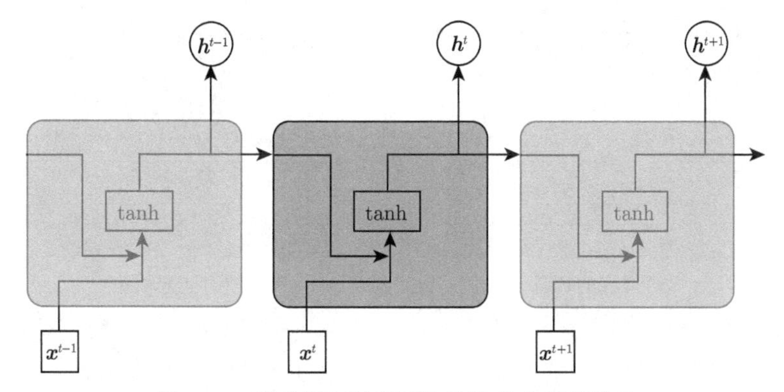

图 11.6　经典循环神经网络的隐状态循环单元

长短期记忆网络的基本处理单元如图 11.7 所示，图中，每一条黑线代表一个向量，它是一个节点的输出，同时也是另一个节点的输入。所有的循环神经网络都是相同的基本处理单元按顺序连接而成的网络，长短期记忆网络也不例外，同样是由基本处理单元组成的链式结构。图中最上面的水平线有点像卷积神经网络中的捷径连接，通过在处理单元间搭建便捷的路径，使网络能够记住大量更长期的信息。

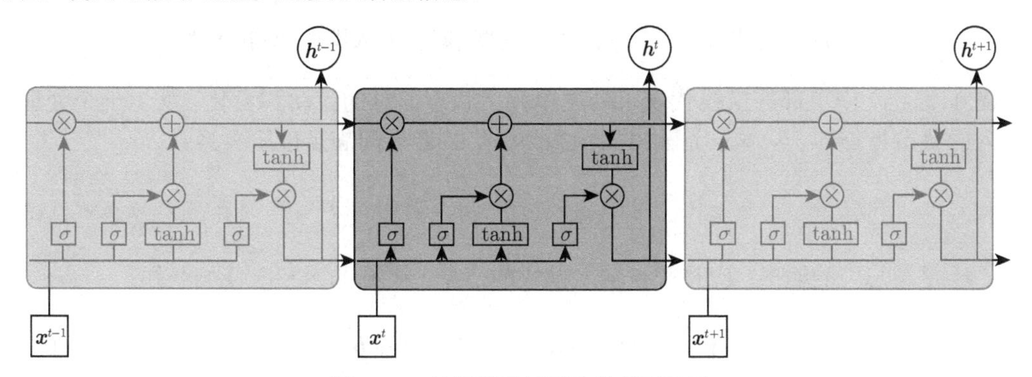

图 11.7　长短期记忆网络的循环单元

和传统的循环神经网络的处理单元只有一个 tanh 激活门不同，LSTM 的处理单元本身就是一个网络。LSTM 包含三个 σ 门，分别对应遗忘门、输入门和输出门，它们保护和控制处理单元状态。门是一种让信息有选择性地通过的方法。每个 σ 门是一个 sigmoid 函数，它将输入信号映射到 $[0,1]$ 区间，0 代表阻止所有信息通过，1 代表所有信息都通过。此外，LSTM 还有三个 $\otimes$ 点位（pointwise operation）操作和一个 $\oplus$ 点位操作，这两种操作分别是两个向量的分量之间相乘和相加。注意，在本章中符号 $\otimes$ 不是克罗内克积，而是将位于它两边的向量逐位相乘，得到一个新的向量。例如，$\boldsymbol{a}=(a_1,a_2,\cdots,a_n)$，$\boldsymbol{b}=(b_1,b_2,\cdots,b_n)$，

则 $\boldsymbol{a} \otimes \boldsymbol{b} = (a_1b_1, a_2b_2, \cdots, a_nb_n)$，$\boldsymbol{a} \oplus \boldsymbol{b} = (a_1+b_1, a_2+b_2, \cdots, a_n+b_n)$。

下面将长短期记忆网络的处理单元按其功能分解为四块，分别是单元的状态、遗忘模块、输入模块和输出模块。

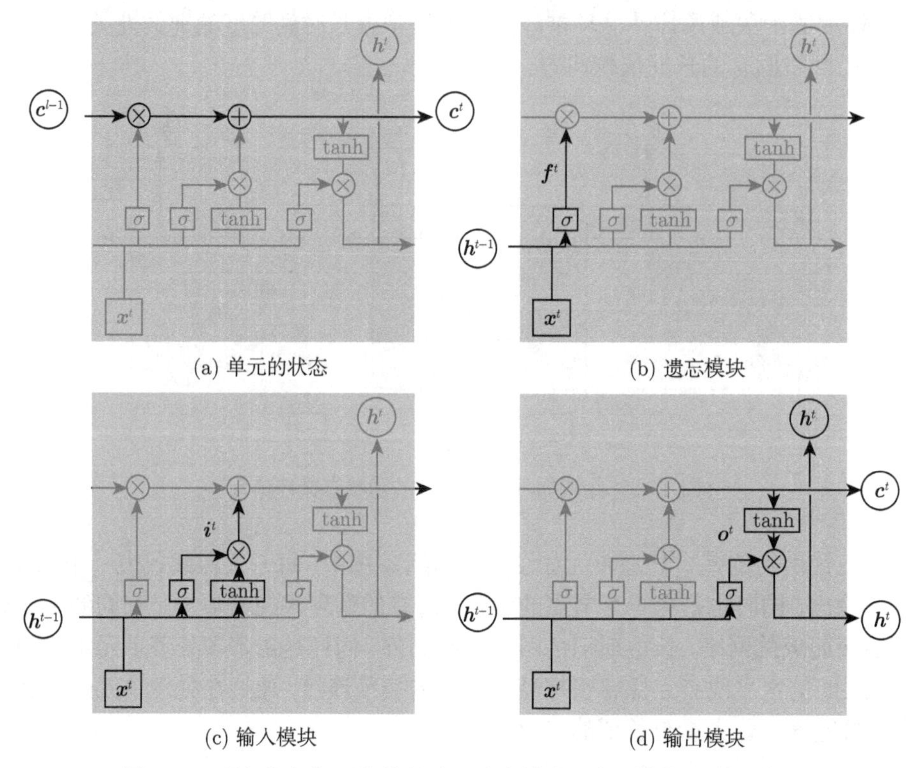

(a) 单元的状态　(b) 遗忘模块　(c) 输入模块　(d) 输出模块

图 11.8　长短期记忆网络的状态、遗忘模块、输入模块和输出模块

图 11.8（a）中上部的横线代表了处理单元上状态信息的流动和变化。从上一个处理单元输入的状态为 $\boldsymbol{c}^{t-1}$，从本单元输出的状态为 $\boldsymbol{c}^t$，二者之间满足以下关系：

$$\boldsymbol{c}^t = \left(\boldsymbol{f}^t \otimes \boldsymbol{c}^{t-1}\right) \oplus \boldsymbol{i}^t \tag{11.26}$$

式中，$\boldsymbol{f}^t$ 是遗忘门的输出；$\boldsymbol{i}^t$ 是来自输入模块的信息。从图 11.8（b）我们获知：

$$\boldsymbol{f}^t = \sigma\left(\boldsymbol{W}_f \cdot \boldsymbol{h}^{t-1} + \boldsymbol{U}_f \cdot \boldsymbol{x}^t + \boldsymbol{b}_f\right) \tag{11.27}$$

式中，σ 代表 sigmoid 函数；$\boldsymbol{W}_f$、$\boldsymbol{U}_f$ 和 $\boldsymbol{b}_f$ 分别是当前输入的权重、上一个单元的输入权重和偏置。来自输入模块的信息 $\boldsymbol{i}^t$ 是两个门控输出的点位乘积，这两个门分别是 σ 门和 tanh 门，有些文献中，这两个门都是 σ。根据图 11.8（b）有

$$\boldsymbol{i}^t = \sigma\left(\boldsymbol{W}_i^\sigma \cdot \boldsymbol{h}^{t-1} + \boldsymbol{U}_i^\sigma \cdot \boldsymbol{x}^t + \boldsymbol{b}_i^\sigma\right) \otimes \tanh\left(\boldsymbol{W}_i^{\tanh} \cdot \boldsymbol{h}^{t-1} + \boldsymbol{U}_i^{\tanh} \cdot \boldsymbol{x}^t + \boldsymbol{b}_i^{\tanh}\right) \tag{11.28}$$

式中，$\boldsymbol{W}_i^\sigma$、$\boldsymbol{U}_i^\sigma$ 和 $\boldsymbol{b}_i^\sigma$ 分别是和 σ 门对应的上一个单元的输入权重、当前输入的权重和偏置；$\boldsymbol{W}_i^{\tanh}$、$\boldsymbol{U}_i^{\tanh}$ 和 $\boldsymbol{b}_i^{\tanh}$ 分别是和 tanh 门对应的上一个单元的输入权重、当前输入的权重和偏置。现在，我们来考虑当前处理单元的输出 $\boldsymbol{h}^t$。由图 11.8（d）可知，输出 $\boldsymbol{h}^t$ 是两路

信息的点位乘积，一路信息是 σ 门的输出，另一路信息是当前单元状态信息 $\boldsymbol{c}^t$ 经 tanh 门后的输出，由此有

$$\boldsymbol{h}^t=\sigma\left(\boldsymbol{W}_o^\sigma\cdot\boldsymbol{h}^{t-1}+\boldsymbol{U}_o^\sigma\cdot\boldsymbol{x}^t+\boldsymbol{b}_o^\sigma\right)\otimes\tanh\left(\boldsymbol{c}^t\right) \tag{11.29}$$

式中，$\boldsymbol{W}_o^\sigma$、$\boldsymbol{U}_o^\sigma$ 和 $\boldsymbol{b}_o^\sigma$ 分别是和 σ 门对应的上一个单元的输入权重、当前输入的权重和偏置。

我们再回头看一看单元之间状态 $\boldsymbol{c}$ 的传输。为了使网络具有长短期记忆功能，LSTM 设计了两个机制，一个是遗忘机制，一个是新增机制。我们已经看到了这两个机制是怎样运行的，即当前单元的状态由两部分构成，一部分是上一个单元的输入被部分遗忘后剩余的，一部分是本单元新增的。遗忘门 σ 输出一个 [0,1] 区间的小数，这个小数决定了前一个时刻的状态 $\boldsymbol{c}^{t-1}$ 以多大比率保留在当前状态，最优的比率通过优化参数 $\boldsymbol{W}_f$、$\boldsymbol{U}_f$ 和 $\boldsymbol{b}_f$ 得到。状态 $\boldsymbol{c}$ 一方面在循环单元间传输，另一方面通过 tanh 门激活结合进单元输出 $\boldsymbol{h}^t$，结果包含了序列信息的长程依赖。

我们需要优化 12 个参数，其中大写黑体字母代表二阶张量、小写黑体字母代表向量，它们分别是 $\boldsymbol{W}_f$、$\boldsymbol{U}_f$、$\boldsymbol{b}_f$、$\boldsymbol{W}_i^\sigma$、$\boldsymbol{U}_i^\sigma$、$\boldsymbol{b}_i^\sigma$、$\boldsymbol{W}_i^{\tanh}$、$\boldsymbol{U}_i^{\tanh}$、$\boldsymbol{b}_i^{\tanh}$、$\boldsymbol{W}_o^\sigma$、$\boldsymbol{U}_o^\sigma$ 和 $\boldsymbol{b}_o^\sigma$。首先计算出损失对参数的梯度，再选择一个合适的梯度算法，这些参数就能够得到有效训练。

11.5　门控循环单元

门控循环单元（Chung et al.，2014）（gated recurrent unit，GRU）是 LSTM 单元的一种变体，其结构如图 11.9 所示。门控循环单元的结构比 LSTM 简单，同样可以学习到长期依赖。

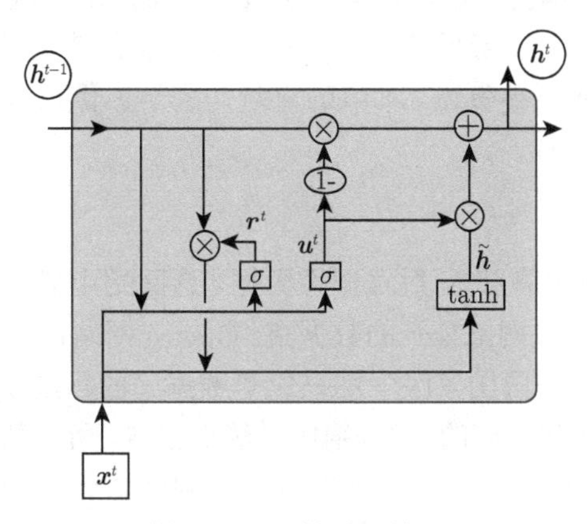

图 11.9　门控循环单元

图 11.9 中有两个 σ 门，左边那个 σ 门称为重置门（reset gate），中间那个 σ 门称为更新门（update gate）。不难看出重置门的输出为

$$\boldsymbol{r}^t=\sigma\left(\boldsymbol{W}_r^\sigma\cdot\boldsymbol{h}^{t-1}+\boldsymbol{U}_r^\sigma\cdot\boldsymbol{x}^t+\boldsymbol{b}_r^\sigma\right) \tag{11.30}$$

式中，$\boldsymbol{W}_r^\sigma$、$\boldsymbol{U}_r^\sigma$ 和 $\boldsymbol{b}_r^\sigma$ 分别是上一个单元的输入权重、当前单元的输入权重和偏置。同理，更新门的输出为

$$\boldsymbol{u}^t=\sigma\left(\boldsymbol{W}_u^\sigma\cdot\boldsymbol{h}^{t-1}+\boldsymbol{U}_u^\sigma\cdot\boldsymbol{x}^t+\boldsymbol{b}_u^\sigma\right) \tag{11.31}$$

式中，$\boldsymbol{W}_u^\sigma$、$\boldsymbol{U}_u^\sigma$ 和 $\boldsymbol{b}_u^\sigma$ 分别是上一个单元的输入权重、当前单元的输入权重和偏置。tanh 是经典循环神经网络、LSTM 和 GRU 都拥有的激活函数。在经典循环神经网络中，tanh 直接返回当前单元的隐状态，在 LSTM 和 GRU 中，它返回的是当前单元的候选隐状态 $\tilde{\boldsymbol{h}}^t$。对于门控循环单元，隐状态：

$$\tilde{\boldsymbol{h}}^t = \tanh\left(\boldsymbol{W}^{\tanh} \cdot (\boldsymbol{r}^t \otimes \boldsymbol{h}^{t-1}) + \boldsymbol{U}^{\tanh} \cdot \boldsymbol{x}^t + \boldsymbol{b}^{\tanh}\right) \tag{11.32}$$

处理单元的输出是两路信息的点位和，一路是 $\mathbf{1} - \boldsymbol{u}^t$ 和 $\boldsymbol{h}^{t-1}$ 的点位乘积，从这里可以看到 $\boldsymbol{u}^t$ 控制了前一个隐状态 $\boldsymbol{h}^{t-1}$ 在当前单元中被遗忘的那一部分，$\mathbf{1}$ 是一个向量，它的每个分量都是 1 且维度和 $\boldsymbol{u}^t$ 一致。另一路是 $\boldsymbol{u}^t$ 和 $\tilde{\boldsymbol{h}}^t$ 的点位乘积。

$$\boldsymbol{h}^t = (\mathbf{1} - \boldsymbol{u}^t) \otimes \boldsymbol{h}^{t-1} + \boldsymbol{u}^t \otimes \tilde{\boldsymbol{h}}^t \tag{11.33}$$

和 LSTM 比较，我们看到 GRU 合并了单元状态 $\boldsymbol{c}^t$ 和隐状态 $\boldsymbol{h}^t$；从式（11.33）可以看出单个更新门同时起到了遗忘控制和隐状态更新的作用。从式（11.32）不难看出复位门控制了上一个单元输出的隐状态 $\boldsymbol{h}^{t-1}$ 对当前候选隐状态 $\tilde{\boldsymbol{h}}^t$ 的贡献，通过它在过去隐状态和未来隐状态之间引入附加的非线性效应。

11.6　循环神经网络的实现与应用案例

本节将介绍循环神经网络怎样从已有的医学影像报告中学习写医学影像报告。我们期待训练好的网络能完成端对端影像诊断。也就是给机器输入原始影像，机器就能够自动提取病理特征并自动生成诊断报告。影像特征的提取由深度卷积神经网络完成，前面已有多个章节阐述这方面的内容，在此不再赘述。本节的重点是医学影像报告的自动生成，主要内容出自作者实验室的部分工作。

11.6.1　训练数据的获取

从 Open-i 网站能下载到胸部 X 射线影像数据，该网站由美国国家医学图书馆提供，可以从中搜索和检索一些在互联网上公开的数据集。Open-i 网站提供了来自于 *PubMed Central* 杂志、印第安纳大学医院和美国国家医学图书馆等数据库的超过 370 万张医学影像，其中包括 7470 张胸部 X 射线影像和对应的 3955 篇医学影像报告，所有数据均经过脱敏化处理。胸部 X 射线影像数据集中包括正面或者侧面的胸部 X 射线影像，医学报告数据集中包括患者的症状、影像描述和诊断结果等信息。除此之外，为了提高数据检索结果，医学影像报告中还手工添加了由美国国家医学图书馆编制的医学主题词表（medical subject headings，MeSH），该词表根据医学诊断报告中的描述用一个或者多个关键词实现对医学影像的标注。我们选择影像数据集作为网络的训练数据，选择医学报告数据集中的医学主题词汇作为数据集的标签，实现神经网络的训练。

上述医学影像报告为 XML 格式，每一个样本对应一份报告，报告中包含样本的编号、数据来源、发布时间，以及患者病例等大量信息，我们需要对其进行前处理，具体过程为：首先，采用 Python 中的 glob.glob 模块获取存放医学影像报告的文件夹中所有 XML 格式的文件信息，glob 模块可以返回文件夹中所有匹配文件的路径信息；然后，通过 xml.dom.minidom

模块中的 xml.dom.minidom.parse() 函数逐一读取每一份 XML 格式文件，并将其转成 DOM 对象；之后，使用 documentElement() 函数得到 DOM 对象中所有的节点信息；最后，从节点信息中提取出这些影像报告中对医学影像注释模型训练有意义的一些信息，如文件中位于 ⟨AbstractText⟩ 中的信息包括了患者的病史、影像中的发现以及初步诊断信息等。将这些信息写入文本文档中，作为循环神经网络训练时数据的标签。

为了将医学影像报告中文字信息输入网络，需要将报告中的文字信息转化为向量表达式。以胸部 X 射线影像为例，具体转化过程如下。

（1）提取出医学影像报告数据集中所有的诊断信息，结合胸部 X 射线影像信息生成相应的 JSON 文件，文件格式如下：

```
[{ "filepath": "path/img.png", "captions": "a caption of image" }, ...]
```

（2）将 JSON 文件中的所有诊断信息去除标点符号，转化为小写字母并打散后，统计出总的单词数量、每个单词出现的次数、每条诊断信息的句子长度、诊断信息的最大长度。

（3）根据单词出现的次数对所有单词进行排序，将其中出现次数小于 20 次的单词忽略，其余部分建立一个由单词和对应的序号组成的词典。

（4）根据建立的词典，将诊断信息中的单词依次转化为词典中对应的序列号，对于少数长度过长的句子保留前 40 个单词，长度过短的句子用特殊的字符 UNK 表示，使所有句子长度相同，句子中出现次数小于 20 次的单词同样使用 UNK 代替。

（5）将所有转化后的句子向量拼接到一起，每个句子只保留三个参数：标签起始序号、标签终止信号以及标签长度，并将这些信息写入 h5 格式文件中，组成循环神经网络训练的输入数据集。

通过上述方法，本节首先将医学影像报告中的信息提取出来，建立一个关于所有单词的词汇表，共有 103204 个单词，出现次数少于 20 次的共有 589 个，占所有词汇的 34.83%，词汇表长度为 1102，句子平均长度为 40。

在循环神经网络的训练开始前，还需要将图像输入训练好的卷积神经网络进行特征提取。特征向量来自卷积神经网络的全连接层，该特征向量是一个长度为 n 的一维向量，$n=1001$。

文件夹中所有图像计算完成后，就要着手建立一个 Python 的字典容器，字典的键为影像的文件名，键所指向的值为该影像的特征向量，以数组（array）的形式保存。

11.6.2　循环神经网络的训练

循环神经网络的输入为卷积神经网络所提取的图像特征向量和根据医学影像报告中的文字转化得到的 One-Hot 向量，网络的隐层采用 LSTM 结构，我们基于 PyTorch 构建并训练该网络，网络的训练原理如图 11.10 所示。图 11.10 中和后文中，$\mathrm{CNN}(I)$ 是采用深度卷积神经网络从影像中提取的特征向量。

循环神经网络的训练目标是拟合出一个最优的网络模型，使该模型可以根据卷积神经网络所提取的特征向量得到医学影像的报告信息，公式为

$$\theta^{*}=\arg\max_{\theta}\sum_{\mathrm{CNN}(I),S}\log\ p\left(S|\mathrm{CNN}\left(I\right);\theta\right) \tag{11.34}$$

式中，θ 是网络模型中的参数；S 是医学影像报告的文字集合，由于 S 是一个序列数据，包含多个单词，所以对于整个报告文字的预测概率也可以表示为报告中所有的单词预测概率之和，同时，又因为报告中每个单词的预测不仅与图像特征向量有关，还与该单词前面出现的单词有关，所以文字报告的预测概率也可以表示为

$$\log p\left(S|\mathrm{CNN}\left(I\right)\right)=\sum_{t=0}^{N}\log p\left(S_t|\mathrm{CNN}\left(I\right),\boldsymbol{s}_0,\boldsymbol{s}_1,\cdots,\boldsymbol{s}_{t-1}\right) \tag{11.35}$$

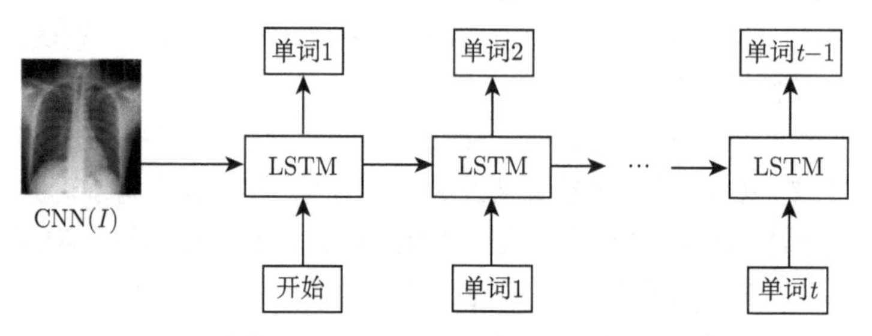

图 11.10　RNN 训练原理流程图

网络在前向传播时，第 t 步的输入数据为报告中的第 t 个单词 S_t 的向量表示 $\boldsymbol{s}_t$，网络的输出是第 $t+1$ 个单词的预测概率。在 $t=-1$ 时，也就是网络初始化时，会将图像的特征向量输入网络中，公式表达如下：

$$\boldsymbol{x}_{-1}=\boldsymbol{W}_i\mathrm{CNN}\left(I\right) \tag{11.36}$$

$$\boldsymbol{x}_t=\boldsymbol{W}_s\boldsymbol{s}_t,\quad t\in\{0,1,\cdots,N-1\} \tag{11.37}$$

$$p_{t+1}=\mathrm{LSTM}\left(\boldsymbol{x}_t\right),\quad t\in\{0,1,\cdots,N-1\} \tag{11.38}$$

式中，$\boldsymbol{W}_i$ 和 $\boldsymbol{W}_s$ 分别为图像特征向量 CNN(I) 和报告中单词的向量表示 $\boldsymbol{s}_t$ 的映射权重，作用是将它们转换到相同的维度输入 LSTM 中；p_{t+1} 为网络第 t 步预测的下一个单词的概率，预测使用的函数为 softmax 函数，

$$p\left(S_t,j|S_{t-1},\cdots,S_0\right)=\frac{\exp\left(\boldsymbol{w}_j\cdot\boldsymbol{x}_t\right)}{\displaystyle\sum_{j'=1}^{N}\exp\left(\boldsymbol{w}_{j'}\cdot\boldsymbol{x}_t\right)} \tag{11.39}$$

式中，$\boldsymbol{w}_j$，$j\in\{1,\cdots,N\}$ 和 $\boldsymbol{w}_{j'}$ 是需要训练的参数。LSTM 循环神经网络的训练包含以下几个步骤。

（1）网络的初始化，包括网络参数的初始化以及将图像特征向量 CNN(I) 输入 LSTM 网络中，这一步网络不产生输出。

（2）设置一个特殊的起始字符向量作为 $t=0$ 时刻网络的输入，此时 LSTM 结构根据输入的数据 $\boldsymbol{x}_0$ 和上一步网络的状态向量 $\boldsymbol{h}_0$ 产生网络在 $t=0$ 时刻的输出 $\boldsymbol{y}_1$，然后以报告中的第一个单词 $\boldsymbol{s}_0$ 为标签，计算出网络的损失并反向传播。

（3）以同样的方式，将报告中第一个单词的向量表示作为 $t=1$ 时网络的输入，以报告中的第二个单词作为标签训练网络。

（4）直到 $t = N$ 时刻，此时以报告中的最后一个单词的向量表示为网络的输入，而标签则为另一个特殊的终止字符向量，网络的训练方式与之前的步骤相同，最终的训练目的是优化循环神经网络中的所有参数，包括 LSTM 结构中的参数以及将图像特征向量和单词向量表示映射到统一维度的映射矩阵参数。

另外，为了得到更加准确的预测结果，在网络的测试阶段使用了束搜索（beam search），该方法在语言生成模型中应用广泛，具体的方法如下。

（1）首先根据训练好的模型，以图像特征向量作为网络的输入，网络前向传播，产生对第一个单词的预测向量，取其中概率最大的 k 个字符向量作为候选结果。

（2）分别以第（1）步中的 k 个候选结果作为第（2）步网络的输入，在前向传播预测出的所有单词中仍然选择概率最高的 k 个结果作为候选结果。

（3）以同样的方式计算直到预测的结果为终止字符或计算到最大步长，此时，选择网络预测结果最佳的单词组合作为网络最终的预测结果。

11.6.3　报告对比

图 11.11 为 LSTM 给出的影像报告和真实报告的比较。对应于左侧每一张输入的胸部

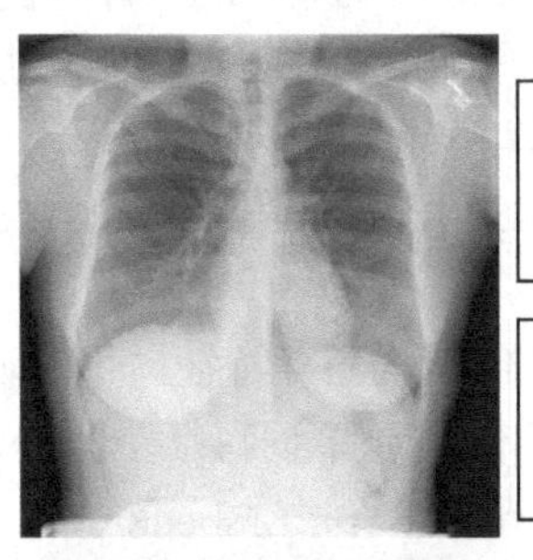

The heart is normal size. The mediastinum is unremarkable. There is no pleural effusion, pneumothorax, or focal airspace disease. The ×××× are unremarkable.

the heart is normal in size the mediastinum is unremarkable the lungs are hypoinflated but clear

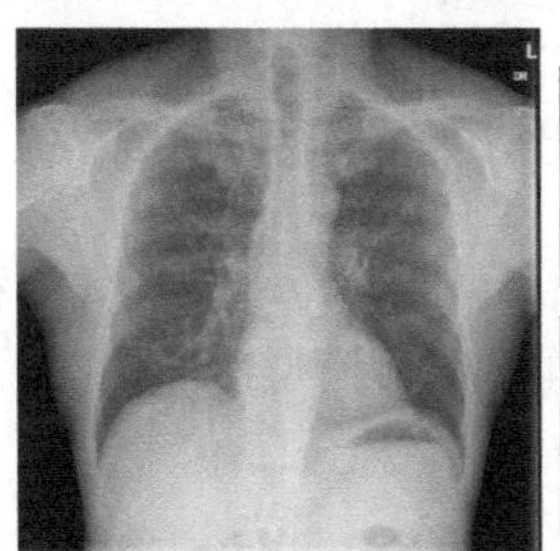

Both lungs are clear and expanded. Heart and mediastinum normal. Surgical clips are in the epigastrium of the abdomen.

the heart and lungs have ×××× ×××× in the interval both lungs are clear and expanded heart and mediastinum normal surgical clips are identified in the mediastinum

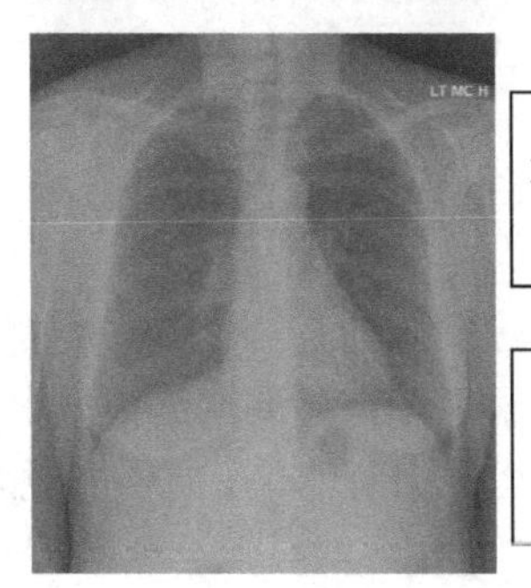

Normal heart size, mediastinal and aortic contours. Normal pulmonary vascularity. The lungs are clear. No focal consolidation, visible pneumothorax or large pleural effusion. Scattered calcified granuloma.

the heart is normal in size the mediastinum is unremarkable the lungs are clear

图 11.11　深度学习给出的胸部 X 射线影像报告和原始的医学影像报告的对比

X 射线影像，右侧报告值第一份报告是原始的影像报告，第二份报告为网络预测的结果。报告主要涉及对心脏的大小、纵膈是否正常、肺部是否清楚以及其他一些症状的描述。可以看出，对于一张胸部 X 射线影像，通过深度卷积神经网络的特征提取和循环神经网络的报告预测，深度学习可以获得一份与原始影像报告相似的报告。

11.6.4　基于 PyTorch 的 LSTM 网络训练

在 PyTorch 框架下，LSTM 的搭建以及训练过程如下。

（1）定义参数信息。模型定义之前首先需要定义模型的相关参数，这些参数在数据的输入、网络的构建以及前向传播计算中起着决定性作用，具体参数如下。

① vocab_size：构建的词表库的长度。

② input_encoding_size：输入网络中的数据的向量维数。

③ RNN_size：循环神经网络中神经元的个数。

④ seq_length：每条语句的长度。

⑤ drop_out_lm：循环神经网络的 Dropout 参数。

⑥ num_layers：LSTM 结构的层数。

（2）创建 LSTM 结构。定义好参数以后，调用 PyTorch 中的 torch.nn 库中的 nn.LSTM（）函数，通过以下方式定义 LSTM 结构模型，LSTM 的具体结构在 PyTorch 底层源码中已经建好，在使用时只要根据上述的几个参数便可以灵活地搭建 LSTM 模型：

```
LSTM(input_encoding_size, rnn_size, num_layers, bias=False, dropout=
     drop_prob_lm)
```

（3）构建 LSTM 的输入到输出映射。具体的映射包括从图片特征向量到输入数据的映射，从单词特征向量到输入数据的映射和从 RNN 输出数据到单词特征空间的映射。该部分通过调用 PyTorch 中的 torch.nn 库中的 nn.Linear（）函数和 nn.Embedding() 函数来实现：

```
img_embed = nn.Linear(fc_feat_size, input_encoding_size)
word_embed = nn.Embedding(vocab_size + 1, input_encoding_size)
logit = nn.Linear(rnn_size, vocab_size + 1)
```

（4）定义网络的前向传播过程。包括数据的输入批次大小，每一次迭代过程输入的数据等参数，并以这些参数作为 LSTM 模型函数的输入，同时定义模型前向传播后返回的数值。关键代码如下：

```
output, state = LSTM(xt.unsqueeze(0), state)
output = F.log_softmax(logit(self.dropout(output.squeeze(0))))
crit = utils.LanguageModelCriterion()
optimizer = optim.SGD(model.parameters(), lr=opt.learning_rate,
            weight_decay=opt.weight_decay)
```

（5）网络的训练。首先加载预处理的图像特征数据、影像报告数据和训练参数信息，如网络迭代次数、基础学习率等，所有参数加载完成后，输入预定义的网络模型中并前向传播，得到网络的输出，之后调用 PyTorch 中的损失函数和优化求解器，反向传播更新参数，最后保存训练信息并循环训练过程。关键代码如下：

```
optimizer.zero_grad()
```

```
loss = crit(model(), labels, masks)
loss.backward()
optimizer.step()
```

扩展阅读

训练循环神经网络时可能会出现梯度的爆炸或梯度的消失现象。梯度截断消除梯度爆炸，信息流的正则化有助于梯度消失的解决。请进一步阅读（Goodfellow et al.，2017）。

思考与练习

图 11.12 是 LSTM 的一种变体，它取消了输入门，从遗忘门引出 $\mathbf{1}-\boldsymbol{f}^t$ 控制状态 $\boldsymbol{c}^t$ 的更新。这里 $\mathbf{1}$ 是所有元素都是 1，且维度与 $\boldsymbol{f}^t$ 相同的向量。请写出状态 $\boldsymbol{c}^t$ 和隐状态 $\boldsymbol{h}^t$ 的计算公式。

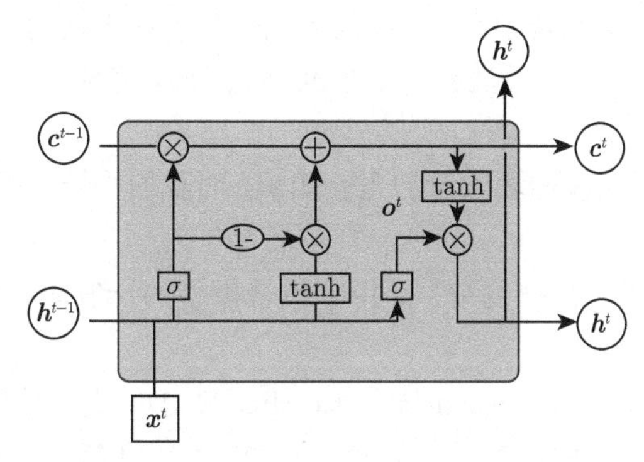

图 11.12　LSTM 的一种变体

第12章　生成对抗网络

12.1　引　　言

支持向量机、深度卷积神经网络等有监督的学习方法根据打上了类别标签的数据训练具有预测能力的模型。这些方法属于有监督的学习，训练集中数据的类别标签扮演监督者的角色。但真实世界中，给数据打标签通常是比较困难的，所以研究者从未放弃探索无监督学习策略，希望能够直接从无标签数据中学到来自真实世界的数据特征。

我们有多种方式评价无监督学习，生成任务就是其中最直接的一个。一旦能够准确生成一个真实的世界，就表明我们已经理解了这个世界。然而，完成这样的生成任务往往会遇到两大困难。

（1）对真实世界进行建模需要大量的先验知识，而我们恰恰缺乏这些先验知识，不了解数据的先验分布。

（2）真实世界的数据往往很复杂，要用来拟合模型的计算量往往非常庞大，甚至难以承受。

生成对抗网络（generative adversarial networks，GAN）成功地避开了这两大困难。Ian J. Goodfellow 和他的同事借用博弈论的思想，于 2014 年开启了生成对抗网络。该网络包含一对模型：一个生成（generative）模型和一个判别（discriminative）模型，也分别称作生成器（generator）和判别器（discriminator）。因为生成模型的存在，即使没有真实数据的先验知识，生成对抗网络也能通过学习去逼近真实数据，并最终使其生成的数据达到以假乱真的地步，也就是判别模型无法分辨真实的数据和生成数据，生成和判别达到某种纳什均衡。Goodfellow 等用小偷与警察的关系比喻生成对抗网络中生成器和判别器的关系。作为类比生成器的小偷努力提高自己的伪装水平，让警察无法识别；而类比判别器的警察竭力提高自己的辨别能力，防止被小偷欺骗。也就是说，生成对抗网络框架下的学习过程是生成模型和判别模型之间的竞争过程：模仿真实样本，生成模型随机地生成样本，由判别模型去识别生成样本的真伪。随着迭代过程的进行，虽然判别模型的判别能力越来越高，但是生成模型输出的样本也越来越像真实样本，以至于最终判别模型无法判别生成数据的真伪。

判别器是一个二分类器，由它分辨数据是来自训练数据（真，概率接近 1）还是来自生成器（假，概率接近 0）。我们用 D 代表判别器，判别可以看成将真实的或生成器生成的数据映射到 $(0,1)$ 区间，代表输入数据是真实数据的概率。若判别器 D 已经是最好的，它将变得无法被欺骗，而这时需要继续训练生成器 G 以降低判别的准确率。如果生成器生成数据的分布足以完美匹配真实数据分布，那么判别器将失去判别力，从而对所有的数据给出的概率值都是 0.5。

原始生成对抗网络的生成器和判别器由多层神经网络构成。通过反向传播算法分别更新两个网络的参数以执行竞争性学习，以便达到训练的目的。生成对抗网络有许多应用，例如，图像合成、艺术品的生成、音乐生成、语义图像编辑、风格迁移、图像超分辨率技术等。

12.2　生成对抗网络原理

总的来说，Goodfellow 等提出来的生成对抗网络是通过对抗过程估计生成模型。在这里，需要同时训练两个模型：生成器 G 和判别器 D。G 用于捕获真实数据的概率分布；D 用于估计数据来源于真实样本的概率。训练生成器 G 以最大化判别器犯错误的概率，即尽可能使判别器将生成器生成的假样本误判成真实样本。

在机器学习中，我们所了解的对象由数据构成，如果知道这个对象的分布，原则上就可以根据这个分布生成一个新的对象，生成的这个对象在统计学意义上和原对象是相同的，因为它们满足相同的分布。生成对抗网络本质上就是学习真实数据的分布，并根据这个分布生成新的数据。例如，输入数据中有戴眼镜的男人和不戴眼镜的女人，通过生成对抗网络学习输入数据的分布，然后生成戴眼镜的女人。开始时，输入的真实数据的分布是未知的，并认为这个分布难以用一个显函数表征。我们用一个多层感知机（如深度神经网络）代替这个分布，网络的架构与和这个架构捆绑在一起的参数共同模拟这个分布，网络的参数通过学习得到。因为网络的架构是事先设计好的，分布函数体现在参数中。

生成对抗网络中有两个分布要学习：一个是真实数据的分布；另一个是模拟数据的分布。我们用判别网络和生成网络表示这两个分布。给判别网络输入的是真实数据，而生成网络的初始输入来自随机采样。随着训练的一步步深入，生成网络将变得和输入无关，其输出结果将逼近真实的数据。

生成对抗网络如图 12.1 所示。为了让生成器学习到数据的分布 p_g，我们先定义一个满足先验分布 $p_{\boldsymbol{z}}$ 的输入噪声变量 $\boldsymbol{z} \sim p_{\boldsymbol{z}}(\boldsymbol{z})$，然后根据 $G(\boldsymbol{z};\ \theta_g)$ 将其映射到数据空间中，其中 G 为多层感知机所表征的可微函数，θ_g 代表生成器的参数。我们同样需要定义第二个多层感知机 $D(\boldsymbol{x};\ \theta_d)$，$\theta_d$ 代表判别器的参数。D 输出一个标量，表示 $\boldsymbol{x}$ 来源于真实数据的概率。也就是说 D 的输出基于真实的数据分布 $p_{\text{data}}(\boldsymbol{x})$ 而不是基于生成器学习到的分布 p_g 。为方便起见，后面许多地方提到这两个感知机时不写出参数 θ_g 和 θ_d。

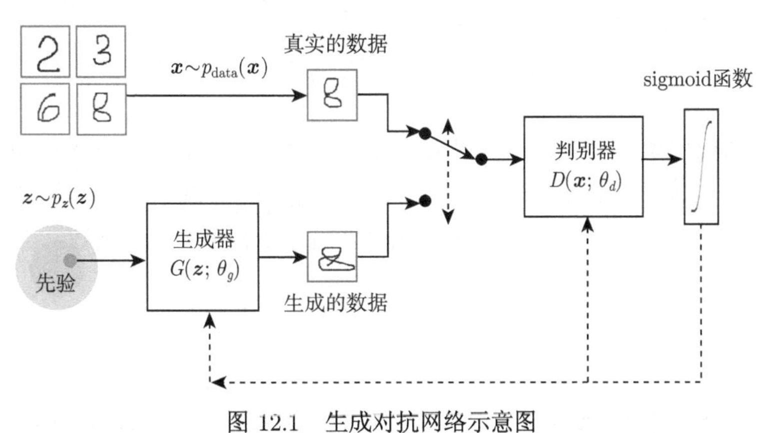

图 12.1　生成对抗网络示意图

12.2.1 损失函数和极大极小博弈

我们有两个网络：生成网络（生成器）和判别网络（判别器）。不同的生成对抗网络的损失函数可能有不同的形式，这种不同主要体现在生成网络上。对于判别网络，交给它判别（分类）的数据包括真实数据 $\boldsymbol{x} \sim p_{\text{data}}$ 和生成数据 $G(\boldsymbol{z})$，对于这两类数据，判别网络给出的概率分别为 $D(\boldsymbol{x})$ 和 $D(G(\boldsymbol{z}))$。对于判别网络，目前大多采用如下代价函数：

$$J^D(\theta_d, \theta_g) = -\mathbb{E}_{\boldsymbol{x}\sim p_{\text{data}}(\boldsymbol{x})}\big[\log D(\boldsymbol{x})\big] - \mathbb{E}_{\boldsymbol{z}\sim p_{\boldsymbol{z}}(\boldsymbol{z})}\big[\log(1 - D(G(\boldsymbol{z})))\big] \tag{12.1}$$

将式（12.1）和式（3.32）对比，就会发现该代价函数就是二分类问题的交叉熵（差一个系数），也就是对数似然的负期望值，其中来自真实数据的类别标签为 1，来自生成数据的类别标签为 0。通过随机梯度下降寻求以上代价函数的最小值就可以得到判别网络的参数 θ_d。式（12.1）只是给出了判别器的代价函数，对于一个完整的博弈问题，还需要定义生成器的代价函数。博弈的一个最简单形式是零和博弈，其中所有参与者的代价之和等于零。所以对于零和博弈，我们可以定义生成器的代价函数是判别器代价函数的负值：

$$J^G = -J^D(\theta_d, \theta_g) = \mathbb{E}_{\boldsymbol{x}\sim p_{\text{data}}(\boldsymbol{x})}\big[\log D(\boldsymbol{x})\big] + \mathbb{E}_{\boldsymbol{z}\sim p_{\boldsymbol{z}}(\boldsymbol{z})}\big[\log(1 - D(G(\boldsymbol{z})))\big] \tag{12.2}$$

因为 J^G 直接和 J^D 捆绑，站在生成器的角度，我们对整个博弈赋予一个价值函数，它是判别器代价的负值：

$$\begin{aligned} V(D,G) &= -J^D(\theta_d, \theta_g) \\ &= \mathbb{E}_{\boldsymbol{x}\sim p_{\text{data}}(\boldsymbol{x})}\big[\log D(\boldsymbol{x})\big] + \mathbb{E}_{\boldsymbol{z}\sim p_{\boldsymbol{z}}(\boldsymbol{z})}\big[\log(1 - D(G(\boldsymbol{z})))\big] \end{aligned} \tag{12.3}$$

要注意的是 $\log D(\boldsymbol{x})$ 和 $\log(1 - D(G(\boldsymbol{z})))$ 都是负值，所以 $V(D,G) < 0$。当 $V(D,G)$ 最大时，判别网络的代价最小。训练过程中生成网络竭尽全力让自己生成的数据像是真实的数据（p_g 接近 p_{data}），也就是使判别网络的输出接近最大概率 1（属于真实数据的概率）；另外，判别器竭力识别来自生成器的假数据，赋予最小的概率 0（属于假数据的概率）。如果将生成和对抗看作一个零和博弈，则判别器的损失就是生成器的获得。判别器竭尽全力使 $V(D,G)$ 尽可能大，而生成器竭尽全力使 $V(D,G)$ 尽可能小，因此，这一过程类似于两个参与者的极小极大博弈（minimax game），这个博弈过程对应于：

$$\min_G \max_D V(D,G) \tag{12.4}$$

在上述零和博弈中，判别器最小化交叉熵（代价），而生成器最大化相同的交叉熵。对于给定的 $D = \arg\max\limits_D V(D,G)$，要实现 $G = \arg\min\limits_G V(D,G)$，只需要使式（12.3）中 $\mathbb{E}[\log(1 - D(G(\boldsymbol{z})))]$ 最小，也就是，对于生成器采用下式给出的代价函数：

$$J^G = \mathbb{E}[\log(1 - D(G(\boldsymbol{z})))] \tag{12.5}$$

12.2.2 算法

有了 12.2.1 节的铺垫，就可以设计生成对抗网络的算法。我们训练 D 以使其能够正确标记训练样本和正确识别出来自 G 的抽样，也就是尽力做到 $D(\boldsymbol{x}) \to 1$，$D(G(\boldsymbol{z})) \to 0$，使

价值函数 $V(D,G)$ 获得极大值，也就是使判别网络的损失最小。另外，同时训练 G，使判别器将生成的数据误判为真实数据，从而 $D(G(\boldsymbol{z}))\to 1$，使价值函数 $V(D,G)$ 获得极小值。因此可以通过最小化 $\log(1-D(G(\boldsymbol{z})))$ 训练 G。生成对抗网络的小批量（minibatch）随机梯度下降训练的伪代码如算法 12.1 所示。算法 12.1 有两个循环：内循环和外循环。内循环用于优化判别器，生成器位于外循环。在网络的训练过程中，对于给定的生成器，训练判别器，使其代价降到最小值，然后在外循环中训练生成器。训练好的生成器 G 将噪声数据 $\boldsymbol{z}$ 通过 $G(\boldsymbol{z})$ 映射到 $\boldsymbol{x}$，重新训练判别器，如此循环往复。外循环中，固定判别器并训练生成器，在更新生成器 G 之后，判别器 D 的梯度会引导 $G(\boldsymbol{z})$ 流向更可能被 D 分类为真实数据的方向。

算法 12.1　生成对抗网络的小批量随机梯度下降训练。超参数 k 是判别器和生成器一次总迭代中判别器的训练次数。

1: **for** 训练迭代次数 **do**
2: 　**for** k 步 **do**
3: 　　从噪声先验 $p_g(\boldsymbol{z})$ 中抽取 m 个噪声样本 $\{\boldsymbol{z}^1,\cdots,\boldsymbol{z}^m\}$。
4: 　　从真实数据分布 $p_{\text{data}}(\boldsymbol{x})$ 中抽取 m 个样本 $\{\boldsymbol{x}^1,\cdots,\boldsymbol{x}^m\}$。
5: 　　通过价值函数随机梯度上升更新判别器。梯度：
6: 　　$\nabla_{\theta_d}\dfrac{1}{m}\sum\limits_{i=1}^{m}\left[\log D(\boldsymbol{x}^{(i)})+\log\left(1-D(G(\boldsymbol{z}^{(i)}))\right)\right]$
7: 　**end for**
8: 　从噪声先验 $p_g(\boldsymbol{z})$ 中抽取 m 个噪声样本 $\{\boldsymbol{z}^{(1)},\cdots,\boldsymbol{z}^{(m)}\}$。
9: 　通过 $\log(1-D(G(\boldsymbol{z})))$ 的期望的随机梯度下降更新生成器。梯度：
10: 　$\nabla_{\theta_g}\dfrac{1}{m}\sum\limits_{i=1}^{m}\log\left(1-D(G(\boldsymbol{z}^{(i)}))\right)$
11: **end for**

12.2.3　最优判别器

图 12.2 说明了判别器怎样估计分布密度的比率。为简单计，假设 x 和 z 都是一维的。从 z 到 x 的映射（由处于两条水平线间带箭头线段表示）是非均匀的，映射后数据越集中的地方，p_g（模型分布旁箭头所指实线）的值越大。判别器（虚线所示）估计数据概率密度分布 $p_{\text{data}}(\boldsymbol{x})$ 与模型概率密度分布和数据概率密度分布（图中黑点所示）之和 $p_{\text{data}}(\boldsymbol{x})+p_g(\boldsymbol{x})$ 的比率。对于给定的生成器，在算法内循环中训练判别器 D 使其从数据中判别出真实样本，该循环最终会收敛到：

$$D^*(\boldsymbol{x})=\frac{p_{\text{data}}(\boldsymbol{x})}{p_{\text{data}}(\boldsymbol{x})+p_g(\boldsymbol{x})}\tag{12.6}$$

证明：对于任意给定的生成器 G，训练判别器的准则是最大化 $V(D,G)$

$$\begin{aligned}V(G,D)&=\int p_{\text{data}}(\boldsymbol{x})\log(D(\boldsymbol{x}))\mathrm{d}\boldsymbol{x}+\int p_{\boldsymbol{z}}(\boldsymbol{z})\log(1-D(G(\boldsymbol{z})))\mathrm{d}\boldsymbol{z}\\&=\int\left[p_{\text{data}}(\boldsymbol{x})\log(D(\boldsymbol{x}))+p_g(\boldsymbol{x})\log(1-D(\boldsymbol{x}))\right]\mathrm{d}\boldsymbol{x}\end{aligned}\tag{12.7}$$

将式（12.7）中的被积函数对 $D(\boldsymbol{x})$ 求导，并令该导数等于 0，即可得到式（12.6）。

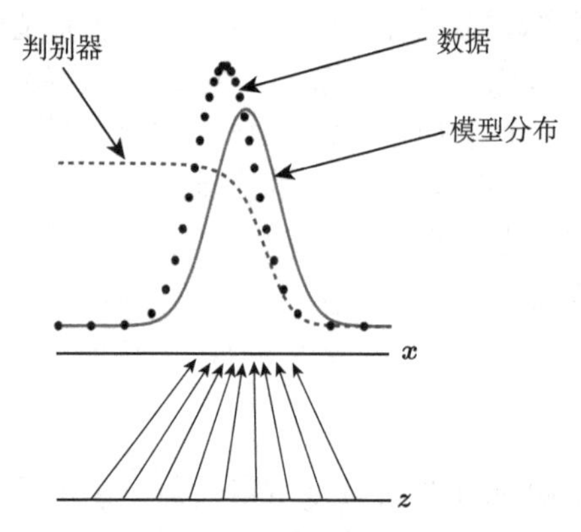

图 12.2　判别器估计概率密度比率示意图

最理想的情况是，经过网络若干次训练后，如果 G 和 D 有足够的复杂度，那么它们就会到达一个均衡点。这时候 $p_g(\boldsymbol{x})=p_{\text{data}}(\boldsymbol{x})$，即生成器学到的分布就是真实数据的分布。在均衡点上 D 和 G 都不能得到进一步提升，并且判别器无法判断数据到底是来自真实样本还是伪造的数据，即 $D(\boldsymbol{x})=\dfrac{1}{2}$。

12.3　GAN 的缺陷：梯度的消失

下面的内容中，GAN 特指由 Goodfellow 等在 2014 年提出来的生成对抗网络。在应用 GAN 时常常会发现一个现象：不能在内循环中把判别器训练得太好，否则生成器的性能很难提升。这一现象源自 GAN 价值函数的理论缺陷。

对于给定的生成器，最优判别器由式（12.6）给出。当判别器最优时，下一步就是优化生成器。将式（12.6）代入式（12.3）得

$$\begin{aligned}V(G,D^*)&=\mathbb{E}_{\boldsymbol{x}\sim p_{\text{data}}(\boldsymbol{x})}\left[\log D^*(\boldsymbol{x})\right]+\mathbb{E}_{\boldsymbol{z}\sim p_{\boldsymbol{z}}(\boldsymbol{z})}\left[\log\left(1-D^*(G(\boldsymbol{z}))\right)\right]\\&=\mathbb{E}_{\boldsymbol{x}\sim p_{\text{data}}(\boldsymbol{x})}\left[\log D^*(\boldsymbol{x})\right]+\mathbb{E}_{\boldsymbol{x}\sim p_g(\boldsymbol{x})}\left[\log\left(1-D^*(\boldsymbol{x})\right)\right]\\&=\mathbb{E}_{\boldsymbol{x}\sim p_{\text{data}}(\boldsymbol{x})}\left[\log\frac{p_{\text{data}(\boldsymbol{x})}}{p_{\text{data}(\boldsymbol{x})}+p_{g(\boldsymbol{x})}}\right]+\mathbb{E}_{\boldsymbol{x}\sim p_g(\boldsymbol{x})}\left[\log\frac{p_{g(\boldsymbol{x})}}{p_{\text{data}(\boldsymbol{x})}+p_{g(\boldsymbol{x})}}\right]\end{aligned}\tag{12.8}$$

JS 散度用于度量分布 $p(x)$ 和 $q(x)$ 之间的相似性（参照式（2.46）），定义如下：

$$D_{\text{JS}}(p\|q)=\frac{1}{2}D_{\text{KL}}\left(p\|\frac{p+q}{2}\right)+\frac{1}{2}D_{\text{KL}}\left(q\|\frac{p+q}{2}\right)\tag{12.9}$$

式中，D_{KL} 是相对熵，也称作 KL 散度（参照式（2.41）），定义如下：

$$D_{\text{KL}}(p\|q)=\mathbb{E}_{x\sim p(x)}\left[\log\frac{p(x)}{q(x)}\right]\tag{12.10}$$

将式（12.9）代入式（12.8），得到

$$V(G,D^*)=-\log 4+2\times D_{\text{JS}}(p_{\text{data}}(\boldsymbol{x})\|p_g(\boldsymbol{x}))\tag{12.11}$$

我们来看一看如果分布 $p_g(\boldsymbol{x})$ 与分布 $p_{\text{data}}(\boldsymbol{x})$ 之间完全分离，$V(G,D^*)$ 是一个什么样的状况。完全分离意味着不管分布 $p_g(\boldsymbol{x})$ 与分布 $p_{\text{data}}(\boldsymbol{x})$ 离得多么近，它们之间都没有交叠，也就是

$$\begin{aligned}p_g(\boldsymbol{x})=0\text{时，}\ p_{\text{data}}(\boldsymbol{x})\neq 0\\ p_g(\boldsymbol{x})\neq 0\text{时，}\ p_{\text{data}}(\boldsymbol{x})=0\end{aligned}\tag{12.12}$$

将式（12.12）代入式（12.9），得到 JS 散度 $D_{\text{JS}}=\log 2$，从而由式（12.11）得到的 $V(G,D^*)=0$，$V(G,D^*)$ 的梯度消失。

梯度的消失意味着建立在 $\min\limits_{G}\max\limits_{D}V(D,G)$ 基础上的 GAN 存在缺陷。或许可以考虑在内循环时不将判别器训练得足够好，以避免价值函数梯度的消失。但是一个不太好的判别器对生成器的指引能力不强，有可能会导致生成器不能得到有效学习。况且“不太好”怎么把握也是一个问题。

当 $p_g(\boldsymbol{x})$ 与分布 $p_{\text{data}}(\boldsymbol{x})$ 之间没有交叠时，判别器以高置信度拒绝所有生成样本，训练生成器将变得不可能。解决这个问题的一个可行方案是，对于判别器仍然采用前面的代价函数，而对于生成器采用如下形式的代价函数：

$$J^G=\mathbb{E}[\log D(G(\boldsymbol{z}))]\tag{12.13}$$

当生成器采用这样的代价函数时，生成对抗网络将并非完全的零和博弈。即便如此，GAN 的稳定性问题仍然没有得到有效解决。

12.4　深度卷积生成对抗网络的架构

自生成对抗网络提出后，已经出现若干个在算法上有重大改进的版本。姑且不论算法，绝大多数生成对抗网络的生成器都采用类似的深度卷积生成对抗网络（deep convolution generative adversarial networks，DCGAN）架构。尽管 DCGAN 出现之前的生成对抗网络也是深度卷积的（deep and convolutional），但是 DCGAN 具有如图 12.3 所示的生成器网络架构。将图 12.3 和 AlexNet 对比，就可以立即发现 DCGAN 有些像删除了池化层的 AlexNet，但是结构倒过来了。DCGAN 的输出有些像 AlexNet 的输入，而 DCGAN 的输入像是 AlexNet 的输出。图 12.3 中，输入的数据是采样自均匀分布或标准正态分布的 100 维随机噪声向量，再将它重塑成 $4\times4\times1024$ 的特征图。重塑通过全连接层进行，即将输入层 100 个神经元和一个有 16384 个神经元的层做全连接，之后再将 16384 个神经元重排成 1024 张切片，每一张切片有 4×4 个神经元。经过重塑后数据接连通过四个卷积层，被映射成 3 个通道尺寸为 64×64 的特征图。我们可以将 3 个通道理解成 RGB 三原色。

不同于 AlexNet 采用的卷积，DCGAN 采用的是反卷积（deconvolution），有些文献将反卷积称作分数步卷积（fractionally strided convolution）或转置卷积（transposed convolution）。图 12.4 展示了步长为 2 的反卷积过程。在卷积操作前，原始输入的尺寸要进行拓展：数据间插入 0 值和外边缘加衬。对应于步长为 n 的反卷积，首先在相邻的两个数据（如像素）间插入 $n-1$ 个 0 值，或许还要在每个数据的外边缘加衬，然后在拓展后的数据上进行正常卷

积，步长为 $n-1$。步长为 2 的反卷积如图 12.4 所示。图中原始数据的尺寸为 3×3，数据间加空后拓展成了 5×5，边缘加衬后进一步拓展为 7×7，然后再进行步长为 1 的正常卷积。图 12.4 中，输入特征图的尺寸为 3×3，卷积核尺寸也是 3×3 时，步长为 2 的反卷积输出的特征图为 5×5。

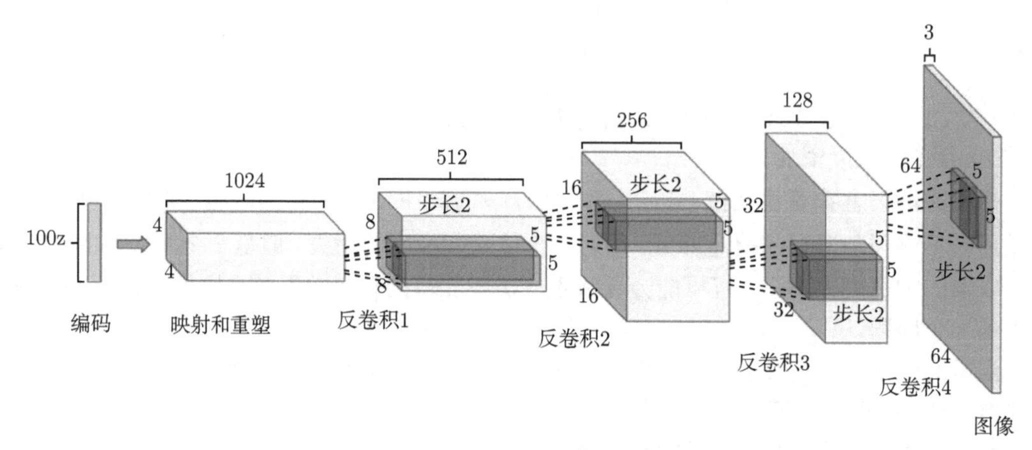

图 12.3　DCGAN 采用的生成网络

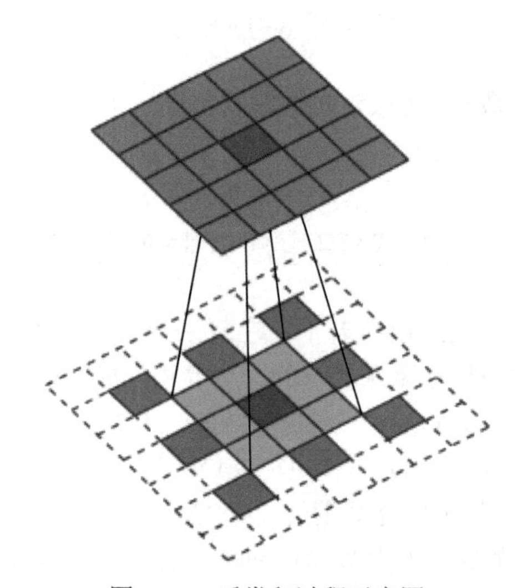

图 12.4　反卷积过程示意图

对于生成器，DCGAN 采用 tanh 函数作为输出层的激活函数，其他层采用 ReLU 作为输出层的激活函数。对于判别器，网络的设计更加灵活，但是要满足以下设计要求。

(1) 采用步长大于 1 的卷积层取代池化层。这么做能让网络自己学习更合适的空间下采样方法。

(2) 避免在卷积层之后使用全连接层。全连接层虽然增加了模型的稳定性，但也减缓了收敛速度。

(3) 除了输入层以外，其他层都是采用批正则化，以确保每个节点的输入都是均值为 0，方差为 1。

（4）采用 leaky ReLU 作为输出层的激活函数。

扩展阅读

本章 12.3 节指出了 GAN 的理论缺陷导致网络难以训练。WGAN（Wasserstein GAN）采用 Wasserstein 距离度量两个概率分布之间的差异。理论和实践都证明，如果采用 Wasserstein 距离作为生成对抗网络的代价函数，网络的收敛性和稳定性会得到显著改善。关于 GAN 和 WGAN，请进一步阅读相关文献（Arjovsky and Bottou，2017；Arjovsky et al.，2017；Gulrajani et al.，2017；Goodfellow et al.，2014）。

第 13 章　有完整模型的强化学习

13.1　强化学习导引

许多领域，像博弈论、运筹学、信息论、仿真优化、多智能体系统、群体智能等，都面临着同样的问题，即如何优化决策以实现最佳结果。在一定的程度上，这些问题能够通过强化学习解决。例如，在经济学和博弈论中，强化学习可以用来解释有限理性下均衡是怎样产生的。强化学习受到人类行为心理学启发，例如，让一个从来没有摸过球的人去学习拍篮球，开始拍不了几下球就脱手了，但是随着人和球交互作用的进行，人逐步调整拍球的策略，拍球动作越来越熟练，球的运动状态越来越稳定。

强化学习是一个通用的决策框架，通过序列决策确定最优行动。在现实世界（环境）中，凡是对同一个问题，面临多种自然情况，有多种方案可供选择，就构成一个决策问题。面临的自然情况称为自然状态，或称为客观条件，简称状态。对于一个决策问题，决策者针对状态所采取的对策称为行动方案或策略。

我们关心的是开发一个能够在现实世界（环境）中做出决策的智能体（agent），典型情景如图 13.1 所示。智能体是一个自主的目标导向的存在，它通过学习达到目标。例如，一个可以学会拍篮球的机械臂，那么这个机械臂就是一个智能体，周围的物体包括篮球就是环境，机械臂通过外部摄像头来感知环境，然后机械臂需要输出动作来实现拍篮球这个任务。智能体观察环境，采取行动，这个行为会对环境状态造成一定影响和改变，环境反馈给智能体一个回报和一个新的状态表征。许多智能体能够充分观察当前环境状态，但也可能只有部分观察能力。强化学习的核心内容是智能体在环境中应该采取什么样的行动以使某种形式的累积回报最大。许多文献中将行动 (action) 称作动作或行为。

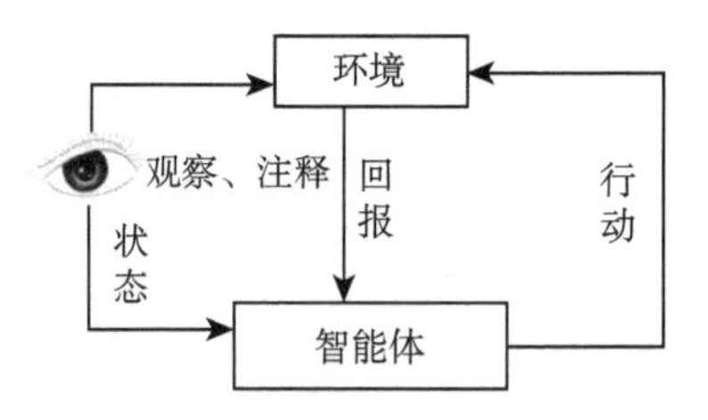

图 13.1　强化学习典型框架

回报是执行一个行动或一系列行动后得到的奖赏，可分为即时回报和长期回报。即时回报指的是执行当前行动后能立刻获得的奖赏，但很多时候我们执行一个行动后并不能立即得到回报，而是在执行一系列行动后才能返回一个回报值，这就是长期回报。强化学习唯一的准则就是学习到一系列最优行动，以获得最大的长期回报。比较有挑战性的是，任一状态下做出的行动不仅影响当前状态的即时回报，而且会影响到下一个状态，因此也就会影响整个执行过程的回报。

有别于标准的有监督学习，强化学习中不存在正确的输入输出对，例如，支持向量机训练分类模型时带有类别标签的训练集，取而代之的是（在未知范畴中）探索和（在已有知识里）开发利用之间寻找平衡。除了智能体和环境之外，我们还要熟悉强化学习系统的四要素：策略、奖赏、值函数、环境模型。

策略是从环境感知到的状态到在这些状态下采取行动的映射，决定了智能体在某个特定时间的行动方式。策略分为确定性策略和随机策略。确定性策略就是将任意一个状态 s 映射为一个确定性的行动 a。将确定性策略用 π 表示，则 $a = \pi(s)$。当环境处于某个状态 s 时，可供智能体选择的行动可能有很多个，随机策略给出环境处于状态 s 时，智能体采取行动 a 的概率。也就是，将环境状态为 s 时智能体行动的选择模拟为一个映射 $\pi : S \times \mathcal{A} \to [0, 1]$，称其为策略：

$$\pi(a|s) = \Pr\left(A_t = a|S_t = s\right) \tag{13.1}$$

由于 $\pi(a|s)$ 表示在状态 s 下执行行动集合 $\mathcal{A}$ 中任意行动 a 的概率，所以 $\pi(a|s)$ 是一个概率分布。策略充分定义了智能体的行为。在某些情况下，策略可以是简单的函数或查找表，而在其他情况下，策略可能涉及广泛的计算，如搜索过程。策略是强化学习智能体的核心，因为只有它才能决定智能体的行为。

强化学习中，奖赏为智能体达到目标指明前进的方向。在每一个时间步，环境处于状态 s，智能体在该状态下采取行动 a，环境送给智能体一份奖赏 r，该智能体的唯一目标是最大化总奖赏。智能体通过奖赏信号分辨一个事件对它是好的还是坏的。在生物系统中，我们可能将奖赏类同于快乐或痛苦的体验。对于智能体面临的问题而言，奖赏信号具有直接明了的特征，是智能体改变策略的主要依据。如果根据策略选择的行动后面跟着的是低回报，后面的策略就可能要改变以选择其他行动。

即时奖赏立刻对智能体采取的行动做出评价，而值函数专注状态或状态–行动对的长期价值。粗略地说，一个状态的值是智能体以该状态为起点预期得到的未来累积奖赏的总额。即时奖赏确定环境状态直接内在的需求；状态值体现对状态的长程需求，不仅是该状态本身，也包含后续状态。例如，一个获得的即时奖赏较小的状态其值仍然可能很大，只要它后面跟随着许多获取高奖赏的其他状态，反之亦反之。类比人类，奖赏是眼前环境状态直接给予的快乐或痛苦，而眼前环境状态的值则来自对所处环境的一个具有远见卓识的判断。

环境模型意味着允许对环境进行推断和建立模型。例如，给定一个状态和动作，模型可以用来预测下一个状态和下一个奖赏。模型用于规划，即在实际经历前，通过考虑未来可能的情况，确定可能的行动路线。采用模型和规划求解强化学习问题的方法称为基于模型的方法，与之相对的是基于试错的无模型方法。

如图 13.1 所示，智能体和环境的交互作用，在每一个离散的时间步 $t = 0, 1, 2, \cdots$，智能体接收到一个环境的状态 S_t，随后它在行动集合 $\mathcal{A}$ 中选择一个行动 A_t，之后环境响应该行动，转移到一个新的状态 S_{t+1}。和转移 (S_t, A_t, S_{t+1}) 相关的奖赏为 R_{t+1}。强化学习中智能体的目标是尽可能收集最多的奖赏。智能体对行动的选择可以是历史依赖的，也可以随机的。我们一开始并不知道最优的策略是什么，因此往往从随机的策略开始，使用随机的策略进行试验，就可以得到一系列的状态、行动和奖赏反馈：

$$S_0, A_0, R_1, S_1, A_1, R_2, S_2, A_2, R_3, \cdots \tag{13.2}$$

强化学习的算法就是根据这些样本改进策略，从而从更新的样本中获得更多的奖赏。为了使智能体的行动接近最优行动，智能体必须顾及行动的长程效果（也就是最大化未来收益），哪怕当前行动的即时奖赏是负值。也就是，强化学习特别看重长程回报与短程回报之间的权衡。

强化学习常常应用于以下情形。

（1）环境模型已知，但是无法给出解析表达式。

（2）环境模型不清楚，只能给出环境的仿真模型。

（3）收集环境信息的唯一方法是与之交互。

前两个问题可以归结为规划问题，因为模型的某种形式可以获得；后一个问题是一个真正的学习问题，然而在强化学习中规划问题也要转化为机器学习问题。

强化学习成功的应用包括但不限于：机器人控制、无人驾驶、电梯调度、电讯、人机对话、机器翻译、文本序列、计算机游戏、各种棋类游戏等。

13.2　马尔可夫奖赏过程

环境状态会因某种原因发生改变。如果 $t+1$ 时刻的状态 S_{t+1} 只与前一个时刻的状态 S_t 有关，而与更早的状态无关，那么这个状态的转移具有马尔可夫性，具有马尔可夫性的随机过程称作马尔可夫过程。在此情形，系统从状态 S_t 向 S_{t+1} 转移的概率满足：

$$P(S_{t+1}|S_t, S_{t-1}, \cdots, S_0) = P(S_{t+1}|S_t) \tag{13.3}$$

对于马尔可夫奖赏过程，状态的转移具有马尔可夫性。

13.2.1　马尔可夫奖赏过程表现形式

马尔可夫奖赏过程是一个元组 $\langle \mathcal{S}, \boldsymbol{P}, \mathcal{R}, \gamma \rangle$，其中，$\mathcal{S}$ 是有限状态集合，$\boldsymbol{P}$ 是转移概率矩阵，$\mathcal{R}$ 是奖赏函数集合，$\gamma \in [0,1]$ 是折现因子。$R_{t+1} \in \mathcal{R} \subset \mathbb{R}$ 定义为从状态 S_t 转移到状态 S_{t+1} 所得到的奖赏。$t=0$ 时刻所能得到的回报为即时奖赏 R_1 与后继各个时刻奖赏的折现之和，也就是

$$G_0 = R_1 + \gamma R_2 + \gamma^2 R_3 + \cdots \tag{13.4}$$

将当前时间改为任意时刻 t，此时在某一状态 s 下的回报由下式表示：

$$\begin{aligned} G_t &= R_{t+1} + \gamma R_{t+2} + \gamma^2 R_{t+3} + \cdots = \sum_{n=0}^{\infty} \gamma^n R_{t+n+1} \\ &= R_{t+1} + \gamma \sum_{n=0}^{\infty} \gamma^n R_{t+n+2} = R_{t+1} + \gamma G_{t+1} \end{aligned} \tag{13.5}$$

式中，折现因子 $\gamma \in [0,1]$ 是将未来奖赏折到现值时的折现率。从当前时刻 t 计算，n 时间步后得到的奖赏为 R_{t+n+1}，折成现值为 $\gamma^n R_{t+n+1}$。

13.2.2　状态值函数和贝尔曼方程

状态值函数（state-value function）给出一个状态 s 的长期价值。对于一个给定的状态，由值函数对这个状态的好坏进行估值。假设 t 时刻，环境状态 $S_t = s$，智能体采取行动 $A_t = a$，环境返回即时奖赏 R_{t+1}。一个马尔可夫奖赏过程的状态值函数 $v(s)$ 是该过程在 t 时刻从状态 s 开始进行所预期的回报，定义为

$$v(s) = \mathbb{E}\big[G_t|S_t = s\big],\quad 对于所有 s \in \mathcal{S} \tag{13.6}$$

这里和上下文中的 $\mathbb{E}$ 表示求期望。可以将状态值函数分解为两个部分，一部分是即时奖赏 R_{t+1}，另一部分是未来奖赏的折现。注意到 t 时刻环境的状态 s 可以转移到状态集合中的任何一个状态 $s' \in \mathcal{S}$，从而，状态值函数：

$$\begin{aligned}
v(s) &= \mathbb{E}\big[G_t|S_t = s\big] \\
&= \mathbb{E}\big[R_{t+1} + \gamma G_{t+1}|S_t = s\big] \\
&= \mathbb{E}\big[R_{t+1} + \gamma v(S_{t+1})|S_t = s\big] \\
&= \mathbb{E}\big[R_{t+1}|S_t = s\big] + \gamma\mathbb{E}\big[G_{t+1}|S_t = s\big] \\
&= \mathbb{E}\big[R_{t+1}|S_t = s\big] + \gamma \sum_{s' \in \mathcal{S}} \Pr(S_{t+1} = s'|S_t = s) G_{t+1}|S_{t+1} = s', S_t = s \\
&= \mathbb{E}\big[R_{t+1}|S_t = s\big] + \gamma \sum_{s' \in \mathcal{S}} \Pr(S_{t+1} = s'|S_t = s) G_{t+1}|S_{t+1} = s' \\
&= R_s + \gamma \sum_{s' \in \mathcal{S}} P_{ss'} v(s')
\end{aligned} \tag{13.7}$$

式中，$S_t = s$ 是 t 时刻的状态；R_s 是 $t+1$ 时刻即时奖赏的期望；$P_{ss'} = \Pr(S_{t+1} = s'|S_t = s)$ 是 t 时刻的状态 s 向 $t+1$ 时刻状态 s' 转移的概率；s' 可以是状态集合 $\mathcal{S}$ 中的任何一个状态。式（13.7）中包含了假设 $(G_{t+1}|S_{t+1} = s', S_t = s) = (G_{t+1}|S_{t+1} = s')$，即 $t+1$ 时刻的回报只依赖 $t+1$ 时刻的状态，和 t 时刻的状态无关，尽管 $t+1$ 时刻的状态由 t 时刻的状态转移而来。这样一来，我们得到贝尔曼方程的基本形式：

$$\boldsymbol{v} = \boldsymbol{R} + \gamma \boldsymbol{P} \boldsymbol{v} \tag{13.8}$$

式中，$\boldsymbol{P}$ 是状态转移概率矩阵；$\boldsymbol{v}$ 是值函数向量。贝尔曼方程是线性方程，可以直接求解：

$$\boldsymbol{v} = (\boldsymbol{I} - \gamma \boldsymbol{P})^{-1} \boldsymbol{R} \tag{13.9}$$

式中，$\boldsymbol{I}$ 是单位矩阵；-1 表示求逆。对于状态集合 $\mathcal{S}$ 中的 k 个状态，求解以上方程的计算复杂度是 $O(k^3)$，这意味着直接求解只能针对规模较小的马尔可夫奖赏过程。

13.3　马尔可夫决策过程

一个状态给定后，使该状态演变到下一个状态所采取的行动称为决策。假设环境是充分可观察的，智能体观察具有马尔可夫性的随机动态系统，序贯地作出决策。即智能体根据观

察到的状态，从可用的行动集合中选取一个行动，这将导致系统的状态发生转移。马尔可夫决策过程是状态的转移具有马尔可夫性的决策过程。

在马尔可夫奖赏过程的基础上添加行动集合 $\mathcal{A}$ 得到强化学习的一个新的元组 $\langle \mathcal{S}, \mathcal{A}, \boldsymbol{P}, \mathcal{R}, \gamma \rangle$，这个元组就是马尔可夫决策过程，其中，$\mathcal{S}$ 是状态的有限集合，$\mathcal{A}$ 是行动的有限集合，$\boldsymbol{P}$ 是智能体采取行动后（执行策略 π 时）状态转移与返回奖赏的多维概率阵列，$\mathcal{R}$ 是奖赏的集合，$\gamma \in [0,1]$ 是折现因子。我们来定义 $\boldsymbol{P}$ 的分量，对于 $t+1$ 时刻，随机变量 $S_{t+1} = s^{'} \in \mathcal{S}$，$R_{t+1} = r \in \mathcal{R}$，定义条件概率：

$$p(s', r|s, a) = \Pr\{S_{t+1} = s', R_{t+1} = r | S_t = s, A_t = a\} \tag{13.10}$$

表示 t 时刻环境处于状态 s，智能体采取行动 a，环境状态由 s 转移到 s'，同时返回奖赏 r 的概率。定义 $P^a_{s's}$ 表示智能体 t 时刻采取行动 a 后状态由 s 转移到 s' 的条件概率，则有

$$P^a_{ss'} = \Pr\{S_{t+1} = s' | S_t = s, A_t = a\} = \sum_{r \in \mathcal{R}} p(s', r|s, a) \tag{13.11}$$

由 R^a_s 表示 t 时刻状态 $S_t = s$ 时，智能体采取行动 a 后，即时奖赏的期望，则有

$$\begin{aligned} R^a_s &= \mathbb{E}\big[R_{t+1} | S_t = s, A_t = a\big] \\ &= \sum_{r \in \mathcal{R}} r p(r|s, a) \\ &= \sum_{r \in \mathcal{R}} r \sum_{s' \in \mathcal{S}} p(s', r|s, a) \\ &= \sum_{s' \in \mathcal{S}} \sum_{r \in \mathcal{R}} r p(s', r|s, a) \end{aligned} \tag{13.12}$$

式中，$p(r|s, a)$ 是环境处于状态 s，智能体采取行动 a 时环境返回奖赏为 r 的概率，$p(r|s, a) = \sum_{s' \in \mathcal{S}} p(s', r|s, a)$。这里定义了众多的概率，它们都可以由式（13.10）定义的概率 $p(s', r|s, a)$ 求出。假设状态集合中的状态数为 k，则当前状态可以向状态集合中的任何一个状态转移，单纯的状态转移概率矩阵为

$$\boldsymbol{P} = \begin{pmatrix} p_{11} & p_{12} & \cdots & p_{1k} \\ p_{21} & p_{22} & \cdots & p_{2k} \\ \vdots & \vdots & \ddots & \vdots \\ p_{k1} & p_{k2} & \cdots & p_{kk} \end{pmatrix} \tag{13.13}$$

式中，矩阵的每一行元素的和等于 1。需要注意的是，马尔可夫决策过程中智能体采取的行动不仅导致转移，还有对行动的奖赏。

如果状态集合 $\mathcal{S}$、行动集合 $\mathcal{A}$、奖赏集合 $\mathcal{R}$ 中的元素个数都是有限的，则称这样的马尔可夫决策过程为有限马尔可夫决策过程。马尔可夫决策过程的策略只依赖当前状态。给定一个马尔可夫决策过程 $\mathcal{M} = \langle \mathcal{S}, \mathcal{A}, \boldsymbol{P}, \mathcal{R}, \gamma \rangle$ 和策略 π，状态序列 $S_1, S_2, \cdots$ 是马尔可夫过程。由 $P^{\pi}_{ss'}$ 表示在执行策略 π 的情况下，状态从 s 转移到 s' 的概率；由 R^{π}_s 表示在执行策略 π

的情况下，从状态 s 出发期望得到的奖赏，则

$$\begin{aligned} P_{ss'}^{\pi} &= \sum_{a\in\mathcal{A}} \pi(a|s)P_{ss'}^{a} \\ R_{s}^{\pi} &= \sum_{a\in\mathcal{A}} \pi(a|s)R_{s}^{a} \end{aligned} \tag{13.14}$$

例如，假设一个人有以下三个状态 (状态空间 $\boldsymbol{S}$)：健康 (s_1)，饥饿 (s_2)，低血糖 (s_3)。可能采取的行动 (行动空间 $\mathcal{A}$) 包括：吃饭 (a_1)、喝水 (a_2)、运动 (a_3)。假如这个人处于低血糖状态，他在此状态下或吃饭、或喝水、或运动，概率分别是 $\pi(a_1|s_3)$、$\pi(a_2|s_3)$、$\pi(a_3|s_3)$；吃饭、喝水、运动后，此人由低血糖转为健康的概率分别为 $P_{s_3s_1}^{a_1}$、$P_{s_3s_1}^{a_2}$、$P_{s_3s_1}^{a_3}$；这个人由低血糖转为健康的概率由式（13.15）给出：

$$P_{s_3s_1}^{\pi} = \pi(a_1|s_3)P_{s_3s_1}^{a_1} + \pi(a_2|s_3)P_{s_3s_1}^{a_2} + \pi(a_3|s_3)P_{s_3s_1}^{a_3} \tag{13.15}$$

13.3.1　值函数与贝尔曼方程

值函数是强化学习的核心，这里值函数包括状态值函数和状态–行动值函数（action-value function）。状态值函数给出一个状态 s 的长期价值，状态–行动值函数（后面也简称行动值函数，或行动值）给出一个状态–行动对的长期价值。马尔可夫决策过程的状态值函数 $v_\pi(s)$ 定义为 t 时刻从状态 s 出发且遵从策略 π 所期望得到的回报：

$$\begin{aligned} v_\pi(s) &= \mathbb{E}_\pi\big[G_t|S_t=s\big] \\ &= \mathbb{E}_\pi\big[R_{t+1}+\gamma G_{t+1}|S_t=s\big] \\ &= \mathbb{E}_\pi\big[R_{t+1}+\gamma v(S_{t+1})|S_t=s\big], \quad s\in\mathcal{S} \end{aligned} \tag{13.16}$$

马尔可夫决策过程的行动值函数 $q_\pi(s,a)$ 定义为 t 时刻从状态 s 出发，采取行动 a，随后遵从策略 π，所期望得到的回报：

$$q_\pi(s,a) = \mathbb{E}_\pi\big[G_t|S_t=s,A_t=a\big], \quad s\in\mathcal{S},a\in\mathcal{A} \tag{13.17}$$

状态值函数和行动值函数的区别在于前者只针对状态，而后者不仅针对状态而且针对该状态下的每一个具体的行动。对于每一个状态–行动对，行动值函数 $q_\pi(s,a)$ 将从状态 s 出发采取行动 a 的概率 $\pi(a|s)$ 作为权重，遍历集合 $\mathcal{A}$ 中的所有行动就可以得到如下状态值函数 $v_\pi(s)$ 和行动值函数 $q_\pi(s,a)$ 之间的关系：

$$v_\pi(s) = \sum_{a\in\mathcal{A}} \pi(a|s)q_\pi(s,a) \tag{13.18}$$

即状态值函数是行动值函数的策略加权和。类似式（13.7），行动值函数可以分解成即时奖赏与后继状态折现值之和，也就是

$$\begin{aligned} q_\pi(s,a) &= \mathbb{E}\big[G_t|S_t=s,A_t=a\big] \\ &= \mathbb{E}\big[R_{t+1}+\gamma v(S_{t+1})|S_t=s,A_t=a\big] \\ &= \mathbb{E}\big[R_{t+1}|S_t=s,A_t=a\big] + \mathbb{E}_\pi\big[\gamma G_{t+1}|S_t=s,A_t=a\big] \end{aligned}$$

$$
\begin{aligned}
&= R_s^a + \gamma \mathbb{E}_\pi \big[G_{t+1} | S_t = s, A_t = a\big] \\
&= R_s^a + \gamma \sum_{s' \in \mathcal{S}} \Pr(S_{t+1} = s' | S_t = s, A_t = a) \mathbb{E}_\pi \big[G_{t+1} | S_{t+1} = s', S_t = s, A_t = a\big] \\
&= R_s^a + \gamma \sum_{s' \in \mathcal{S}} P_{ss'}^a \mathbb{E}_\pi \big[G_{t+1} | S_{t+1} = s'\big] \\
&= R_s^a + \gamma \sum_{s' \in \mathcal{S}} P_{ss'}^a v_\pi(s')
\end{aligned} \tag{13.19}
$$

将式（13.19）代入式（13.18），得到

$$
\begin{aligned}
v_\pi(s) &= \mathbb{E}_\pi \big[G_t | S_t = s\big] \\
&= \mathbb{E}_\pi \big[R_{t+1} + \gamma G_{t+1} | S_t = s\big] \\
&= \sum_{a \in \mathcal{A}} \pi(a|s) \mathbb{E}\big[R_{t+1} + \gamma G_{t+1} | S_t = s, A_t = a\big] \\
&= \sum_{a \in \mathcal{A}} \pi(a|s) q_\pi(s, a) \\
&= \sum_{a \in \mathcal{A}} \pi(a|s) \left(R_s^a + \gamma \sum_{s' \in \mathcal{S}} P_{ss'}^a v_\pi(s') \right) \\
&= R_s^\pi + \gamma \sum_{s' \in \mathcal{S}} P_{ss'}^\pi v_\pi(s')
\end{aligned} \tag{13.20}
$$

其中

$$
\begin{aligned}
R_s^\pi &= \sum_{a \in \mathcal{A}} \pi(a|s) R_s^a = \sum_{a \in \mathcal{A}} \sum_{r \in \mathcal{R}} \sum_{s' \in \mathcal{S}} r \pi(a|s) p(s', r | s, a) \\
P_{ss'}^\pi &= \sum_{a \in \mathcal{A}} \pi(a|s) P_{ss'}^a = \sum_{a \in \mathcal{A}} \sum_{r \in \mathcal{R}} \pi(a|s) p(s', r | s, a)
\end{aligned} \tag{13.21}
$$

将式（13.18）代入式（13.19），得到

$$
\begin{aligned}
q_\pi(s, a) &= R_s^a + \gamma \sum_{s' \in \mathcal{S}} P_{ss'}^a v_\pi(s') \\
&= R_s^a + \gamma \sum_{s' \in \mathcal{S}} \sum_{a' \in \mathcal{A}} \pi(a'|s') P_{ss'}^a q_\pi(s', a')
\end{aligned} \tag{13.22}
$$

式（13.20）和式（13.22) 分别是状态值函数和行动值函数所满足的贝尔曼方程，这两个方程都是递归方程，$t+1$ 时间步值函数所满足的方程嵌套在 t 时间步值函数所满足的方程中，且这两个时间步值函数所满足的方程具有相同的形式。所谓递归就是某个对象以自相似的形式重复。

贝尔曼方程表述状态值函数或行动值函数和后继值函数之间的关系。为了更加直观地理解贝尔曼方程，我们来图解式（13.20）和式（13.22）。约定状态由空心圆圈表示，状态–行动对或行动由实心圆表示。想象从一个状态 s 看向后继的状态 s'，状态值函数的贝尔曼方程式（13.20）由图 13.2 表示。用图顶部的根节点表示状态 s，从这里出发，智能体遵从策略 π 采取行动集合中的任何行动（示意图中只展示了三个），环境响应行动依照概率 $p(s', r|s, a)$ 将自身的状态由 s 转移到 s' 并给出奖赏 r（对于每一个可能的行动，示意图中只展示了两

个新状态）。我们从图 13.2 中的叶节点 s' 倒推根节点 s 的状态值。每一个叶节点的状态值为 $v(s')$，它对根节点状态值的贡献要打折扣，也就是要乘以 γ。每一个行动 a 后，环境的后继状态可以是状态集合中的任意一个状态，每一个可能的状态转移都伴着即时奖赏 r，其价值是即时奖赏 r 和后继状态值之和：$r+\gamma v(s')$。行动 a 的总价值是所有可能的状态转移价值的加权和：

$$q(s,a)=\sum_{s',r}p(s',r|s,a)\big[r+\gamma v(s')\big] \tag{13.23}$$

根节点 s 的价值是策略 $\pi(a|s)$ 下所有可能行动 a 的加权和：

$$\begin{aligned}v_\pi(s)&=\sum_{a}\pi(a|s)q(s,a)\\&=\sum_{a}\pi(a|s)\sum_{s',r}p(s',r|s,a)\big[r+\gamma v(s')\big]\\&=R_s^\pi+\gamma\sum_{s'\in\mathcal{S}}P_{ss'}^\pi v_\pi(s')\end{aligned} \tag{13.24}$$

式（13.24）正好就是式（13.20）。

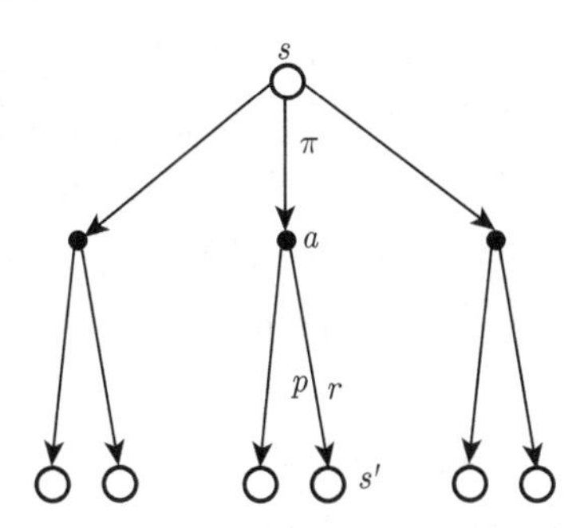

图 13.2　状态值函数计算回返图

状态–行动值函数的贝尔曼方程（13.22）由图 13.3 表示。顶部的根节点表示状态–行动对 (s,a)，从这里出发，环境响应行动 a，并依照概率 $p(s',r|s,a)$ 将自身的状态由 s 转移到 s' 并给出奖赏 r（对于行动 a，示意图中展示了两个新状态）。要注意的是这里的 a 是一个预定的行动，并没有要求它一定要遵从后继的行动策略，也就是行动 a 已经给定，与后继策略 π 无关。之后智能体从后继状态 s' 出发，依照策略 π 采取行动集合中的任何行动（示意图中展示了两个）。与状态值函数的回返类似，我们从图 13.3 中的叶节点 s'、a' 倒推根节点 s、a 的状态–行动值。每一个叶节点的状态–行动值为 $q(s',a')$，它的直接亲节点 s' 价值为这些叶节点值的加权和：

$$v_\pi(s')=\sum_{a}\pi(a'|s')q_\pi(s',a') \tag{13.25}$$

状态–行动对（s,a）后，环境状态 s 以概率 $p(s',r|s,a)$ 转移到后继状态 s'，并伴着即时奖赏 r，其价值是即时奖赏 r 和后继状态值之和：$r+\gamma v(s')$。后继状态 s' 的值对根节点值的贡献要打折扣，也就是要乘以 γ。状态–行动对（s,a）的总价值是所有可能的后继状态的值的加

权和：

$$\begin{aligned} q_\pi(s,a) &= \sum_{s',r} p(s',r|s,a)\big[r+\gamma v(s')\big] \\ &= \sum_{s',r} p(s',r|s,a)\big[r+\gamma \sum_{a} \pi(a'|s') q_\pi(s',a')\big] \\ &= R_s^a + \gamma \sum_{s'\in\mathcal{S}} \sum_{a'\in\mathcal{A}} \pi(a'|s') P_{ss'}^a q_\pi(s',a') \end{aligned} \tag{13.26}$$

式（13.26）正好就是式（13.22）。

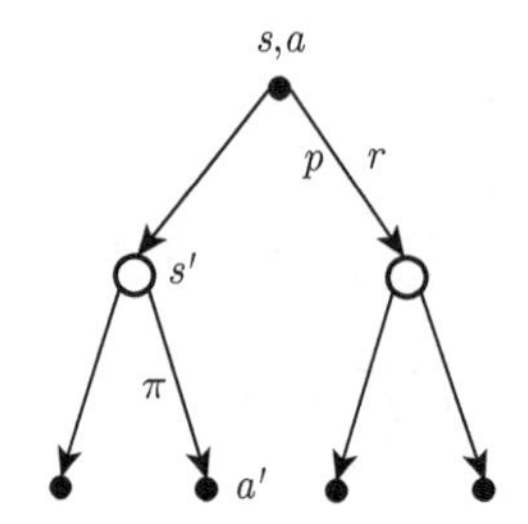

图 13.3　状态–行动值函数计算回返图

在强化学习中，回返图（backup diagram）是算法或模型的可视化表示。回返指的是将从根节点出发的各个后继分支的量转回到根节点，对根节点所代表的量或函数进行更新或赋值。回返图用圆圈表示状态，用实心圆表示行动，用弧线表示从多个行动中提取具有最大行动值的那个行动。除了符号外，图中还可能标注有字母 s、s'、a、p、r 和 Q 等，分别表示状态、后继状态、行动、行动发生概率、行动的即时奖赏和状态值或行动值的估计等。

式（13.20）的矩阵形式为

$$\boldsymbol{v}_\pi = \boldsymbol{R}^\pi + \gamma \boldsymbol{P}^\pi \boldsymbol{v}_\pi \tag{13.27}$$

原则上通过式（13.27）可以直接得到 $\boldsymbol{v}_\pi(s)$ 的解：

$$\boldsymbol{v}_\pi = \left(\boldsymbol{I} - \gamma \boldsymbol{P}^\pi\right)^{-1} \boldsymbol{R}^\pi \tag{13.28}$$

式中，$\boldsymbol{I}$ 是单位矩阵；-1 表示求逆。直接求解只能针对规模较小的马尔可夫决策过程，对于大规模的马尔可夫决策过程，有许多迭代方法用于近似求解贝尔曼方程，包括动态规划算法、蒙特卡罗估值、时间差分学习等。

13.3.2　最优策略和最优值函数

完成一个强化学习的任务大体上就是寻找到一个获得大量长期回报的策略。对于有限马尔可夫决策过程，我们能够精确地定义一个最优策略。一个策略 π 与另一个策略 π' 相当或更好意味着策略 π 的回报大于或等于一个策略 π' 的回报。换句话说：

$$\pi \geqslant \pi', \quad \text{对于所有的} s\in\mathcal{S}，\text{当且仅当} v_\pi(s) \geqslant v_{\pi'}(s) \tag{13.29}$$

至少总有一个策略，它要好于或等于所有其他策略，这个策略就是最优策略。对于马尔可夫决策过程，一个策略被称为最优的，如果从任何初始状态出发该策略都能实现最好的预期回

报。也就是说，对于最优策略，在每一个状态都实现最优值，回报和初始分布无关。最优策略 π^* 定义为

$$\pi^* = \underset{\pi}{\operatorname{argmax}}\, v_\pi(s), \quad \text{对于所有} s \in \mathcal{S} \tag{13.30}$$

最优策略可能不止一个，我们将所有的最优策略记作 π^*，它们共享相同的状态值函数，我们把这个状态值函数称为最优状态值函数，记为 $v^*(s)$，显然 $v^*(s) = v_{\pi^*}(s)$。将最优策略下的行动值函数记为 $q^*(s,a)$，则有

$$q^*(s,a) = q_{\pi^*}(s,a) \tag{13.31}$$

计算行动值函数 $q_{\pi^*}(s,a)$ 时，状态 s 下采取行动 a，所有后继行动都遵从策略 π^*。而计算 $v^*(s)$ 时，来自状态 s 下所有行动都遵从策略 π^*。直观上：

$$v^*(s) = \max_{a\in\mathcal{A}} q^*(s,a) = \max_{a\in\mathcal{A}} q_{\pi^*}(s,a) \tag{13.32}$$

将式（13.19）中 $q_\pi(s,a) = R_s^a + \gamma \sum_{s'\in\mathcal{S}} P_{ss'}^a v_\pi(s')$ 代入式（13.32）得到

$$\begin{aligned} v^*(s) &= \max_{a\in\mathcal{A}} q_{\pi^*}(s,a) \\ &= \max_{a\in\mathcal{A}} \Big[R_s^a + \gamma \sum_{s'\in\mathcal{S}} P_{ss'}^a v^*(s')\Big] \end{aligned} \tag{13.33}$$

将式（13.11）和式（13.12）代入式（13.33）得

$$\begin{aligned} v^*(s) &= \max_{a\in\mathcal{A}} \left[\sum_{r\in\mathcal{R}} r \sum_{s'\in\mathcal{S}} p(s',r|s,a) + \gamma \sum_{s'\in\mathcal{S}} \sum_{r\in\mathcal{R}} p(s',r|s,a) v^*(s')\right] \\ &= \max_{a\in\mathcal{A}} \sum_{s',r} p(s',r|s,a)\big[r + \gamma v^*(s')\big] \end{aligned} \tag{13.34}$$

由式（13.19），我们得到最优行动值 $q^*(s,a)$ 满足：

$$q^*(s,a) = R_s^a + \gamma \sum_{s'\in\mathcal{S}} P_{ss'}^a v^*(s') \tag{13.35}$$

将式（13.11）和式（13.12）代入式（13.35）得

$$\begin{aligned} q^*(s,a) &= \sum_{s',r} p(s',r|s,a)\big[r + \gamma v^*(s')\big] \\ &= \sum_{s',r} p(s',r|s,a)\big[r + \gamma \max_{a'\in\mathcal{A}} q^*(s',a')\big] \end{aligned} \tag{13.36}$$

我们将式（13.33）或式（13.34）称作状态值函数贝尔曼最优性方程，将式（13.36）称作状态–行动值（简称行动值）函数贝尔曼最优性方程。

图 13.4 是状态值函数贝尔曼最优性方程与行动值函数贝尔曼最优性方程对应的回返图。将图 13.4 与图 13.2、图 13.3 对比，发现图 13.4 中在状态表示下多了一段弧线，其含义是在全部可能的行动中取最优行动。

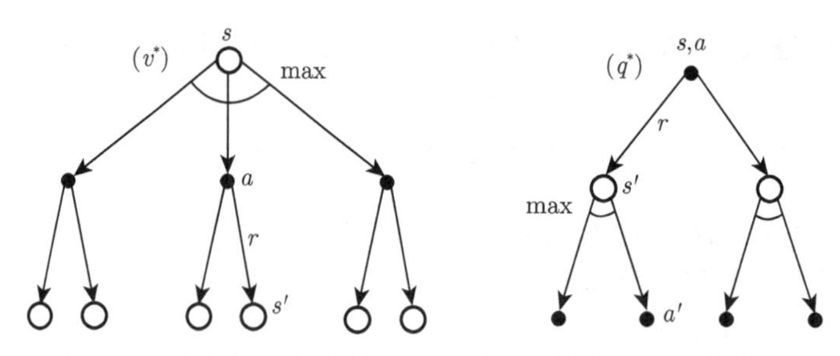

图 13.4　最优状态值函数和最优状态–行动值函数计算回返图

对于有限马尔可夫决策过程，状态值函数的贝尔曼最优性方程式（13.34）有独立于策略的唯一解。贝尔曼最优性方程实际上是一个方程组，每一个状态都有一个方程，n 个状态，n 个方程，方程组中只有 n 个未知数（最优值函数），如果环境模型 $p(s',r|s,a)$ 已知，原则上能够通过求解这个方程组，得出方程组的唯一一组解。同理，原则上，我们也能够通过求解行动值贝尔曼最优性方程得到唯一一组最优行动值。

一旦拥有最优状态值，确定最优策略就比较容易。对于每一个状态 s，与贝尔曼最优性方程的解对应的行动可能不止一个，只有对这些行动赋非零概率的策略才是最优策略。如果我们拥有最优值函数 v^*，参照图 13.4，不难看出一步搜索呈现出的最好行动将作为最优行动，也就是对于评估函数 v^* 采用的贪心策略都是最优策略。v^* 的动人之处在于：如果我们用它评价行动的短期后果，尤其是一步后果，那么对于我们感兴趣的长期后果，贪心策略实际上也是最优的。这是因为 v^* 已经考虑了未来所有可能行为的奖赏。借助 v^*，对于每一个状态，最优期望长期回报转变成一个当前可以立即获取的量。因此，一个一步前向搜索产生长期最优行动。

贪心算法又称贪婪算法，它在搜索问题的答案时总是做出在当前看来是最好的选择，或给出局部最优解。贪心算法不需要知道一个节点所有子树的情况，就可以求出这个节点的值。通常这个值都是对于当前的问题情况下，显而易见的“最优”情况。因此用“贪心”来描述这个算法的本质。由于贪心算法的这个特性，它不需要遍历解空间，而只需要自根开始，每一步都选择最优的路径，一直走到底就可以了。这样，它的代价只取决于子问题的数目，而选择数目总为 1。贪心算法不是对所有问题都能得到全局最优解，关键是贪心策略的选择，选择的贪心策略必须具备无后效性，即某个状态以前的过程不会影响以后的状态，只与当前状态有关。

我们来看采用贪心算法的一个非常简单的例子。假设要给人找 17 元零钱，有 10 元、5 元和 1 元的纸币可供选择，要求找出的纸币张数最少。采用贪心算法，每次选最优，也就是找出的钱币值最大，第一次 10 元，第二次 5 元，后两次各一元，共找出 4 张纸币，结果最优。假设币制是 20 元、7 元、5 元和 1 元，别人给你 20 元，需要找零 10 元，采用贪心算法，每次选最优，第一次 7 元，后三次各 1 元，共找出 4 张纸币，显然这不是全局最优，因为两张 5 元才是最优。可以看出，后一种币制下找零具有后效性，历史决策对未来产生影响。

强化学习通过奖赏或惩罚学习产生最大回报的行动。在马尔可夫决策过程中，最优值函数反映了智能体最好的表现，得到了最优值函数就意味着解答了一个马尔可夫决策过程。强化学习的目的就是求解马尔可夫决策过程的最优策略，使其在任意初始状态下，都能获得最

大的 v_π 值。求解最优策略的基本方法有动态规划 (dynamic programming) 方法、蒙特卡罗 (Monte Carlo) 方法、时间差分 (temporal difference) 法等。

13.3.3 行动值方法

我们希望有某种估计行动值的简单方法并且可以采用这种估计做出行动选择决策。一个行动的真值是该行动被选择后的平均奖赏。一个估计行动值的直接方法是求实际收到的奖赏的简单均值：

$$Q_t(a) = \frac{\text{先于时间}t\text{采取行动}a\text{所得奖赏的和}}{\text{先于时间}t\text{采取行动}a\text{的次数}} = \frac{\sum\limits_{i=1}^{t-1} R_i \mathbb{1}_{A_i=a}}{\sum\limits_{i=1}^{t-1} \mathbb{1}_{A_i=a}} \tag{13.37}$$

式中，$\mathbb{1}_{A_t=a} = \begin{cases} 1 & A_t = a \\ 0, & A_t \neq a \end{cases}$。如果式（13.37）中的分母为 0，则赋予 $Q_t(a)$ 某个缺省值，例如，赋 0 值；如果式（13.37）中分母为无穷大，则根据大数定理，$Q_t(a)$ 收敛到 $q^*(a)$。由式（13.37）估计行动值的方法称为样本均值方法，因为每一个估计都是相关奖赏样本的平均值。当然这只是估计行动值的一种方法，该方法并不一定是最佳方法。

最简单的行动选择规则是选择一个具有最高估计值的行动。也就是选择贪心行动。如果贪心行动不止一个，则任意选择其中的一个。贪心行动选择方法定义如下：

$$A_t = \underset{a}{\operatorname{argmax}}\, Q_t(a) \tag{13.38}$$

式中，$\underset{a}{\operatorname{argmax}}$ 表示行动 a 来自其后的表达式取最大值的那些行动。贪心行动的选择总是将当前知识开发利用到最大即时奖赏，根本不花任何时间去考虑一下明显差一些的行动，看看贪心行动是否真的是最好的。一个简单的可供修正方案是：在大部分时间贪心，但是有一小部分时间，或者说依照一个小概率 ϵ，选择在所有的行动中随机进行，而与行动值无关。我们称这样一种近似的贪心行动选择规则为 ϵ-贪心方法。这个方法的一个优点就是，在步数增加的极限情况下，每一个行动都会被无穷次抽样，从而确保 $Q_t(a)$ 收敛到 $q^*(a)$。当然，这也意味着选择到最优行动的概率收敛到大于 $1-\epsilon$，即接近必然发生。

13.4 动 态 规 划

动态规划法适用于求解递归问题，该方法也是理解后续算法的基础，因此我们先采用动态规划法求解有限马尔可夫决策过程。动态规划通过递归方式将复杂问题分解为简单一些的子问题。递归就是某个对象以自相似的形式重复。如果一个问题可以分解成子问题，并能够递归地找到子问题的最优解，就认为该问题具有最优子结构。如果子问题可以递归地嵌套在大问题的内部，那么大问题的值和子问题的值之间存在着某种关系，动态规划方法适用于近似求解这类问题。式（13.20）和式（13.22) 分别是状态值函数和行动值函数所满足的贝尔曼方程，这两个方程都是递归方程，适合用动态规划算法求解。动态规划要求一个完全已知的环境模型。所谓完全已知，就是蒙特卡罗决策过程五元组 $\langle \mathcal{S}, \mathcal{A}, \boldsymbol{P}, \mathcal{R}, \gamma \rangle$ 全部已知。求解蒙特卡罗决策过程的动态规划包含两个阶段：评价和控制。在评价阶段，输入五元组 $\langle \mathcal{S}, \mathcal{A}, \boldsymbol{P}, \mathcal{R}, \gamma \rangle$ 和策略 π，输出值函数 v_π；在控制阶段，同样输入五元组 $\langle \mathcal{S}, \mathcal{A}, \boldsymbol{P}, \mathcal{R}, \gamma \rangle$，输出最优值函数 v^* 和最优策略 π^*。

13.4.1 策略评价

对于一个给定的策略 π，通过迭代方法求解贝尔曼方程，得到该策略下的状态值函数 $v_\pi(s)$ 的近似值，这一过程称作策略评价（policy evaluation）。我们采用迭代方法求解递归形式的贝尔曼方程。将迭代过程中第 k 迭代步状态值函数记为 v_k，第 $k+1$ 迭代步的状态值函数记为 v_{k+1}，将式（13.20）改写为如下近似形式：

$$v_{k+1}(s) = R_s^\pi + \gamma \sum_{s' \in \mathcal{S}} P_{ss'}^\pi v_k(s'), \quad \text{对于所有} s \in \mathcal{S} \tag{13.39}$$

式中，s' 是 s 的后继状态。在迭代起始步，对于任意状态 $s \in \mathcal{S}$，值函数 $v_0(s)$ 随机赋值，如赋零值。算法 13.1 给出了策略评价的计算机伪代码。算法中，对于状态集合中的每一个状态，也就是对于每一个 $s \in \mathcal{S}$，依照第 k 迭代步的状态值根据贝尔曼方程计算第 $k+1$ 迭代步的状态近似值。δ 是收敛判别阈值，当相邻两步的迭代结果小于或等于 δ 时，迭代过程终止。在计算过程中，设置两个存放状态值的数组，第 k 步迭代状态值数组和第 $k+1$ 步迭代状态值数组，分别存放第 k 步迭代每个状态的值和第 $k+1$ 步迭代每个状态的值。直到第 $k+1$ 步迭代全部完成后，用第 $k+1$ 步迭代状态值数组中的元素更新存放第 k 步迭代状态值数组中的相应元素，再将 $k+1$ 步迭代状态值数组中的元素赋零值，重新开始新的一轮循环。因为在同一步循环迭代过程中，对于状态集合中的所有状态 $s \in \mathcal{S}$，其状态值都要更新，所以该算法属于同步算法。

算法 13.1 策略评价算法

初始化： 对于所有 $s \in \mathcal{S}$，数组 $v(s) = 0$

输出： $v \approx v_\pi$

1: 输入要评价的策略 π
2: **for** 每一个 $s \in \mathcal{S}$ **do**
3:     **while** $\Delta > \delta$(一个小的正数) **do**
4:         temp $\leftarrow v(s)$
5:         $v(s) \leftarrow R_s^\pi + \gamma \sum_{s' \in \mathcal{S}} P_{ss'}^\pi v_k(s')$
6:         $\Delta \leftarrow \max(\Delta, |\text{temp} - v(s)|)$
7:     **end while**
8: **end for**
9: **return** v

为了加快迭代收敛的速度，常常采用异步更新状态值的方法，在该方法的代码中，只设置一个存放状态值的数组，在每一个迭代步，当某个状态的值计算出来后，数组中对应的元素即时更新，也就是该状态值立即进入其他状态值的计算。

13.4.2　策略改进

策略改进就是在策略评价的基础上寻找更好的策略。假设我们已经为确定性的策略 π 定好了值函数 v_π，对于某些状态 s，是否有必要改变策略。回答是肯定的，策略的好坏由状态值度量，能使状态值越大的策略越好。通过前面对策略 π 的评价，我们已经从值函数 $v_\pi(s)$ 了解到该策略到底怎样。如果采用新策略，会更好吗？回答这个问题的办法是考虑在状态 s 下选择一个行动 $a=\pi'(s)\neq\pi(s)$，而后面的行动遵从旧的策略 π，这样做值函数为

$$\begin{aligned}q_\pi(s,a)&=\mathbb{E}\big[G_t|S_t=s,A_t=a\big]\\&=\mathbb{E}\big[R_{t+1}+\gamma v_\pi(S_{t+1}=s')|S_t=s,A_t=a\big]\\&=R_s^a+\gamma\sum_{s'\in\mathcal{S}}P_{ss'}^a v_\pi(s')\end{aligned}\tag{13.40}$$

关键是这个值是否比 v_π 更好。也就是状态 s 时选择行动 $a=\pi'(s)$ 而后继的行动遵从策略 π 是否比自始至终都遵从策略 π 更好？如果更好，只要遇到给定的状态 s，仍然选择行动 a。策略改进定理表明如果在策略 π' 下选择行动 a，而后遵从策略 π 得到的行动值 $q_\pi(s,a)$ 不小于 $v_\pi(s)$，则策略 $\pi'(s)$ 比旧的策略 π 更好。

策略改进定理：假设 π 和 π' 是任意两个确定的策略，如果

$$q_\pi(s,\pi'(s))\geqslant v_\pi(s),\quad \text{对于所有 } s\in\mathcal{S},\ \text{则有}\ v_{\pi'}(s)\geqslant v_\pi(s)\tag{13.41}$$

也就是说，$v_{\pi'}(s)$ 至少和 $v_\pi(s)$ 一样好。

证明：

$$\begin{aligned}v_\pi(s)&\leqslant q_\pi(s,\pi'(s))\\&=\mathbb{E}_{\pi'}\left[R_{t+1}+\gamma v_\pi(S_{t+1})|S_t=s\right]\\&\leqslant\mathbb{E}_{\pi'}\left[R_{t+1}+\gamma q_\pi\left(S_{t+1},\pi'(S_{t+1})\right)|S_t=s\right]\\&=\mathbb{E}_{\pi'}\left[R_{t+1}+\gamma\mathbb{E}_{\pi'}\left[R_{t+2}+\gamma v_\pi(S_{t+2})\right]|S_t=s\right]\\&=\mathbb{E}_{\pi'}\left[R_{t+1}+\gamma R_{t+2}+\gamma^2 v_\pi(S_{t+2})|S_t=s\right]\\&\leqslant\mathbb{E}_{\pi'}\left[R_{t+1}+\gamma R_{t+2}+\gamma^2 R_{t+3}+\gamma^3 v_\pi(S_{t+3})|S_t=s\right]\\&\qquad\vdots\\&\leqslant\mathbb{E}_{\pi'}\left[R_{t+1}+\gamma R_{t+2}+\gamma^2 R_{t+3}+\gamma^3 R_{t+4}+\cdots|S_t=s\right]\\&=v_{\pi'}(s)\end{aligned}$$

到此为止，对于给定的策略和相应的值函数，对于在单一的状态下某个特定的行动，我们能够容易地估算值的变化。对于在全部状态下所有可能的行动，考虑值函数的变化是一个很自然的延伸。根据 $q_\pi(s,a)$，在每一个状态下选择最好的行动，换句话说，考虑由下式给出的贪心策略：

$$\pi'(s)=\underset{a}{\operatorname{argmax}}\,q_\pi(s,a)$$

$$= \underset{a}{\operatorname{argmax}} \mathbb{E}\big[R_{t+1} + \gamma v(S_{t+1})|S_t = s, A_t = a\big]$$
$$= \underset{a}{\operatorname{argmax}} \left[R_s^a + \gamma \sum_{s' \in \mathcal{S}} P_{ss'}^a v_\pi(s')\right] \tag{13.42}$$

由于 $\pi'(s) = \underset{a}{\operatorname{argmax}}\, q_\pi(s,a)$，对于行动 $\pi'(s) \in \mathcal{A}$，必然有

$$q_\pi(s, \pi'(s)) = \max_a q_\pi(s,a) \tag{13.43}$$

这样一来，可以得出 $q_\pi(s,\pi'(s)) \geqslant v_\pi(s)$。证明如下：

$$\begin{aligned} v_\pi(s) &= \sum_{a\in\mathcal{A}} \pi(a|s) q_\pi(s,a) \\ &\leqslant \sum_{a\in\mathcal{A}} \pi(a|s) q_\pi(s,\pi'(s)) \\ &= q_\pi(s,\pi'(s)) \sum_{a\in\mathcal{A}} \pi(a|s) = q_\pi(s,\pi'(s)) \end{aligned} \tag{13.44}$$

依据策略改进定理，我们得出改进后的策略 $v_{\pi'}$ 优于旧的策略 v_π，即 $v_{\pi'} \geqslant v_\pi$。

13.4.3　策略迭代

综合前面的策略评价和策略改进，就有了完整的策略迭代算法。一旦有了 v_π，就可以改进策略 π，并得到一个更好的策略 π'，然后计算 $v(\pi')$，通过它得到一个比 π' 还要好的策略 π''。如图 13.5 所示，这个过程一直进行下去，直至值函数和策略都收敛。这样一个通过策略评价和策略改进的迭代寻找最优策略的方法叫作策略迭代。它是强化学习中两个最流行的动态规划算法中的一个，对于给出了完备知识的有限马尔可夫决策过程，可以放心地采用这个算法计算最优策略。策略迭代过程如下：

$$\pi_0 \xrightarrow{E} v_{\pi_0} \xrightarrow{I} \pi_1 \xrightarrow{E} v_{\pi_1} \xrightarrow{I} \pi_2 \xrightarrow{E} v_{\pi_2} \xrightarrow{I} \cdots \xrightarrow{I} \pi^* \xrightarrow{E} v_{\pi_*} \tag{13.45}$$

式中，箭头上的 E 表示策略评价；I 表示策略改进。算法 13.2 给出了策略迭代的计算机伪代码。假设状态集合 $\mathcal{S}$ 中的状态总数为 n、行为集合 $\mathcal{A}$ 中的行动总数为 m，则对于每一步迭代，计算的复杂度为 $O(mn^2)$。

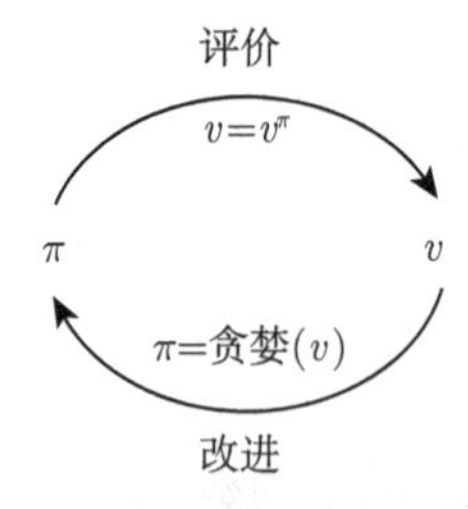

图 13.5　策略迭代原理：策略–值函数循环

13.4.4　值迭代

值迭代是除策略迭代外另一个最流行的动态规划算法。不同于策略迭代中先采用值函数对策略进行评价，然后改进策略以得到更好的值函数，如此循环往复，直至策略和值函数

都收敛到最优。值迭代算法中，我们直接通过贝尔曼最优性方程找到有限马尔可夫决策过程的最优策略。贝尔曼最优性方程式（13.33）对应如下迭代形式：

$$v^{k+1}(s) = \max_{a\in\mathcal{A}} \left[R_s^a + \gamma \sum_{s'\in\mathcal{S}} P_{ss'}^a v_k(s')\right] \tag{13.46}$$

即在第 $k+1$ 次迭代时，遍历 $\mathcal{A}$ 中所有行动，将能获得的最大的行动值函数赋值给 v_{k+1}。值迭代算法直接用可能转到的下一步 s' 的 $v(s')$ 来更新当前的 $v(s)$。不同于 13.4.3 节中的策略迭代，在这里策略没有显现，收敛前的值函数不直接对应任何策略。迭代收敛后，算法返回状态集合 $\mathcal{S}$ 中的每个状态 s 对应的最优行动 a，也就是返回最优策略。一般来说值迭代和策略迭代都需要经过许多次迭代循环才能收敛。我们可以通过设置一个阈值来作为循环的中止条件。例如，可以通过计算 $k+1$ 步和 k 步的值差 $\varDelta = |v_{k+1} - v_k|$，并设定当 $\varDelta \leqslant \delta$ 时中断迭代，δ 是一个大于零的小值。算法 13.3 给出了值迭代完整伪代码。

算法 13.2　策略迭代算法

初始化: 对于所有的 $s \in \mathcal{S}$，$v(s) \in \mathbb{R}$，$\pi(s) \in \mathcal{A}(s)$

1: **for** 每一个 $s \in \mathcal{S}$ **do**
2: 　**while** $\varDelta > \delta$(一个小的正数) **do**
3: 　　temp $\leftarrow v(s)$
4: 　　$v(s) \leftarrow R_s^\pi + \gamma \sum_{s'\in\mathcal{S}} P_{ss'}^\pi v_k(s')$
5: 　　$\varDelta \leftarrow \max(\varDelta, |\text{temp} - v(s)|)$
6: 　**end while**
7: **end for**
8: policy-stable $\leftarrow$ true
9: **for** 每一个 $s \in \mathcal{S}$ **do**
10: 　temp $\leftarrow \pi(s)$
11: 　$\pi(s) \leftarrow \underset{a}{\text{argmax}} \left[R_s^a + \gamma \sum_{s'\in\mathcal{S}} P_{ss'}^a v_\pi(s')\right]$
12: 　**if** temp $\neq \pi(s)$ **then**
13: 　　policy-stable $\leftarrow$ false
14: 　**end if**
15: **end for**
16: **if** policy-stable **then**
17: 　**return** v 和 π
18: **else**
19: 　回到第 1 行
20: **end if**

13.4.5　异步动态规划

算法 13.2 表明对于一个给定的状态，策略的评价依赖于其他所有状态值。如果将策略评价和策略改进的一次总迭代看作一个回合。在每一回合，我们首先遍历状态集合中的所有

算法 13.3 值迭代算法伪代码

初始化: 对于所有的 $s \in \mathcal{S}$，给数组 $v(s)$ 赋任意值（如 $v(s) = 0$）

1: **while** $\varDelta > \delta$(一个小的正数) **do**

2: $\quad \varDelta \leftarrow 0$

3: $\quad$ **for** 每一个 $s \in \mathcal{S}$ **do**

4: $\quad\quad \text{temp} \leftarrow v(s)$

5: $\quad\quad v(s) \leftarrow \max\limits_{a \in \mathcal{A}} \left[R_s^a + \gamma \sum_{s' \in \mathcal{S}} P_{ss'}^a v_k(s')\right]$

6: $\quad\quad \varDelta \leftarrow \max(\varDelta, |\text{temp} - v(s)|)$

7: $\quad$ **end for**

8: **end while**

输出: 输出一个确定性的策略 $\pi \approx \pi^*$

9: $\pi(s) = \arg\max\limits_{a \in \mathcal{A}} \left[R_s^a + \gamma \sum_{s' \in \mathcal{S}} P_{ss'}^a v_k(s')\right]$

状态，依据已有的策略计算每一个状态 s 的值 $v(s)$，然后再遍历状态集合中的所有状态，采用贪心算法更新每一个状态下的最优策略。在同一回合中，状态值更新前，针对所有状态的策略都要准备好；同样在策略更新前，所有状态的值也都要计算出来。换句话说，在同一回合层面，所有的状态都是同步的。在实际应用中，这常常是不现实的。例如，中国象棋的状态总数高达 10^{40} 个，即使对于单个策略，假设每秒钟计算机可以扫过 10 亿个状态，遍历全部状态需要耗时近 10^{24} 年。即使简单一点的西洋双陆棋总状态数也超过 10^{20} 个。既然这样的同步动态规划算法有致命的弱点，我们能否打乱甚至舍弃回合，不对所有状态的值和策略进行同步更新，而是，有什么就用什么？答案是肯定的。

异步动态规划不会按部就班地进行状态扫描，而是采用一种就地（in-place）迭代策略。异步算法以任意次序更新状态值，某些状态的值可能已经更新了好多遍，而另外一些状态的值可能一遍也没有更新。这样一来，异步动态规划算法在选择状态进行更新时具有非常大的灵活性。但是，为了保证计算正确地收敛，异步动态规划必须不停地更新所有状态的值，在计算进行到某些阶段时，不能舍弃任何状态。

当然，避免遍历扫描状态并不意味着计算的复杂度降低，只是表明在策略改进取得进展前，算法不会被无休止的状态扫描锁死。我们可以利用异步迭代的灵活性选择需要更新值和策略的状态，以改善算法的进展步伐；我们可以试图规定更新的次序，使状态值信息更加有效地从一个状态传播到另一个状态；某些状态可能并不需要频繁地更新它们的值和策略；如果某些状态对优化贡献不大，迭代时可以将其忽略。异步迭代也可以和智能体与环境交互混合。智能体在实时交互时的经验可以用来确定算法需要更新的状态；最新的值函数和策略信息也可以用来指导智能体在交互中做出决策；动态规划在迭代时可以只关注部分和智能体最相关的状态。

13.4.6 广义策略迭代

策略迭代由两个联立的交互过程组成，一个过程使值函数与当前策略保持一致，即通过策略 π 评价获得它的状态值函数 $v_\pi(s)$。另一个基于当前值函数选择贪心策略，即改进策略

π 得到更好的策略 π'。接着再计算 $v_{\pi'}(s)$。在策略迭代时策略评价和策略改进这两个过程交替进行，一个的结束是另一个的开始，如此循环并非必须。例如，在值迭代中，在两次策略改进之间，仅仅执行一次策略评价迭代。在异步动态规划算法中，策略的评价和改进以更细的颗粒交织在一起。在有的情形，一个过程中只更新某个单一的状态。只要两个过程持续进行，所有的状态都得到更新，最终的结果都是一样的，都是收敛到最优值函数和最优策略。

我们用术语“广义策略迭代”（generalized policy iteration，GPI）指代让策略评价和策略改进交互这样的思想，无关乎这两个过程的粒度与其他细节。几乎所有的强化学习方法都可以由广义策略迭代描述，也就是说这些方法都有可辨别的策略和值函数，策略总是基于值函数而得到改善，而值函数总是朝着策略希冀的值函数靠拢。如果评价过程和改进过程都稳定了，也就是这两个过程都收敛了，那么值函数和策略就都是最优的了。仅当策略是它自己值函数 v^* 的贪心策略 π^* 时，这两个过程才会是稳定的，这意味着找到了贝尔曼最优方程解。

在广义策略迭代中，策略的评价和改进过程可视作一对竞争与合作过程。竞争指的是它们将对方推向相反的方向，根据值函数选择的贪心策略会使值函数发生较大改变；而和值函数一致的策略会导致策略不再是贪心的。在反复迭代过程中，值函数和策略的相互竞争会逐渐趋近于一个均衡点，也就是它们的单一联合解，即最优值函数和最优策略。

我们也可以根据最终目标来思考广义策略迭代中策略评价和策略改进之间的相互作用。如图 13.6 所示，趋近于 π^* 和 v^* 的两条直线分别代表值函数 v_π 和贪心策略 π。实际情况当然要比这个示意图复杂得多，但是我们可以从中了解到策略评价和策略改进的真实过程。每一个过程驱动值函数或策略朝着代表各自目标的直线运动。因为两条直线不是互相垂直的，所以两个目标之间相互作用，被驱动值函数朝着自己的目标运动引起策略远离自己的目标，同样地，被驱动值策略朝着自己的目标运动引起值函数远离自己的目标。然而，两个驱动的联合过程将使值函数和策略逐渐靠近优化的最终目标。

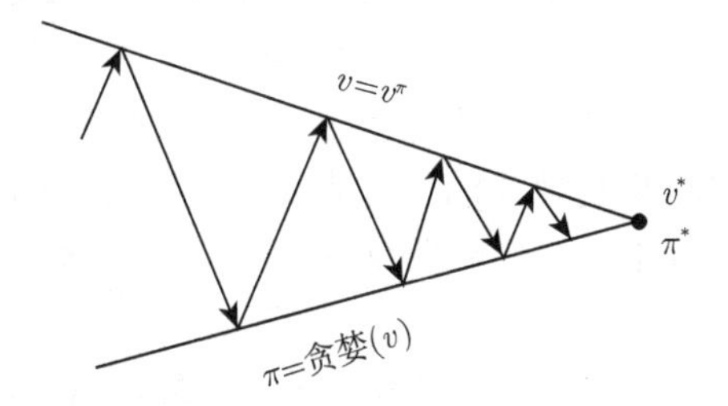

图 13.6　策略迭代原理：收敛过程示意图

思考与练习

1. 借助图 13.4，从叶节点出发，回推根节点处的最优状态值函数和最优状态–行动值函数。

2. 以最优策略搜索为例，比较贪心算法和动态规划算法。

第 14 章　无完整模型的强化学习

采用动态规划求解有限马尔可夫决策过程的算法很完美。但是有一个明显的限制：需要一个完全已知的环境模型，也就是五元组 $\langle \mathcal{S}, \mathcal{A}, \boldsymbol{P}, \mathcal{R}, \gamma \rangle$ 全部已知。我们要求解的问题常常不具备这样的条件。当不具备完整的环境模型时，智能体从经验中学习最优策略。经验是状态、行动和奖赏的序列，它可以是真实的，也可能出自模拟智能体和环境的相关作用。从真实经验中学习是最直接的，因为不需要环境动力学的先验知识，且可以获得最优策略。从模拟得到的经验中学习也是可行的，尽管需要一个模型，但是只用它产生样本的转移，不需要所有转移的完整概率分布。许多情况下，根据满意的概率分布生成经验样本比较容易，只不过做不到以显性的形式呈现这个概率分布。

14.1　蒙特卡罗方法

蒙特卡罗常常用来泛指运算过程中明显包含随机性的任何估计方法。强化学习采用蒙特卡罗方法求样本的平均回报。为确保可以获得清晰的回报，我们只考虑情节式任务，也就是将经验划分成若干个情节，无论选择什么样的行动，所有的情节最终都会终止。只有当一个情节完成时，值函数和策略才会改变。所以蒙特卡罗方法是一个情节接着一个情节进行的，而不是一步接一步。智能体和环境交互形成决策序列，如果该序列可以分解为若干个独立的子序列，而且对于每个子序列，不管采取哪种策略 π，都会在有限时间内到达终止状态并获得回报，则每个子序列构成一个情节（episode）。就智能体来说，每个子序列构成一个情节式任务（episodic task），各个情节式任务之间彼此独立。例如，玩棋类游戏，在有限步数以后总能达到输赢或者平局的结果并获得相应回报，一局棋完成后再开新局，每一局棋就是一个情节式任务，棋局彼此间是独立的。与情节式任务对应的是连续性任务（continuing task），这类任务可以无限进行下去，没有明确的终点，例如，训练无人驾驶汽车智能体这样的任务。

当不具备完整的环境模型时，蒙特卡罗方法凭经验获得最优策略。一条经验就是一个样本，例如，在初始状态 s，遵循策略 π，最终获得了总回报 R，这就是一个样本。当我们拥有大量样本时，就可以估计在状态 s 下，遵循策略 π 的回报期望值。给定一个确定性平稳策略 π，我们的目标是对于所有的状态–行动对（s, a）计算值函数 $q_\pi(s,a)$。一个策略是平稳的，如果由它返回的行动分布只依赖于最后被访问状态。这里，最后被访问状态根据观察智能体的历史得到。确定性平稳策略基于当前状态确定性地选择行动，任何这样的策略可以通过从状态集到行动集的映射来识别。

回想一下，第 2 章中提到的多臂老虎机问题，假设给定一个策略 π，对任意状态 s，每次拉动手臂都按照策略 π 选择行动 a。每次拉动手臂获得随机变量 S、A、R 的一个样本，包含一个状态、一个行动和一个奖赏。根据统计多次抽样中出现状态 s 的数目 $N(s)$，然后求多次实验获得的奖赏平均值，就可以估计某一特定状态 s 的值函数。蒙特卡罗方法类似老虎机问题，不同之处在于：在一个状态下采取行动后所得的回报依赖于同一个情节中在上一个状态采取的行动。

14.1.1　蒙特卡罗策略预测

对于一个给定的策略，我们来考虑用蒙特卡罗方法学习状态值函数 $v_\pi(s)$。回想前面所述，一个状态的值就是该状态下回报的期望，也就是从该状态开始，未来奖赏的累积折现的期望。根据经验估计 $v_\pi(s)$ 的一个显然的方法就是求访问该状态后观察到的回报的均值，观察到的回报次数越多，该均值越接近期望值。这样的想法根植于所有蒙特卡罗方法。

对于观察到的遵从策略 π 和历经状态 s 的情节的集合，我们希望估计 $v_\pi(s)$，也就是策略 π 下状态 s 的值。将每一个情节里状态 s 的每一次出现称作对状态 s 的一次访问。当然，在相同的情节中，状态 s 可能会被多次访问，我们将一个情节中对状态 s 的第一次访问称作对状态 s 的首次访问（first visit）。用 $V(s)$ 表示状态值函数 v_π 的估计值，用 $Q(s,a)$ 或 Q 表示行动值函数 $q_\pi(s,a)$ 的估计值。如算法 14.1 所示，首次访问蒙特卡罗方法（first-visit MC methods）通过计算跟随首次访问状态 s 后的平均回报估计 $V_\pi(s)$；每次访问蒙特卡罗方法（every-visit MC methods）对所有跟随状态 s 访问的回报求平均估计 $v_\pi(s)$。这里，我们只考虑首次访问蒙特卡罗方法，即在一个情节内，只记录状态 s 的首次访问，然后就所有情节求回报均值。

算法 14.1　首次访问蒙特卡罗方法估计 $V \approx v_\pi$

初始化： 待评价的策略 π，一个任意状态值函数 v；对于所有的 $s \in \mathcal{S}$ 一个空的链表 $R(s)$

1: **for** (;;) **do**
2: 　通过策略 π 生成一个情节
3: 　**for** 对于情节中出现的每一个状态 s **do**
4: 　　$G \leftarrow$ 跟随在状态 s 首次出现后的回报
5: 　　回报 $\leftarrow$ 回报 $+ G$
6: 　　$V(s) \leftarrow$ 回报的均值
7: 　**end for**
8: **end for**

当对状态 s 的访问数趋于无穷大时，首次访问蒙特卡罗和每次访问蒙特卡罗都收敛于 $v_\pi(s)$。对于首次访问蒙特卡罗，这一点比较好理解，此时，每一个回报都是 $v_\pi(s)$ 的独立同分布估计，且方差有限。由大数定理，这些估计的均值序列收敛于它们的期望值，每一个均值都是它自身的无偏估计，并且它的标准误差以 $1/\sqrt{n}$ 下降，n 是用来求均值的回报个数。

例 14.1　求解 21 点。

扑克牌 21 点可以让我们更好地理解蒙特卡罗方法。21 点又名黑杰克（Black Jack），52 张牌中 J、Q、K 算 10 点，记作 T。A 可算作 1 点也可算作 11 点，所有其他牌，牌面上的数字是多少就算多少点。游戏参与者包括一个庄家和若干个闲家，大家的目标都是使手中的牌的点数之和尽量大，但是不能超过 21 点。开局时，庄家给每个闲家发两张明牌，再给自己发一张明牌和一张暗牌。两张牌中，如果闲家拿到的是 A 和 T 就是黑杰克，如果庄家也是黑杰克，则是和局。如果闲家不是黑杰克，他可以一张接一张要牌，直至停牌或超过 21 点（爆炸），如果闲家爆炸就输掉一局。闲家没有爆炸且停牌后，轮到庄家要牌，他的牌点之和等于或大于 17 点必须停牌，否则必须继续要牌。假如庄家爆掉了，则闲家赢，否则比点数大小，大为赢，点数相同为平局。

21 点是一个情节式的有限马尔可夫决策过程，每一局牌都是一个情节，对应输、赢和平局的奖赏分别为 −1、+1 和 0，每一局的总奖赏都是 0。因为折扣系数 $\gamma = 1$，最终的奖赏就是回报。游戏参与者只有要牌和停牌两个行动可供选择。状态依赖于闲家的牌和庄家的那张明牌。假设牌是从无数副牌中发出的，从而记住已经发出的牌不会有任何优势。如果闲家有一张 A，将其记 11 点而不爆牌，则说这张 A 是可用的，因为如果记作 1 点，则手上牌点总和不会大于 11 点，此时毋需决策，显然是继续要牌。因而，闲家的决策建立在三个变量的基础上：当前点数（12~21）、庄家的明牌（A~10）、是否有一张可用的 A，对应 200 个状态。

假设闲家的策略确定为牌点和为 20 点或 21 点时停牌，否则取牌。为了通过蒙特卡罗方法找到这个策略下的值函数，我们可以采用这个策略模拟 21 点游戏，并且计算跟随每个状态的平均回报。在这个模拟实验中，同一情节（同一局牌）中状态不可能重复，所以不存在首次访问和每次访问的区别。无论如何，500000 局游戏后，可以比较精确地定出每一个状态的值函数。

在这个简单的例子中，虽然拥有关于环境的完整知识，但是采用动态规划算法计算值函数仍然困难重重。动态规划算法需要由概率函数 $p(s', r|s, a)$ 给出环境动力学，而确定这个函数并不容易。在执行动态规划算法前，所有的概率都得计算出来，这样的计算通常是复杂的且易出错，但是生成蒙特卡罗算法所需要的样本容易做到。

我们能否将回返图的想法推广到蒙特卡罗算法？回返图的基本思路是在图的顶部画出要更新的根节点，接着画出所有奖赏和估计值对根节点有贡献的转移与叶节点。对于状态值函数 v_π 的蒙特卡罗估计，回返图中，根节点是状态，接下来的是沿着某一个情节的转移轨迹，情节结束，整个图终止。图 14.1（a）是动态规划回返图和蒙特卡罗回返图的对比，图 14.1（a）是动态规划回返图，图 14.1（b）是蒙特卡罗回返图，都是针对状态值函数，所以根节点是状态。图 14.1（a）展示了所有可能的状态转移，而蒙特卡罗示意图只展示一个情节中所有的采样。动态规划算法只针对一次转移，而蒙特卡罗回返图从状态根节点出发直至一个情节的终止。这些不同点体现了两个算法间的原理性差异。

蒙特卡罗方法对一个状态的估计与其他状态无关，也就是蒙特卡罗估计是非自助的，而动态规划算法对一个状态的估计依赖于其他状态。还有一点特别值得注意，就是估计单个状态的值的计算代价和状态的数目无关，正是这一点使蒙特卡罗方法对于估计单一状态或估计一个状态集合的子集时特别有吸引力。我们可以从感兴趣的状态开始生成很多样本情节，只是针对这些状态求平均回报，而不必理会其他状态。蒙特卡罗方法既可以从实际经验中学习，也可以从模拟经验中学习。

蒙特卡罗方法也有局限性，采用这个方法可能会面临以下问题。

（1）可能在评价子策略方面消耗太多的时间。

（2）它采用的样本在长轨迹上不足以改善估计，仅仅局限于轨迹开始的单一状态–行动对。

(3) 沿着轨迹的回报方差太大，收敛慢。

(4) 只适合于情节式问题。

(5) 只适合小规模的有限蒙特卡罗决策过程。

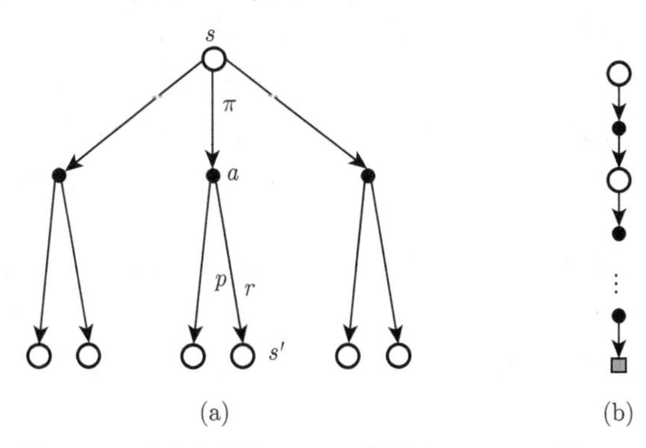

图 14.1　动态规划回返图和蒙特卡罗回返图的对比

14.1.2　行动值的蒙特卡罗估计

当缺乏现成的模型时，估计行动值（状态–行动对的值）比估计状态值更有用。行动值函数的策略评价问题是估计 $q_\pi(s,a)$，它是从状态 s 出发，采取行动 a，然后遵从策略 π 所期望的回报。除了状态–行动对取代了状态外，由蒙特卡罗方法估计行动值函数本质上和估计状态值函数相同。在一个情节中，访问一个状态–行动对 (s,a) 指的是访问状态 s 并且在此状态采取行动 a。首次访问蒙特卡罗方法将跟随在每个情节中状态 s 被第一次访问且选择行动 a 后回报的均值作为行动值函数的估计值；每次访问蒙特卡罗方法通过求所有跟随在访问状态 s 并在此状态采取行动 a 所得回报的均值估计一状态–行动对 (s,a) 的值。模型已知时，单靠状态值就足以确定策略，就像我们在动态规划中所做的那样，只需要向前看一步，并且选择奖赏和下一个状态最佳结合的那个行动。在状态转移概率 $p(s'|a,s)$ 已知的情况下，策略估计后有了新的值函数，我们就可以进行策略改进了，只需要看哪个行动能获得最大的期望累积回报。然而在没有准确的状态转移概率的情况下，只有状态值函数是不够的，为了给出一个策略，我们必须清晰地估计每一个行动的值。

为简便起见，假设：① 决策过程是有限的，即状态集合 $\mathcal{S}$、行动集合 $\mathcal{A}$、奖赏集合 $\mathcal{R}$ 中的元素个数都是有限的；② 问题是情节式的，每一个情节从初始状态出发开始一个新的状态。对于一个给定的状态–行动对 (s,a)，它的值通过求始于该状态–行动对的抽样回报均值得出。只要时间足够长，这个步骤可以比较精确地对行动值函数 $q_\pi(s,a)$ 做出估计。估计思路与第 13 章的思路类似，即在状态 s 下采用行动 a，后续行动遵循策略 π，获得期望累积回报 $q_\pi(s,a)$。之后依照式 (14.1) 对策略进行改进：

$$\pi'(s) = \underset{a}{\operatorname{argmax}}\, q_\pi(s,a) \tag{14.1}$$

式 (14.1) 告诉我们，在策略改进步，下一步策略通过贪心选择得到：给定一个状态 s，新的策略是一个能够使 $q(s,a)$ 最大化的行动 a。

有点复杂的状况是许多状态–行动对可能根本访问不到。如果 π 是确定性的策略，则遵从该策略，对于每一个状态可以有很多行动，但是只能观察一个行动的回报。当用来求均值的回报数不够时，其他行动的蒙特卡罗估计得不到改善。这是一个严重的问题，因为学习行动值的目的是有助于在每一个状态下可以获得的行动中做出选择。为比较不同的方案，我们需要估计来自每个状态的所有行动值，而不能凭个人喜好。

这是持续探索的普遍问题，对于基于行动值的策略评价，我们必须确保不断地探索。方案之一是确立情节中起始的状态–行动对，每一个状态–行动对选择作为起始状态–行动对的概率都大于零。这将确保当情节的数量趋于无穷大时所有的状态–行动对都会被访问无限次。我们将这一方案称为探索起始假设。

探索起始假设有时候是有用的，但是我们不能总是依赖它，尤其是当学习直接来自和环境的交互时。为确保所有的状态–行动对都会遇到，最普遍的变通方案是只考虑在每一个状态中以非零概率选择所有行动的随机策略。

14.1.3 蒙特卡罗控制

本节学习怎样将蒙特卡罗方法用于控制，也就是估计最优策略。首先，考虑一个经典策略迭代的蒙特卡罗形式。在这个方法中，我们执行策略评价和策略改善的完整步骤，始于任意策略 π_0，止于最优策略和最优行动值函数：

$$\pi_0 \xrightarrow{E} q_{\pi_0} \xrightarrow{I} \pi_1 \xrightarrow{E} q_{\pi_1} \xrightarrow{I} \pi_2 \xrightarrow{E} q_{\pi_2} \xrightarrow{I} \cdots \xrightarrow{I} \pi^* \xrightarrow{E} q^* \tag{14.2}$$

式中，$\xrightarrow{E}$ 表示完整的策略评价；$\xrightarrow{I}$ 表示完整的策略改进。策略评价和动态规划方法中阐述过的策略评价完全一致。随着近似行动值函数渐进地趋近于真实值，许多情节被经历。假定我们确实观察过无限数目的情节，并且这些情节满足探索起始假设，则对任意策略 π_k，蒙特卡罗方法将能够精确计算每一个 q_{π_k}。

就当前的值函数，通过贪心策略实现策略的改进。如果我们有行动值函数，构建贪心时就不需要模型。对于任何一个行动值函数 q，相应的贪心策略确定性地选择具有最大行动值的行动，也就是该策略满足：

$$\pi(s) = \arg\max_a q(s,a), \quad \text{对于所有 } s \in \mathcal{S} \tag{14.3}$$

将当前行动值函数 q_{π_k} 的贪心 $\pi(s)$ 认作 π_{k+1}，策略改进得以实现。对于所有 $s \in \mathcal{S}$：

$$\begin{aligned} q_{\pi_k}(s, \pi_{k+1}(s)) &= q_{\pi_k}(s, \arg\max_a q_{\pi_k}(s,a)) \\ &= \max_a q_{\pi_k}(s,a) \\ &\geqslant q_{\pi_k}(s, \pi_k(s)) \\ &\geqslant v_{\pi_k}(s) \end{aligned} \tag{14.4}$$

式 (14.4) 中最后一个不等式之所以成立是因为 $\pi_k(s)$ 是贪心策略，对应的行动值函数必然不小于状态值函数。将策略改进定理应用于式（14.4），立即得出 π_{k+1} 至少和 π_k 一样好，这使得我们确信整个过程将收敛到最优策略和最优值函数。这样一来，只要给定样本情节，蒙特卡罗方法就可以用来寻找最优策略而且不需要环境方面的知识。

为了便于蒙特卡罗方法收敛，我们需要两个似乎不太可能的假设，其一是情节具有探索起始，其二是用于策略评价的情节数无穷大。为在实践中可行，我们将舍弃这两个假设。在动态规划方法和蒙特卡罗方法中，为了避免策略评价时要求无穷大情节数目，在策略改进前，我们放弃完整的策略估计。在每一个评价步，我们朝着 q_{π_k} 移动，除非经过许多步，我们并不期望接近它。这个想法的一个极端形式是策略改进的每一步间只执行一次策略评价。就地值迭代甚至更极端，针对单一的状态，策略改进和评价步交替进行。这些方法都是广义策略迭代的某种变体。广义策略迭代是近似策略和近似值函数之间的交互过程，一个过程给定策略并且执行某种形式的策略评价，改变值函数使其更像是给定策略的真正的值函数；另一个过程给定值函数并且执行某种形式的策略改进，改变策略使其更好，假定给定的值函数就是它的值函数。一个过程的结果是另一个过程的出发点，两个过程共同进行以找到最优策略和最优值函数联合解：策略和值函数在各自的过程中都不再改变，从而被认为是最优的。在某些情形下，例如，对于经典的动态规划，可以证明广义迭代收敛到最优解。

一个情节接着一个情节，策略评价和策略改进交替进行。每一个情节之后，观察到的回报用来做策略评价，然后就此情节，在所有访问到的状态改进策略。依照这个思路，可以设计一个称为探索起始蒙特卡罗（Monte Carlo with exploring starts）的方法，以用来估计最优策略，其伪代码由算法 14.2 给出。

算法 14.2　探索起始蒙特卡罗，估计 $\pi \approx \pi^*$

初始化： 对所有的 $s \in \mathcal{S}$，任意给定 $\pi(s) \in \mathcal{A}$、$Q(s,a) \in \mathbb{R}$；对于所有的 $s \in \mathcal{S}$，$a \in \mathcal{A}$，回报 $R(s,a) \leftarrow$ 空链表

1: **for** (;;) **do**
2: 　选择 $S_0 \in \mathcal{S}, A_0 \in \mathcal{A}(S_0)$，所有 (S_0, A_0) 对都有可能被选中（概率大于零）
3: 　生成一个始于 S_0, A_0，遵从策略 π：$S_0, A_0, R_1, S_1, A_1, R_2, \cdots, S_{T-1}, A_{T-1}, R_T$
4: 　$G \leftarrow 0$
5: 　**for** (t 从 0 到 $T-1$) **do**
6: 　　$G + R_{t+1}$
7: 　　**if** $(S_t, A_t$ 对不出现在 $S_0, A_0, S_1, A_1, \cdots, S_{t-1}, A_{t-1}$ 中) **then**
8: 　　　将 R_{t+1} 附加到回报 $R(S_t, A_t)$
9: 　　　$Q(S_t, A_t) \leftarrow R(S_t, A_t)$ 的均值
10: 　　　$\pi(S_t) \leftarrow \arg\max_a Q(S_t, a)$
11: 　　**end if**
12: 　**end for**
13: **end for**

如果能够模拟所有情节，则实现包括所有可能性的探索起始就容易做到，将探索起始蒙特卡罗用于解决这样的问题简单直接。探索起始蒙特卡罗中，对于每个状态–行动对，累计所有回报后求其均值，无论观察到的策略是否有效。容易看出探索起始蒙特卡罗不会收敛到任何亚优化（suboptimal）策略，如若如此，则值函数会最终收敛到那个策略对应的值函数，这将反过来导致策略的改变。稳定性只有策略和值函数都是最优时才有可能达到。随着值函数的逐渐下降，收敛到这个最优不动点似乎具有必然性，但仍然缺乏正式的证明。

14.1.4　无探索起始的既定策略蒙特卡罗控制

探索起始蒙特卡罗方法是既定策略（on-policy）方法的一个例子。在这里我们将阐述一个既定策略蒙特卡罗方法怎样摆脱不切实际的探索起始假设。既定策略控制方法中，策略通常是软的，意思是对于所有的 $s \in \mathcal{S}$、$a \in \mathcal{A}$，都有 $\pi(a|s) > 0$，但是逐渐地越来越接近一个确定性策略。在这里，我们将展示 ϵ-贪心策略，大部分时间里，通过最优估计的行动值选择策略，但是以概率 ϵ 随机选择一个行动。也就是，对于所有非贪心的行动，都给定一个被选中的最小概率 $\dfrac{\epsilon}{|\mathcal{A}(s)|}$；而贪心行动被选中的概率为 $1-\epsilon+\dfrac{\epsilon}{|\mathcal{A}(s)|}$，$\epsilon > 0$。在 ϵ 软策略中，ϵ 贪心策略在某种意义上最接近贪心策略。

总体上，既定策略蒙特卡罗控制仍然属于广义策略迭代。在探索起始蒙特卡罗中，对于当前状态，我们采用首次访问蒙特卡罗方法估计行动值函数。没有探索起始假设时，对于当前值函数，我们不能通过贪心简单地改进策略，因为这样做会妨碍非贪心行动的进一步探索。幸运的是，广义策略迭代只要求策略朝着贪心移动。对于既定策略方法，我们将朝着 ϵ 贪心策略移动。对于任何 ϵ 软策略 π，关于 q_π 的任何 ϵ 贪心策略都必定比 π 更好或等于 π。软策略指的是该策略以非零概率在所有状态中选择所有可能的行动。完整的伪代码由算法 14.3 给出。策略改善理论确保关于 q_π 的任何 ϵ 贪心策略都改善了 ϵ 软策略。让 π' 是 ϵ 贪心策略，则对于任何 $s \in \mathcal{S}$：

算法 14.3　既定策略首次访问蒙特卡罗控制（ϵ 软策略），估计 $\pi \approx \pi*$

初始化: $\pi \leftarrow$ 一个任意的 ϵ 软策略，$Q(s,a) \in \mathbb{R}$ 对于所有的 $s \in \mathcal{S}$，$a \in \mathcal{A}$，回报 $R(s,a) \leftarrow$ 空链表对于所有的 $s \in \mathcal{S}$，$a \in \mathcal{A}$

1: **for** (;;) **do**
2: 　生成一个始于 S_0, A_0，遵从策略 π：$S_0, A_0, R_1, S_1, A_1, R_2, \cdots, S_{T-1}, A_{T-1}, R_T$
3: 　$G \leftarrow 0$
4: 　**for** (对于情节的每一步，t 从 0 到 $T-1$) **do**
5: 　　$G \leftarrow G + R_{t+1}$
6: 　　**if** (S_t, A_t 对不出现在 $S_0, A_0, S_1, A_1, \cdots, S_{t-1}, A_{t-1}$ 中) **then**
7: 　　　将 R_{t+1} 附加到回报 $R(S_t, A_t)$
8: 　　　$Q(S_t, A_t) \leftarrow R(S_t, A_t)$ 的均值
9: 　　　$A^* \leftarrow \arg\max_a Q(S_t, a)$
10: 　　　**for** (所有 $a \in \mathcal{A}(S_t)$ **do**
11: 　　　　$\pi(a|S_t) \leftarrow \begin{cases} 1-\epsilon+\epsilon/|\mathcal{A}(S_t)|, & a \neq A^* \\ \epsilon/|\mathcal{A}(S_t)|, & a = A^* \end{cases}$
12: 　　　**end for**
13: 　　**end if**
14: 　**end for**
15: **end for**

$$q_\pi(s, \pi'(s)) = \sum_a \pi'(a|s) q_\pi(s,a)$$

$$
\begin{aligned}
&= \frac{\epsilon}{|\mathcal{A}(s)|}\sum_a q_\pi(s,a) + (1-\epsilon)\max_a q_\pi(s,a) \\
&= \frac{\epsilon}{|\mathcal{A}(s)|}\sum_a q_\pi(s,a) + (1-\epsilon)\max_a q_\pi(s,a)\sum_a \frac{\pi(a|s)-\frac{\epsilon}{|\mathcal{A}(s)|}}{1-\epsilon} \\
&\geqslant \frac{\epsilon}{|\mathcal{A}(s)|}\sum_a q_\pi(s,a) + (1-\epsilon)\sum_a \frac{\pi(a|s)-\frac{\epsilon}{|\mathcal{A}(s)|}}{1-\epsilon} q_\pi(s,a) \\
&= \sum_a \pi(a|s) q_\pi(s,a) \\
&= v_\pi(s)
\end{aligned} \tag{14.5}
$$

从而，由策略改进定理，$\pi' \geqslant \pi$，即对于所有 $s \in \mathcal{S}$，$v_{\pi'}(s) \geqslant v_\pi(s)$。可以证明仅当 π 和 π' 都是 ϵ 软策略中的最优策略时，等号成立。到此为止，我们只是获得了 ϵ 软策略中的最优策略，但是我们也取消了探索起始假设。

14.1.5　通过重要性抽样实现离策略预测

在解决实际问题时，探索起始假设是不现实的，我们怎样才能避免探索起始这个不太可能的假设？首先要明确该假设是使算法具有探索性，如果我们能更好地解决探索问题，那么就可以去掉这一假设。

离策略的迭代过程通常会有两个策略，一个是行为策略（behavior policy），用于学习过程中生成行动（产生动作），另一个是目标策略（target policy），这是我们最终希望得到的最优策略。假设我们希望估计状态值 v_π 或行动值 q_π，但是拥有的情节全部来自另一个策略 b，且 $b \neq \pi$。这里，π 是目标策略，b 是行为策略。因为学习用的数据来自策略 b，而不是来自目标策略 π，所以我们将该方法属于离策略预测。这里，我们假定行为策略 b 和目标策略 π 都是给定的。离策略与重要性抽样 (importance sampling) 密不可分，我们将采用重要性抽样通过行为策略去估计目标策略回报的均值。

重要性抽样通过一个简单的可预测的分布去估计遵从另一个分布的随机变量的均值。假设一个随机变量 $X = x_1, x_2, \cdots, x_n$ 遵从离散分布 $P = p_1, p_2, \cdots, p_n$，另一个随机变量 Y，其抽样值的个数和数值与 X 相同，也就是 $Y = X = x_1, x_2, \cdots, x_n$，但遵从另一个离散分布 $Q = q_1, q_2, \cdots, q_n$。依据这个假设，得到随机变量 X 和 Y 的期望：

$$
\mathbb{E}(X) = \sum_{i=1}^{n} p_i x_i
$$

$$
\mathbb{E}(Y) = \sum_{i=1}^{n} q_i x_i
$$

如果通过随机试验去估计 X 的均值 $\overline{X}$ 与 Y 的均值 $\overline{Y}$，则有

$$
\overline{X} = \frac{1}{N}\sum_{i=1}^{n} K_i x_i
$$

$$
\overline{Y} = \frac{1}{N}\sum_{i=1}^{n} M_i x_i
$$

式中，N 是随机试验的次数；K_i 是就随机变量 X 所做试验中 x_i 出现的次数；M_i 是就随机变量 Y 所做试验中 x_i 出现的次数。显然 $\sum\limits_{i=1}^{n} K_i = \sum\limits_{i=1}^{n} M_i = N$。当试验次数 $N \to \infty$ 时，以上均值是期望的无偏估计，此时 $K_i \to Np_i$，$M_i \to Nq_i$，从而 $M_i \to K_i \dfrac{q_i}{p_i}$。这样一来：

$$\overline{Y} = \frac{1}{N}\sum_{i=1}^{n} M_i x_i \approx \frac{1}{N}\sum_{i=1}^{n} \frac{q_i}{p_i} K_i x_i$$

上式是普通重要性抽样（ordinary importance sampling）的表达式，其中 $\dfrac{q_i}{p_i}$ 叫作重要性比率。将上式中的 N 替换成 $\sum K_i \dfrac{q_i}{p_i}$，则有如下权重重要性抽样的表达式：

$$\overline{Y} = \frac{\sum x_i \dfrac{q_i}{p_i} K_i}{\sum \dfrac{q_i}{p_i} K_i} \tag{14.6}$$

为了利用来自策略 b 的情节估计此策略 π 的值函数，我们要求策略 π 下采取的每一个行动在策略 b 下也有机会采取，这意味着，对于行动 a 和状态 s，如果 $\pi(a|s) > 0$，则 $b(a|s) > 0$。我们将这一要求称为覆盖假设，根据这个假设，在状态中 b 必须是随机的，不同于策略 π。另外，目标策略 π 是确定性的，在控制应用中，这一点尤其重要。关于行动值函数的当前估计，目标策略是典型的确定性贪心策略。

几乎所有的离策略方法都采用重要性抽样。给定一个起始状态 S_t，在任何策略 π 下，后继的状态–行动轨迹 $A_t, S_{t+1}, A_{t+1}, \cdots, S_T$，出现的概率为

$$\begin{aligned}
&\Pr\{A_t, S_{t+1}, A_{t+1}, \cdots, S_T | S_{t:T-1} \sim \pi\} \\
&= \pi(A_t|S_t)p(S_{t+1}|S_t, A_t)\pi(A_{t+1}|S_{t+1})\cdots p(S_T|S_{T-1}, A_{T-1}) \\
&= \prod_{k=t}^{T-1} \pi(A_k|S_k)p(S_{k+1}|S_k, A_k)
\end{aligned} \tag{14.7}$$

式中，p 是状态转移概率函数。在目标策略和行为策略下，轨迹的相对概率，即重要性抽样比率是

$$\rho_{t:T-1} = \frac{\prod\limits_{k=t}^{T-1} \pi(A_k|S_k)p(S_{k+1}|S_k, A_k)}{\prod\limits_{k=t}^{T-1} b(A_k|S_k)p(S_{k+1}|S_k, A_k)} = \prod_{k=t}^{T-1} \frac{\pi(A_k|S_k)}{b(A_k|S_k)} \tag{14.8}$$

尽管轨迹概率依赖蒙特卡罗决策过程中的状态转移概率，但通常我们并不知道该概率，好在式中分子和分母都含有相同的因子，因而可以约去，最终重要性抽样比率只依赖于两个策略和序列，而和蒙特卡罗决策过程无关。

我们希望在目标策略下估计期望回报，但是所有的回报来自行为策略，回报的期望 $\mathbb{E}[\rho_{t:T-1} G_t|S_t] = v_b(S_t)$ 不能用作求均值获得 v_π。假定有了一批来自遵从策略 b 的情节的回报，现在通过求其均值估计 v_π。约定在情节的边界时间步数增加，即如果首个情节终止状态的时间是 100，则下一个情节的开始时间就是 101。这样一来，我们能够用时间步数参照

特定情节中的特定步。尤其是，对于每次访问方法，我们可以定义所有时间步的集合，其中状态 s 被访问，记作 $\mathcal{J}(s)$。对于首次访问方法，$\mathcal{J}(s)$ 中只包含这些情节中状态 s 被首次访问的时间步。将时间 t 以后的首次终止的时间记作 $T(t)$，t 后直至 $T(t)$ 的回报记作 G_t，则 $\{G_t\}_{t\in\mathcal{J}(s)}$ 是属于状态 s 的回报，$\{\rho_{t:T(t)-1}\}_{t\in\mathcal{J}(s)}$ 是对应的重要抽样比率。为估计 $v_\pi(s)$，我们只需要用这个比率缩放回报并对结果求均值：

$$V(s)=\frac{\sum\limits_{t\in\mathcal{J}(s)}\rho_{t:T(t)-1}G_t}{|\mathcal{J}(s)|} \tag{14.9}$$

式（14.9）也就是前面阐述过的普通重要性抽样。将 $|\mathcal{J}(s)|$ 换成加权平均，则得到如下的加权平均抽样：

$$V(s)=\frac{\sum\limits_{t\in\mathcal{J}(s)}\rho_{t:T(t)-1}G_t}{\sum\limits_{t\in\mathcal{J}(s)}\rho_{t:T(t)-1}} \tag{14.10}$$

如果式（14.10）的分母为零，则令 $V(s)$ 也等于零。为了理解重要性抽样的两个变量，考虑观察单个回报后它们的估计。在加权平均估计中，对于单个回报，比率 $\rho_{t:T(t)-1}$ 在分子和分母中消除，从而估计等于观察到的回报，独立于这个比率。

两类重要性抽样的差异表现在它们的偏差和方差上。普通重要性抽样是无偏的，而加权重要性抽样是有偏的（偏差渐近地收敛到零）。另外，普通重要性抽样估计的方差通常是无界的，因为重要性比率的方差无界。在加权估计中，对于任意单个回报，其最大的权重是 1。事实中，假定回报有界，加权重要性抽样估计的方差收敛到零，即使重要性比率的方差无限大。实践中，加权估计常常有非常小的方差，备受偏爱。然而，我们并不会彻底放弃普通重要性抽样方法，因为它易于扩展到采用近似函数的近似方法。

例 14.2　21 点状态值的离策略估计。

用普通和加权重要性抽样方法估计单个 21 点状态值，数据来自离策略。前面提到过蒙特卡罗方法的优势在于单个状态的评价独立于其他状态。本例中，假定庄家的明牌为 2 点，闲手的牌点和为 13 且有一张可用的 A（一张 A 和一张 2，或三张 A）。从这个状态开始生成数据，然后以相等的概率随机拿牌或停牌（行为策略）。目标策略是仅当牌点和为 20 或 21 时才停牌。目标策略下，这个状态的值约等于 -0.27726（采用目标策略独立地生成 1 亿个情节，然后求所有情节给出的状态值的平均值，得到这个数据）。采用随机策略，1000 个离策略情节后，两个离策略方法给出的状态值都接近这个目标策略给出的状态值。为确保试验的可靠性，我们可以执行多次，如 100 次独立的试验，每次对状态赋 0 初值，之后从 1000 个模拟情节中学习。

14.1.6　增量形式

我们可以采用增量形式实现蒙特卡罗方法。在普通重要性抽样中，通过重要性抽样比率 $\rho_{t:T(t)-1}$ 对回报进行缩放，然后求其简单平均。假定有一个回报序列 $G_1,\cdots,G_{n-1}$，且全部起始于相同的状态，每一个回报对应一个随机的权重 W_i（如 $W_i=\rho_{t:T(t)-1}$）。我们希望得到如下估计：

$$V_n = \frac{\sum_{k=1}^{n-1} W_k G_k}{\sum_{k=1}^{n-1} W_k}, \quad n \geqslant 2 \tag{14.11}$$

当获得一个新的单一回报 G_n 时，更新 V_n。根据式（14.11）得出

$$\begin{aligned} V_{n+1} &= \frac{\sum_{k=1}^{n-1} W_k G_k + W_n G_n}{\sum_{k=1}^{n-1} W_k + W_n}, \quad n \geqslant 1 \\ &= \frac{\sum_{k=1}^{n-1} W_k G_k}{\sum_{k=1}^{n-1} W_k + W_n} + \frac{W_n}{\sum_{k=1}^{n-1} W_k + W_n} G_n \\ &= V_n + \frac{W_n}{C_n}(G_n - V_n) \end{aligned} \tag{14.12}$$

式中，$C_0 = 0$（V_1 任意给定）

$$C_{n+1} = C_n + W_{n+1} \tag{14.13}$$

算法 14.4 给出了蒙特卡罗策略评价的完整的情节接情节的增量算法。这个算法采用了加权重要性抽样，适用于离策略。但是，只要将目标策略和行为策略选择成相同的策略（$\pi = b$，W 总是 1），该算法就适用于既定策略。对于所有遇到的状态–行动对，当根据潜在的不同策略 b 选择行动时，近似值 Q 收敛到 q_π。

14.1.7　离策略蒙特卡罗控制

离策略方法中，行为策略和需要评价与改进的目标策略之间可以是两个独立的策略。两个策略分开的一个好处是目标策略可以是确定性的（例如，贪心），而行为策略可以不断地抽取所有可能的行动。离策略蒙特卡罗控制遵从行为策略的同时学习和改进目标策略。为探索所有的可能性，我们要求行为策略是软的。软策略指的是它以非零概率在所有状态中选择所有的行动。算法 14.5 给出了一个离策略蒙特卡罗控制方法。为了估计 π^* 和 q^*，该方法采用了广义策略迭代和加权重要性抽样。目标策略 $\pi = \pi^*$ 是一个关于 q_π 的估计 Q 的贪心策略。行为策略 b 可以是任意的，但是为了确保 π 收敛到最优策略，对于每个状态–行动对，必须获得无限数量的回报，这一点可以通过选择 ϵ-软策略实现。ϵ-软策略指的是在所有的状态下用 $1-\epsilon$ 的概率来执行当前的最优行动，以 ϵ 的概率来执行其他动作。这样就可以获得所有行动的估计值，然后通过慢慢减少 ϵ 值，最终使算法收敛，并得到最优策略。在所有访问到的状态，策略 π 收敛到最优，即使根据一个不同的软策略 b 选择行动，对于情节之间甚至在情节内，都可以改变软策略。这个方法存在一个潜在的问题，就是它仅从情节的尾部学习，而情节中所有剩余的行动都是贪心的。如果非贪心行动占主导地位，则学习将较慢，尤

算法 14.4　离策略蒙特卡罗预测（策略评价），估计 $Q \approx q_\pi$

初始化: 对所有的 $s \in \mathcal{S}$，所有的 $a \in \mathcal{A}$，$Q(s,a) \in \mathbb{R}$，$C(s,a) \leftarrow 0$;

1: **for** (;;) **do**
2: 　$b \leftarrow$ 任何覆盖 π 的策略
3: 　生成一个遵从 b 的情节：$S_0, A_0, R_1, \cdots, S_{T-1}, A_{T-1}, R_T$
4: 　$G \leftarrow 0$
5: 　$W \leftarrow 1$
6: 　**for** (每个情节步，$t = T-1, T-2, \cdots, 0$) **do**
7: 　　$G \leftarrow \gamma G + R_{t+1}$
8: 　　$C(S_t, A_t) \leftarrow C(S_t, A_t) + W$
9: 　　$Q(S_t, A_t) \leftarrow Q(S_t, A_t) + \dfrac{W}{C(S_t, A_t)}[G - Q(S_t, A_t)]$
10: 　　$W \leftarrow W \dfrac{\pi(A_t|S_t)}{b(A_t|S_t)}$
11: 　　**if** (**then** $W = 0$)
12: 　　　退出循环
13: 　　**end if**
14: 　**end for**
15: **end for**

其对于出现在长情节早期部分的状态，学习将更慢。如果问题非常严重，将蒙特卡罗方法与时间差分方法相结合可能是解决问题的一条途径。

14.1.8　蒙特卡罗方法与动态规划方法的比较

本章所阐述的蒙特卡罗方法以抽样策略的方式从经验中学习值函数和优化策略。与动态规划方法相比至少有三个方面的优点。首先，蒙特卡罗方法直接从与环境的交互中学习最优行为不需要事先知道环境的动态模型；其次，蒙特卡罗方法可以用来模拟或抽样模型。对于许多应用，模拟抽样情节容易做到，虽然构建像动态规划方法所要求的那种显式状态转移概率模型很困难；再次，在比较小的状态子集上，蒙特卡罗方法简单高效。蒙特卡罗方法还有一个优点，就是当马尔可夫性被违背时，它受到的伤害会比较小。这是因为它所采用的更新状态值估计的方法不是建立在后续状态值估计的基础上。

在设计蒙特卡罗方法时，我们遵守了广义策略迭代的总体架构。广义策略迭代涉及策略评价和策略改进的交互过程。蒙特卡罗方法提供了一个策略评价过程的替代方法。取代采用模型计算每个状态的值，蒙特卡罗方法求始于每个状态的回报平均值。因为一个状态的值是始于该状态的预期回报，所以这个平均值可以看作一个好的状态近似值。在控制方法中，我们尤其对近似行动值函数感兴趣，因为可以在环境动态模型未知时将它们用来改善策略。蒙特卡罗方法逐情节地混合策略评价和策略改进，并且逐情节地以增量形式执行。

维持足够的探索对蒙特卡罗方法来说是一个问题。仅仅选择当前估计最好的行动是不够的，如果这样选择，则获取不到其他行动的回报，所以即使这些行动可能更好，也不会被

算法 14.5　离策略蒙特卡罗控制，估计 $\pi \approx \pi^*$

初始化： 对所有的 $s \in \mathcal{S}$，所有的 $a \in \mathcal{A}$，$Q(s,a) \in \mathbb{R}$，$C(s,a) \leftarrow 0$，$\pi(s) \leftarrow \arg\max_a Q(s,a)$；

1: **for** (;;) **do**
2: 　$b \leftarrow$ 任何软策略
3: 　生成一个遵从 b 的情节：$S_0, A_0, R_1, \cdots, S_{T-1}, A_{T-1}, R_T$
4: 　$G \leftarrow 0$
5: 　$W \leftarrow 1$
6: 　**for** (每个情节步，$t = T-1, T-2, \cdots, 0$) **do**
7: 　　$G \leftarrow \gamma G + R_{t+1}$
8: 　　$C(S_t, A_t) \leftarrow C(S_t, A_t) + W$
9: 　　$Q(S_t, A_t) \leftarrow Q(S_t, A_t) + \dfrac{W}{C(S_t, A_t)}[G - Q(S_t, A_t)]$
10: 　　$\pi(S_t) \leftarrow \arg\max_a Q(s,a)$
11: 　　**if** $A_t \neq \pi(S_t)$
12: 　　　退出循环
13: 　　**else**
14: 　　　$W \leftarrow W \dfrac{1}{b(A_t|S_t)}$
15: 　　**end if**
16: 　**end for**
17: **end for**

学习。一个方案是假定情节从随机选择的状态–行动对开始，且选择覆盖所有可能性。这种探索起始有时候可能在模拟情节的应用中出现，但是几乎不会出现在真实经验的学习中。既定策略方法中，智能体探索并努力寻找最好的策略。在离策略方法中，智能体也探索，但是学习一个确定性最优策略，该最优策略可能和智能体遵从的策略不相关。

离策略预测指的是从行动策略生成的数据中学习目标策略的值函数，行动策略和目标策略是两个不同的策略。学习方法是建立在某种重要性抽样基础之上的，也就是在两个策略下采用观察到的行动的概率的比率加权回报，从而将来自行动策略的期望转移给目标策略。普通重要性抽样采用加权回报的简单平均，而加权重要性抽样采用加权平均。普通重要性抽样产生无偏估计，但是可能有非常大的，也可能是无穷大的方差，而加权重要性采样总是有限方差并且在实践中得到青睐。尽管概念简单，离策略蒙特卡罗方法在预测和控制方面仍然没有定型，还在发展进程中。

蒙特卡罗方法与动态规划方法之间有两个主要不同点。首先，蒙特卡罗方法基于经验抽样，所以没有模型学习照样进行；其次，蒙特卡罗方法不是自助（bootstrap）方法，也就是更新值的估计不是建立在其他值的估计基础上。这两个不同点之间不存在紧密联系，14.2 节将要介绍的时间差分学习方法也是基于经验，但是属于自助法。

14.2　时间差分学习

如果非要说什么想法在强化学习中既新奇又特别重要，无疑就是时间差分（temporal

difference）学习，有些文献将这里的时间差分称作时序差分。大量的神经数据表明多巴胺能神经元发射的相位信号和时间差分强化学习算法之间存在显著的相似性。时间差分学习是蒙特卡罗和动态规划的结合。和蒙特卡罗方法的相似之处在于时间差分方法直接从原始经验中学习，不必有环境动态模型；和动态规划方法的相似之处在于时间差分方法部分地根据其他学习到的估计更新估计，不必等到最后的输出。

14.2.1　时间差分预测

时间差分方法和蒙特卡罗方法都是使用经验解决预测问题。给定遵从一个策略 π 的经验，对于出现在经验中的非终止状态 S_t，两种方法都更新状态值 v_π 的估计 V。粗略地说，蒙特卡罗方法一直等待直至跟随访问的回报已知，然后采用回报作为 $V(S_t)$。回顾增量形式实现蒙特卡罗方法的式 (14.12)，并将其中的 $\dfrac{W_n}{C_n}$ 记作 α，就得到适合非平稳环境的一个简单的每次访问蒙特卡罗方法：

$$V(S_t) \leftarrow V(S_t) + \alpha[G_t - V(S_t)] \tag{14.14}$$

式中，G_t 是跟在时间 t 后的实际回报；α 是一个固定的步长参数。我们将这个方法称作常数-α 蒙特卡罗。这里，蒙特卡罗方法必须等待直至情节的结束以确定 V_t 的增量，因为情节结束时才知道 G_t。时间差分方法只需要等待到下一个时间步 $t+1$。在 $t+1$ 时间步，时间差分方法采用观察到的奖赏 R_{t+1} 做出一个有用的更新，并估计 $V(S_{t+1})$:

$$V(S_t) \leftarrow V(S_t) + \alpha[R_{t+1} + \gamma V(S_{t+1}) - V(S_t)] \tag{14.15}$$

蒙特卡罗更新的目标是 G_t，而时间差分更新的目标是 $R_{t+1} + \gamma V(S_{t+1})$。将这里所展示的时间差分方法记作 TD(0)，它是一步时间差分，是 TD(λ) 和 n 步时间差分方法的特例。算法 14.6 给出了 TD(0) 的详细步骤。因为 TD(0) 将值的更新部分建立在已经存在的估计之上，所以和动态规划一样，该方法属于自助方法。由于：

$$\begin{aligned} v_\pi(s) &= \mathbb{E}_\pi[G_t|S_t = s] \\ &= \mathbb{E}_\pi[R_{t+1} + \gamma G_{t+1}|S_t = s] \\ &= \mathbb{E}_\pi[R_{t+1} + \gamma v_\pi(S_{t+1})|S_t = s] \end{aligned} \tag{14.16}$$

大致上，蒙特卡罗方法采用式（14.16）中第一式的一个估计作为目标，而动态规划方法采用式（14.16）中第三式的一个估计作为目标。蒙特卡罗目标是一个估计，因为第一式中期望的值并不知道，真实的期望回报由抽样回报取而代之。动态规划目标是一个估计，不是因为期望的值，环境模型完全能够提供这个值，而是因为 $v(S_{t+1})$ 未知，代之以当前估计 $V(S_{t+1})$。时间差分目标是一个估计基于两个方面的原因：它抽样式（14.16）中第三式期望值，还有它采用当前估计 V 取代真实的 v_π。因此，时间差分方法结合了蒙特卡罗方法的抽样和动态规划方法的自助。这将有助于我们获得蒙特卡罗方法和动态规划方法两个方面的优势。

在式（14.15）右边中括号中的量是某种误差，度量了 S_t 的估计值和最好估计 $R_{t+1} + \gamma V(S_{t+1})$ 之间的差异。这个量称为 TD 误差，贯穿整个强化学习，有着各种各样的形式：

$$\delta_t = R_{t+1} + \gamma V(S_{t+1}) - V(S_t) \tag{14.17}$$

算法 14.6 TD(0)，估计策略 π 对应的值函数 $v_\pi(s)$

初始化: 对所有的 $s \in \mathcal{S}$，$V(s) \leftarrow$ 任意值，除了 V终态 $= 0$；步长参数 $\alpha \in (0,1]$

1: **for** (每一个情节) **do**

初始化: 初始化 S

2: **for** (情节的每一步) **do**

3: $A \leftarrow$ 对于状态 S 由策略 π 做出的行动

4: 采取行动 A，观察奖赏 R 和状态 S'

5: $V(S) \leftarrow V(S) + \alpha[R + \gamma V(S') - V(S)]$

6: $S \leftarrow S'$

7: **end for**

8: **end for**

TD 误差依赖于下个状态和下个奖赏，要到 $t+1$ 时间步才真正知道。如果在一个情节里 V 不发生变化，则蒙特卡罗误差就是 TD 误差的总和：

$$
\begin{aligned}
G_t - V(S_t) &= R_{t+1} + \gamma G_{t+1} - V(S_t) + \gamma V(S_{t+1}) - \gamma V(S_{t+1}) \\
&= \delta_t + \gamma(G_{t+1} - V(S_{t+1})) \\
&= \delta_t + \gamma\delta_{t+1} + \gamma^2(G_{t+2} - V(S_{t+2})) \\
&= \delta_t + \gamma\delta_{t+1} + \gamma^2\delta_{t+2} + \cdots + \gamma^{T-t-1}\delta_{T-1} + \gamma^{T-t}(G_T - V(S_T)) \\
&= \delta_t + \gamma\delta_{t+1} + \gamma^2\delta_{t+2} + \cdots + \gamma^{T-t-1}\delta_{T-1} + \gamma^{T-t}(0 - 0) \\
&= \sum_{k=t}^{T-1} \gamma^{k-t}\delta_k
\end{aligned} \tag{14.18}
$$

如果在情节里 V 被更新，则上面的等式并不严格成立，但是当步长较小时，等式仍然近似成立。在时间差分学习的理论和算法中，以上等式的推广扮演重要的角色。

时间差分方法不需要环境、奖赏以及下一个状态概率分布模型。蒙特卡罗方法必须等到情节的结尾以知道它所需要的回报，而时间差分方法只需要等待一个时间步。有些应用有非常长的情节，采用蒙特卡罗方法时等待的时间漫长，且有些应用是连续式任务，根本就没有情节。对于这样的问题，比较适合采用时间差分方法，因为它不用顾及后继行动。对于任何确定的策略 π，当常步长参数 α 足够小时，可以证明 TD(0) 收敛到 v_π。

假设仅能获取有限的经验，如 10 个情节或 100 个时间步，这时候，增量学习方法普遍通过经验的重复对经验进行拓展直至方法收敛到一个结果。给定一个近似的值函数 V，对每一次访问非结束状态时间步 t，由式（14.14）或式（14.15）计算增量，通过所有增量的求和值，函数变化一次。然后，所有的经验又用新的值函数重新处理一次，产生新的全部增量，以此类推，直至值函数收敛。我们将这个过程称作批更新，因为仅在处理完训练数据的每个完整批次后才进行更新。只要将 α 选得足够小，TD(0) 将确定性地收敛到一个单一的结果，与步长参数无关。在相同条件下，常 α 蒙特卡罗方法同样确定性地收敛，但收敛结果和时间差分方法不同。

14.2.2　Sarsa：既定策略时间差分控制

现在开始考虑控制问题。像通常做的那样，我们遵从广义策略迭代模式，只是在策略评价或预测时采用时间差分方法。类似蒙特卡罗方法，我们需要在探索和开发利用之间权衡。方案还是分为既定策略和离策略两类。我们先展示一个既定策略控制方法。

首先学习行动值函数而不是学习状态值函数。尤其是，对于一个既定策略方法，在所有状态 s 和所有行动 a 下求行动值函数 $q_\pi(s,a)$ 的估计值 Q。利用与前面学习 v_π 时所用的时间差分方法本质上相同的方法，就能够估计 $q_\pi(s,a)$。回想一下一个情节由交替的状态和行动序列组成（图 14.2），前面我们讨论过从状态到状态的转换并且学习了状态值。现在考虑从状态–行动对到状态–行动对的转换，并且学习状态–行动对的值。这些情形在形式上是相同的，它们都是有奖赏过程的马尔可夫链。确保 TD(0) 下状态值收敛的定理同样应用于行动值对应的算法：

$$Q(S_t,A_t) \leftarrow Q(S_t,A_t) + \alpha[R_{t+1} + \gamma Q(S_{t+1},A_{t+1}) - Q(S_t,A_t)] \tag{14.19}$$

始于一个非终止状态 S_t，每一次转换后执行更新。如果 S_{t+1} 是终止态，则 $Q(S_{t+1},A_{t+1})=0$。以上规则利用五个量组成事件的一个元素：$< S_t, A_t, R_{t+1}, S_{t+1}, A_{t+1} >$，构成从一个状态–行动对向下一个状态–行动对的转换。这个五量组引出了命名为 Sarsa 的算法。Sarsa 控制算法的一般形式由算法 14.7 给出。

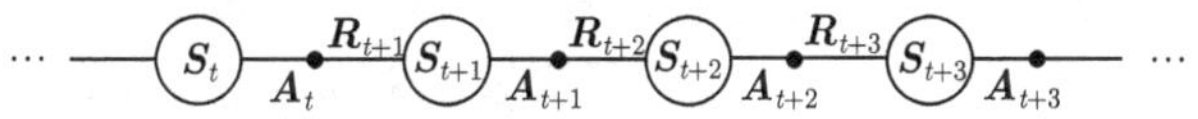

图 14.2　情节是状态和行动交替组成的序列

算法 14.7　Sarsa（既定策略时间差分控制），估计策略 $Q \approx q$

初始化： 对所有的 $s \in \mathcal{S}$，$a \in \mathcal{A}(s)$，$Q(s,a) \leftarrow$ 任意值，除了 Q(终态, $\cdot$) $= 0$；步长参数 $\alpha \in (0,1]$；小 $\epsilon > 0$

1: **for** (每一个情节) **do**

初始化： 初始化 S

2: 　**for** (情节的每一步) **do**

3: 　　采用来自 Q（例如，ϵ-贪心）的策略，从状态 S 选择 A

4: 　　采取行动 A，观察 R、S'

5: 　　采用来自 Q（例如，ϵ-贪心）的策略，从状态 S' 选择 A'

6: 　　$Q(S,A) \leftarrow Q(S,A) + \alpha[R + \gamma Q(S',A') - Q(S,A)]$

7: 　　$S \leftarrow S'; A \leftarrow A'$

8: 　**end for**

9: 　**if** (S 是终态) **then**

10: 　　结束循环

11: 　**end if**

12: **end for**

Sarsa 预测方法可以直截了当地用来设计既定策略控制算法。像所有的既定策略方法那

样，我们不断地为行动策略 π 计算 q_π 的估计 Q，同时朝着 q_π 改变 π。Sarsa 算法的收敛依赖于策略对 Q 的依赖。例如，我们可以采用 ϵ-贪心或 ϵ-软策略。只要所有的状态–行动对被访问无穷次和策略趋近于贪心策略，则 Sarsa 以概率 1 收敛到最优策略和行动值函数。

14.2.3　Q-学习：离策略时间差分控制

强化学习的早期突破之一是离策略时间差分控制算法的发展。Q-学习（Q-learning）由下式定义：

$$Q(S_t, A_t) \leftarrow Q(S_t, A_t) + \alpha[R_{t+1} + \gamma \max_a Q(S_{t+1}, a) - Q(S_t, A_t)] \tag{14.20}$$

在此情形下，学习到的行动值函数 Q 直接接近于最优行动值函数 q^*，与遵从的策略无关，这将极大地简化算法分析。在决定访问和更新哪个状态–行动对方面，策略仍然是有效的。对正确收敛的所有要求是持续更新所有的状态–行动对。在一般情形下，为保证找到最优行为，这个要求是必需的。在这个假设和种种关于步长参数序列的常见随机近似条件下，可以证明 Q 以概率 1 收敛到 q^*。算法 14.8 给出了 Q-学习的伪代码。和 Sarsa 相比，Q-学习算法在行动选择时使用的策略为 ϵ-贪心策略，而更新行动值函数 $Q(s,a)$ 时，用到 $\max_a Q(S_{t+1}, a)$，这相当于选择了贪心策略的行动值函数，这表明生成数据使用的策略和评估使用的策略不一致，所以该算法为离策略的时间差分方法。

算法 14.8　Q-学习（离策略时间差分控制），估计策略 $\pi \approx \pi*$

初始化: 步长参数 $\alpha \in (0,1]$；小 $\epsilon > 0$；对所有的 $s \in \mathcal{S}$，$a \in \mathcal{A}(s)$，$Q(s,a) \leftarrow$ 任意值，除了 $Q(终态, \cdot) = 0$；

1: **for** (每一个情节) **do**

初始化:　初始化 S

2: 　**for** (情节的每一步) **do**

3: 　　采用来自 Q（例如，ϵ-贪心）的策略，从状态 S 选择 A

4: 　　采取行动 A，观察 R、S'

5: 　　$Q(S,A) \leftarrow Q(S,A) + \alpha[R + \gamma \max_a Q(S', a) - Q(S,A)]$

6: 　　$S \leftarrow S'$

7: 　**end for**

8: 　**if** (S 是终态) **then**

9: 　　结束循环

10: 　**end if**

11: **end for**

14.2.4　期望 Sarsa

期望 Sarsa（expected Sarsa）是一种和 Q-学习类似的算法。它和 Q-学习的区别在于用求下一个状态–行动值函数的期望代替 Q-学习中的求下一个状态–行动值函数的最大值。期望 Sarsa 算法的更新规则如下：

$$Q(S_t, A_t) \leftarrow Q(S_t, A_t) + \alpha\big[R_{t+1} + \gamma \mathbb{E}[Q(S_{t+1}, A_{t+1})|S_{t+1}] - Q(S_t, A_t)\big]$$

$$\leftarrow Q(S_t, A_t) + \alpha\Big[R_{t+1} + \gamma \sum_a \pi(a|S_{t+1}) Q(S_{t+1}, a) - Q(S_t, A_t)\Big] \qquad (14.21)$$

给定下一个状态 S_{t+1}，这个算法将 Sarsa 更新中的 $Q(S_{t+1}, A_{t+1})$ 换成了它的期望，故而称作期望 Sarsa。

14.2.5 最大偏差和加倍学习

到目前为止，我们讨论过的所有控制算法都涉及在它们的目标策略构建中最大化。例如，Q-学习中，目标策略是给定了当前行动值的贪心策略；在 Sarsa 算法中，策略常常是 ϵ-贪心，同样涉及最大化操作。在这些算法里，估计值的最大值被隐含地用作最大值的估计，这可能会导致严重的正向偏差。为明白这一点，考虑单个状态 s，其中有多个行动 a，它们的真值都是 0，但是它们的估计值 $Q(s,a)$ 不确定，有些大于 0，而另外一些小于 0。真值的最大值是 0，但是估计值的最大值大于 0，存在一个称为最大化偏差的正向偏差。

有什么算法可以避免最大化偏差吗？我们先来看一个简单的情形。在老虎机问题中，我们有多个行动中每个行动值的含噪估计，它来自每个行动的多个玩家得到的奖赏的样本均值。如上所言，如果采用估计的最大值作为真值的最大值的估计，将会导致正向最大化偏差。出现这个问题可能的原因是确定最大行动和估计它的值采用了相同的样本。假定将样本分成两个子集，然后将它们用来学习两个独立的估计：$Q_1(a)$ 和 $Q_2(a)$。对于所有 $a \in \mathcal{A}$，这两个估计都是真值 $q(a)$ 的估计。然后，采用其中一个估计，如 $Q_1(a)$，确定最大行动 $A^* = \operatorname{argmax}_a Q_1(a)$，而由 Q_2 给出其值的估计，$Q_2(A^*) = Q_2(\operatorname{argmax}_a Q_1(a))$。这个估计是无偏的，因为 $\mathbb{E}[Q_2(A^*)] = q(A^*)$。我们同样可以得到第二个无偏估计 $Q_1(\operatorname{argmax}_a Q_2(a))$。这就是加倍学习的思想。尽管我们学习了两个估计，但是每次循环中只更新一个估计。加倍学习对计算机内存有更大的开销，但是并不增加每一步的计算量。

将加倍学习的思想扩展到马尔可夫决策过程是很自然的，例如，将加倍学习推广到 Q-学习，称为加倍 Q-学习。将时间步分成两部分，每一步投掷硬币确定更新 Q_1 还是更新 Q_2。假定硬币正面时更新 Q_1:

$$Q_1(S_t, A_t) \leftarrow Q_1(S_t, A_t) + \alpha\Big[R_{t+1} + \gamma Q_2(S_{t+1}, \arg\max_a Q_1(S_{t+1}, a)) - Q_1(S_t, A_t)\Big] \qquad (14.22)$$

如果硬币是反面，则式 (14.22) 中 Q_1 和 Q_2 互换，两个近似值函数完全对称对待。ϵ-贪心策略可以建立在两个行动值估计的均值（或求和）基础上。关于加倍 Q-学习的完整算法由算法 14.9 给出。加倍学习似乎能够消除由最大化偏差导致的损害。对于 Sarsa 和期望 Sarsa 都可以设计相应的加倍学习算法。

本节引进了一种新的学习方法：时间差分学习，并且展现了怎样将其应用于强化学习问题。和动态规划方法以及蒙特卡罗方法类似，我们将整个问题分成预测问题和控制问题。在解决预测问题时，我们可以用时间差分方法替代蒙特卡罗方法。通过广义策略迭代，近似策略和值函数在交互中朝着它们的最优值移动。

对于当前策略，构成广义策略迭代的两个过程中的一个驱动值函数以准确地预测回报，这属于预测问题；对于当前的值函数，另一个过程驱动策略改进（例如，ϵ-贪心）。当第一个过程基于经验时，关注保持足够探索会导致复杂性。根据它们是否通过采用既定策略或

算法 14.9　加倍 Q-学习，估计策略 $Q_1 \approx Q_2 \approx q^*$

初始化: 步长参数 $\alpha \in (0,1]$；小 $\epsilon > 0$

初始化: 对所有的 $s \in \mathcal{S}$，$a \in \mathcal{A}(s)$，$Q_1(s,a), Q_2(s,a)$ 赋任意值，除了 Q(终态$,\cdot) = 0$

1: **for** (每一个情节) **do**

初始化:　初始化 S

2: 　**for** (情节的每一步) **do**

3: 　　针对 $Q_1 + Q_2$ 采用 ϵ-贪心策略，从状态 S 选择 A

4: 　　采取行动 A，观察 R、S'

5: 　　**if** (概率 $\leqslant 0.5$) **then**

6: 　　　$Q_1(S,A) \leftarrow Q_1(S,A) + \alpha[R + \gamma Q_2(S', \arg\max_a Q_1(S',a) - Q_1(S,A)]$

7: 　　**else**

8: 　　　$Q_2(S,A) \leftarrow Q_2(S,A) + \alpha[R + \gamma Q_1(S', \arg\max_a Q_2(S',a) - Q_2(S,A)]$

9: 　　**end if**

10: 　　$S \leftarrow S'$

11: 　**end for**

12: 　**if** (S 是终态) **then**

13: 　　结束循环

14: 　**end if**

15: **end for**

离策略方法处理这个复杂性，我们可以将时间差分方法进行分类。Sarsa 是既定策略控制方法，Q-学习是离策略控制方法，期望 Sarsa 也是离策略方法。

图 14.3 分别是 TD(0)、Sarsa、Q-学习和期望 Sarsa 的回返图。该图给出了这些算法各自更新的来源，从图中可以看出，TD(0) 是对状态值做预测，其他三个算法归类到控制问题，其目的是通过优化行动值函数找到最优行动。

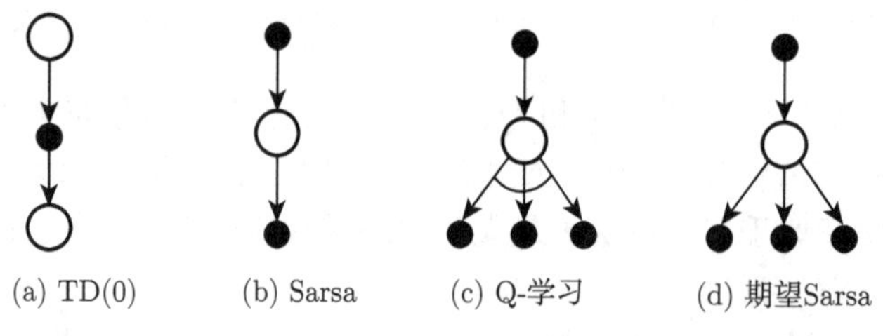

图 14.3　时间差分方法回返图

时间差分方法是应用最为广泛的强化学习方法，这可能是由于它们极其简单，可以将它们应用于通过和环境交互产生的经验；计算简便，几乎可以将它们表达为单个方程，只要几行计算机代码就得以执行。本节所阐述的时间差分方法是时间差分方法的一些特殊情形，可以将其称为单步、表格、无模型时间差分方法。所谓表格就是将有限的状态作为行指标，有限的行动作为列指标，制作一个表格，然后采用时间差分方法填表。

14.2.6　持续探索

下面来探讨一下持续探索 (maintaining exploration) 问题。前面讲过，我们通过一些样本来估计 Q 和 v，并且在未来执行估值最大的行动。这里就存在一个问题，假设在某个确定状态 s_0 下，能执行 a_0、a_1、a_2 三个行动，如果智能体已经估计了两个 Q 函数值，如 $Q(s_0,a_0)$、$Q(s_0,a_1)$，且 $Q(s_0,a_0)>Q(s_0,a_1)$，那么它在未来将只会执行一个确定的行动 a_0。这样就无法更新 $Q(s_0,a_1)$ 的估值和获得 $Q(s_0,a_2)$ 的估值了。这样的后果是我们无法保证 $Q(s_0,a_0)$ 就是 s_0 下最大的 Q 函数。

持续探索的思想很简单，就是用软策略替换确定性策略，使所有的行动都有可能被执行。例如，其中的一种方法是 ϵ-贪心策略，即在所有的状态下，用 $1-\epsilon$ 概率来执行当前的最优行动 a_0，以 ϵ 的概率来执行其他行动 a_1、a_2。这样就可以获得所有行动的估计值，然后通过慢慢减少 ϵ 值，使算法最终收敛，并得到最优策略。例如，在蒙特卡罗控制中，我们采用探索起始，即仅在第一步令所有行动 a 都以一个非零的概率被选中。

思考与练习

1. 画出 q_π 的蒙特卡罗估计回返图。
2. 为什么 Q-学习是离策略方法?
3. 画出 Sarsa 方法的回返图。
4. 如果将 Sarsa 方法中 $Q(S_{t+1},A_{t+1})$ 换成下个状态 S_{t+1} 给定条件下 $Q(S_{t+1},A_{t+1})$ 的期望，也就是

$$
\begin{aligned}
Q(S_t,A_t) &\leftarrow Q(S_t,A_t)+\alpha\Big[R_{t+1}+\gamma\mathbb{E}[Q(S_{t+1},A_{t+1})|S_{t+1}]-Q(S_t,A_t)\Big]\\
&\leftarrow Q(S_t,A_t)+\alpha\left[R_{t+1}+\gamma\sum_a \pi(a|S_{t+1})Q(S_{t+1},a)-Q(S_t,A_t)\right]
\end{aligned}
\tag{14.23}
$$

这个方法是既定策略方法还是离策略方法? 给定同样多的经验，你期望该方法比 Sarsa 方法更好还是更差? 画出该方法的回返图。

第 15 章　深度 Q 网络

强化学习理论研究智能体如何优化它们对环境的控制。为了使强化学习成功地触及复杂的真实世界，智能体面临一个艰巨的任务：它们必须从高维输入中获取环境的有效表征，并利用这些表征将过去的经验推广到新的情景。虽然传统的强化学习已经在很多领域获得了成功，但是它的应用局限于环境的表征易于手工提取的领域，或者局限于能够被充分观察的低维状态空间。从高维感知输入，如视觉、语音等，直接学习智能体的控制对强化学习来说是一大挑战。

深度学习在高维传感输入和行动决策之间架起了桥梁。它通过深度神经网络提取输入数据的抽象表征，从原始的感知数据中学习环境的类别，探索图像中存在的局部空间关联，建立对视角、缩放等自然转变的鲁棒性。21 世纪 20 年代中期以来，具有强大环境表征能力的深度学习和具有优秀决策能力的强化学习的结合发展出了深度强化学习，这一全新的机器学习方法为复杂系统的感知决策问题提供了端对端解决方案，并在人工智能领域取得了非凡的成就。深度 Q 网络是深度强化学习的一个成功案例。

深度卷积神经网络和 Q-学习的结合催生了深度 Q 网络（deep Q-network，DQN）。这个神奇的人工智能体成功地直接从高维感知输入中学习策略。深度 Q 网络不仅通过了具有挑战性的经典 Atari 2600 游戏测试，而且针对该游戏平台包含的 49 种不同游戏，在使用相同的算法、网络架构和超参数的前提下，仅仅将场景像素和游戏得分作为输入，这个智能体也超越了所有以前的算法，达到了与人类专业选手相当的水平。深度 Q 网络出自 Mnih 等 2015 年在 *Nature* 发表的研究论文，这篇文章也是深度强化学习的开山之作。只需要将像素和游戏得分作为输入，深度 Q 网络就可以成功地学习到控制策略。该方法通过奖赏将卷积神经网络的输出特征逐渐塑造成有利于值函数估计的环境重要特征，产生了“端对端”强化学习。

深度学习和强化学习的结合并非珠联璧合、水到渠成，需要克服以下困难。

（1）深度学习的成功应用案例集中在有监督学习方面，给网络输入的是带有标签的数据集，而强化学习的输入没有明确的标签，只能通过一个有延迟的回报来学习行动策略。

（2）深度学习中给深度网络输入的数据通常要求满足独立同分布，但是在强化学习中常常会遇到相关性很高的状态集，如输入的一段视频中，相邻帧之间具有强相关性。

（3）网络训练过程失稳，收敛困难等。

深度学习中训练数据的标签的用途是计算代价或损失，通过将代价或损失反向传播到网络各个隐层更新网络的参数。深度 Q 网络通过 Q-学习的目标值函数和深度网络的输出差异构造损失函数，上述第一个困难得以克服。通过将过去的经验存放到数据池，然后采用从该数据池随机采样得到的数据训练网络，改善甚至消除了训练数据之间的相关性。采用离策略方法，当前 Q 值和目标 Q 值通过两个不同的深度卷积神经网络产生，克服了训练失稳与发散方面的问题。

15.1　深度 Q 网络原理

智能体和环境相互作用，产生一个观察、行动和奖赏构成的序列。智能体依照最大化累积未来奖赏来选择行动。深度 Q 网络采用一个深度卷积神经网络来估计最优行动值函数：

$$Q^*(s,a)=\max_a \mathbb{E}\left[r_t+\gamma r_{t+1}+\gamma^2 r_{t+2}+\cdots|S_t=s,A_t=a,\pi\right] \tag{15.1}$$

式中，r_t 是 t 时间步的即时奖赏；γ 是折现率；t 时间步观察到的环境状态 $S_t=s$，采取的行动 $A_t=a$，行动策略 $\pi=\pi(a|s)$。

当采用像神经网络这样的非线性函数逼近器表示行动值函数时，强化学习失稳甚至发散。失稳来自几个方面：呈现在观察序列中的相关性，行动值函数 Q 和目标值 $r+\gamma\max\limits_{a'}Q(s',a')$ 之间的相关性，以及对 Q 的一个微小修正有可能导致策略的显著改变，从而改变数据分布。通过 Q-学习的一个变体，我们可以解决失稳问题。深度 Q 网络建立在两个重要的想法基础上。首先，采用一个受生物学启发的机制，即经验回放（experience replay），该方法通过数据的随机抽样消除观察序列间的相关性，并且平滑数据分布中的变化；然后采用迭代更新使值函数向着周期性更新的目标函数调整，从而降低行动值和目标之间的相关性。

采用深度卷积神经网络就可以参数化一个近似的值函数 $Q(s,a;\theta_i)$，θ_i 是在迭代 i 时 Q 网络的参数，也就是深度卷积神经网络的权重参数。为执行经验回放，将每一个时间步智能体的经验 $e_t=(s_t,\ a_t,\ r_t,\ s_{t+1})$ 存放在一个数组 $D_t=\{e_1,\cdots,e_t\}$ 中。学习过程中，由来自多个情节的经验构成样本池 D，网络训练时，我们从样本池 D 中随机地均匀抽样，即 $(s,a,r,s')\sim U(D)$，然后根据抽取的样本执行 Q-学习更新。第 i 次迭代时，Q-学习更新采用以下损失函数：

$$L_i=\mathbb{E}_{(s,a,r,s')\sim U(D)}\left[\left(r+\gamma\max_{a'}Q(s',a';\theta_i^-)-Q(s,a;\theta_i)\right)^2\right] \tag{15.2}$$

式中，γ 是折现率；θ_i 是迭代 i 时 Q 网络的参数；θ_i^- 是迭代 i 时用来计算目标的网络参数。每 C 步目标网络参数 θ_i^- 随网络参数 θ_i 更新，而在其他各个更新步保持不变。

15.2　深度 Q 网络中的深度卷积神经网络

2015 年在 *Nature* 发表的深度 Q 网络的深度卷积神经网络架构如图 15.1 所示。网络的输入是图像，之后依次连着三个全卷积层，然后是两个全连接层。每一个卷积层后都连接着校正线性单元层。图 15.1 的最右边给出了 18 个动作，网络的输出是与这 18 个动作对应的 Q 值。

表 15.1 给出了该卷积神经网络的参数。网络的输入为 4 通道尺寸为 84 像素 ×84 像素的图像。之后对输入图像进行首次卷积操作，滤波器的尺寸为 8×8，卷积步长为 4。当图像的尺寸为 $W_l\times H_l$，滤波器的尺寸为 $W\times H$，卷积步长为 d 时，通过卷积操作得到的图像尺寸为 $\left(\dfrac{W_l-W}{d}+1\right)\times\left(\dfrac{H_l-H}{d}+1\right)$。由此，我们得到首次卷积后生成的图像尺寸为 20×20。首次卷积时，这样的滤波器总共有 32 个，因此第一个卷积层输出 32 张图像，它们的尺寸都是 20×20。第一个卷积层的输出是第二个卷积层的输入。第二个卷积层滤波器的

个数是 64，尺寸是 4×4，卷积步长是 2，输出的图像尺寸显然是 $9\times9\times64$。第三个卷积层滤波器的个数是 64，尺寸是 3×3，卷积步长是 1，输出的图像尺寸显然是 $7\times7\times64$。卷积层后面是相继的两个全连接层。第一个全连接层将 $7\times7\times64=3136$ 个特征映射成 512 个特征；第二个全连接层再将 512 个特征映射成 18 个特征，它们是状态–行动值函数的估计值 $Q(s,a)$。

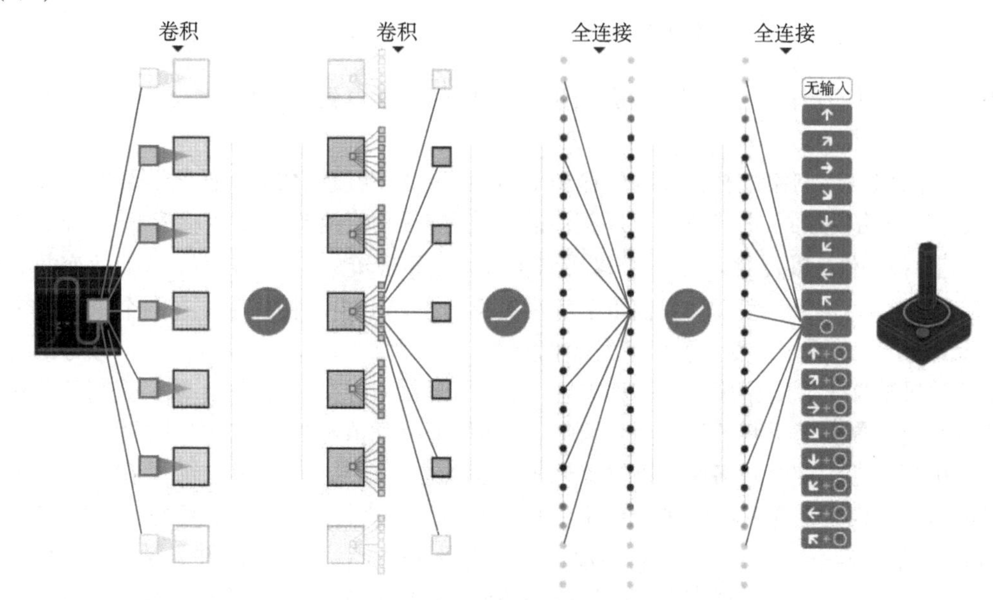

图 15.1　深度 Q 网络中的深度卷积神经网络

表 15.1　深度 Q 网络中的深度卷积神经网络的结构参数

层	输入尺寸	滤波器尺寸	滤波器个数	卷积步长	激活函数	输出尺寸
第一卷积层	$84\times84\times4$	$8\times8\times4$	32	4	ReLU	$20\times20\times32$
第二卷积层	$20\times20\times32$	$4\times4\times32$	64	2	ReLU	$9\times9\times64$
第三卷积层	$9\times9\times64$	$3\times3\times64$	64	1	ReLU	$7\times7\times64$
第一全连接层	3136					512
第二全连接层	512					18

15.3　深度 Q 网络算法

我们来考虑智能体与环境的交互。在每一个时间步，智能体从合法的行动集合 $\mathcal{A}$ 中选择一个行动。将这个行动递交给环境，之后修改状态和回报（如游戏的分值）。对于计算机游戏类的问题，智能体观察不到环境的内部状态，但是可以从环境中观察到图像 $\boldsymbol{x}_t\in\mathbb{R}^d$，即一个呈现在当前屏幕上的由像素值组成的向量。另外，智能体接收由游戏的分值变化表示的奖赏 r_t。对于游戏而言，在 t 时间步，游戏的得分可能依赖于 t 时间步前全部行动和观察序列；一个行动的反馈可能要等到数千步后才能收到。

因为智能体仅能观察到当前的屏幕，所以像计算机游戏这样的任务是部分被观察的，并且环境的许多状态在感知上被屏蔽，也就是从当前屏幕 $\boldsymbol{x}_t$ 不可能充分理解当前的状况。因此，只能靠当前的行动序列及其观察序列 $s_t = \boldsymbol{x}_1, a_1, \boldsymbol{x}_2, \cdots, a_{t-1}, \boldsymbol{x}_t$ 去学习游戏策略。假定所有的序列都会在有限时间步后终止。这样一来，我们就有了一个有限马尔可夫决策过程，其中每一个序列都是一个独特的状态。采用完整的序列 $\boldsymbol{x}_t$ 代表 t 时刻的状态，从而能够应用针对马尔可夫决策过程的标准的强化学习方法。

智能体的目标是通过选择最大化未来奖赏的行动完成和环境之间的交互。将未来的奖赏折现到现在，则在 t 时间步，未来回报的折现：

$$G_t = \sum_{t'=t}^{T} \gamma^{t'-t} r_{t'} \tag{15.3}$$

式中，T 是游戏结束时的时间步。我们定义最优行动–值函数 $Q^*(s,a)$ 是服从任何策略所能获得的最大预期回报，也就是

$$Q^*(s,a) = \max_{\pi} \mathbb{E}[G_t | s_t, a_t, \pi] \tag{15.4}$$

式中，s 是某个序列（即状态）；a 是该状态下采取的行动；π 是将序列映射到行动的策略（或行动的分布）。

最优行动–值函数遵从著名的恒等式，也就是贝尔曼方程。这一点以如下直觉为基础：如果对所有可能行动 a'，在下一个时间步，序列 s' 的最优值 $Q^*(s',a')$ 已知，则最优策略将选择使 $r + \gamma Q^*(s',a')$ 具有最大期望值的那个行动 a'，也就是

$$Q^*(s,a) = \mathbb{E}_{s'}\left[r + \gamma Q^*(s',a') | s, a\right] \tag{15.5}$$

在许多强化学习背后基本的想法是通过贝尔曼方程迭代更新估计行动–值函数：

$$Q_{i+1}(s,a) = \mathbb{E}_{s'}\left[r + \gamma Q_i(s',a') | s, a\right] \tag{15.6}$$

当 $i \to \infty$ 时，值迭代算法收敛到最优行动–值函数，$Q_i \to Q^*$。实际上，这个基本想法是不现实的，因为对每一个序列，行动–值函数是分别估计的，不具备任何一般性。通常的做法是采用函数逼近器去估计行动–值函数，$Q(s,a;\theta) \approx Q^*(s,a)$。在强化学习圈子里，大家一般采用线性函数逼近器，也有的采用非线性函数，如采用神经网络。我们将含有权重 θ 的神经网络逼近器称作 Q 网络。在迭代步 i，通过调整网络中的参数 θ_i 降低贝尔曼方程中的均方误差，Q 网络得以训练。这里，最优目标函数 $r + \gamma \max\limits_{a'} Q^*(s',a')$ 被近似目标函数 $y = r + \gamma \max\limits_{a'} Q(s',a';\theta_i^-)$ 取代，其中，参数 θ_i^- 来自先前的迭代。这将导致一个在每一个迭代步 i 会变化的损失函数 $L_i(\theta_i)$ 的序列：

$$\begin{aligned} L_i(\theta_i) &= \mathbb{E}_{s,a,r}\left[(\mathbb{E}_{s'}[y|s,a] - Q(s,a;\theta_i))^2\right] \\ &= \mathbb{E}_{s,a,r,s'}\left[(y - Q(s,a;\theta_i))^2\right] + \mathbb{E}_{s,a,r}[\mathbb{V}_{s'}[y]] \end{aligned} \tag{15.7}$$

需要注意的是目标依赖网络权重；这和监督学习中采用的目标不一样，后者在学习开始前就已经定好。在优化的每一个阶段，当优化第 i 步的损失函数 $L_i(\theta_i)$ 时，我们保持来自先前迭代的参数 θ_i^- 固定，产生一个定义明确的优化问题的序列。式（15.7）中的最后一项是目标的

方差，与我们正在优化的参数 θ_i 无关，因而可以不理。将损失函数对权重求导数，得到以下梯度函数：

$$\nabla_{\theta_i} L(\theta_i) = \mathbb{E}_{s,a,r,s'}\left[\left(r + \gamma \max_{a'} Q(s', a'; \theta_i^-) - Q(s, a; \theta_i)\right) \nabla_{\theta_i} Q(s, a; \theta_i)\right] \tag{15.8}$$

常常通过随机梯度下降优化损失函数，而不是根据上式计算期望得到损失函数的梯度。每一个时间步后，通过更新权重，采用单个抽样取代期望，并且设定 $\theta_i^- = \theta_{i-1}$，就可以采用我们熟悉的 Q-学习算法。

值得注意的是，这一算法是无模型的，它通过直接来自环境的抽样完成强化学习任务，不需要显式地估计奖赏和转移动力学 $p(r, s'|s, a)$。它也属于离线策略：它学习贪婪策略 $a = \arg\max_{a'} Q(s, a'; \theta)$，同时服从确保状态空间被充分探索的行为分布。实践中，通常根据 ϵ-贪婪策略选择行为分布，也就是以概率 $1-\epsilon$ 遵从贪婪策略，以概率 ϵ 随机选择行动。

15.4 深度 Q 网络训练

训练深度 Q 网络的全部算法展示在算法 15.1 中。智能体根据基于 Q 的 ϵ-贪婪选择和执行行动。对于一个神经网络来说，采用任意长度的情节训练网络的参数非常困难，我们需

算法 15.1 带经验回放的 Q-学习

初始化：回放内存 D 的容量 N
初始化：带随机权重 θ 的行动–值函数 Q
初始化：带随机权重 θ^- 的目标行动–值函数 $\hat{Q}$
1: **for** 情节 $= 1,\ M$ **do**
初始化：初始化序列 $s_1 = \{\boldsymbol{x}_1\}$ 和预处理序列 $\phi_1 = \phi(s_1)$
2:   **for** $t = 1,\ T$ **do**
3:     依照概率 ϵ 选择一个随机行动 a_t
4:     否则选择 $a_t = \arg\max_a Q(\phi(s_t), a; \theta)$
5:     执行行动 a_t 并且观察奖赏 r_t 和图像 x_{t+1}
6:     设置 $s_{t+1} = s_t, a_t, x_{t+1}$ 并且预处理 $\phi_{t+1} = \phi(s_{t+1})$
7:     将转移 $(\phi_t, a_t, r_t, \phi_{t+1})$ 存储在 D 中
8:     从 D 中对 $(\phi_j, a_j, r_j, \phi_{j+1})$ 进行小批量（mini batch）抽样
9:     **if** 情节在 $j+1$ 步结束 **then**
10:       $y_j = r_j$
11:     **else**
12:       $y_j = r_j + \gamma \max_{a'} \hat{Q}\left(\phi_{j+1}, a'; \theta^-\right)$
13:     **end if**
14:     就网络参数 θ，执行一个针对 $(y_j - Q(\phi_j, a_j; \theta))^2$ 的梯度下降步
15:     每 C 步重新设置 $\hat{Q} = Q$
16:   **end for**
17: **end for**

要想办法将不同尺寸的输入数据调整成相同尺寸。在算法 15.1 中函数 ϕ 将不同尺寸的历史输入映射成固定长度。算法在两个方面修正标准的在线 Q-学习，使它适合于训练大型神经网络。

深度 Q 网络采用了经验回放（experience replay）技术。在每一个时间步，智能体的经验 $e_t = (s_t, a_t, r_t, s_{t+1})$ 存放在数据集 $\{D_t = e_1, \cdots, e_t\}$ 中。来自多个情节的数据集组成经验回放样本池 D。在算法的内循环阶段，我们从经验样本池中随机均匀抽取样本，即 $(s, a, r, s') \sim U(D)$，然后采用抽取的样本对 Q-学习实行更新或小批量（mini batch）更新。这个方法有几个优势：第一，经验样本池中的每一条经验被潜在地应用到多个更新中，从而提供更大的数据利用效率；第二，直接来自连续抽样的学习是低效的，这样做样本间存在强关联，随机抽样打破了这些关联，从而减小更新的方差；第三，当学习既定策略时，当前参数决定用于训练参数的下一步数据样本，例如，在计算机游戏中，如果最大行动是朝左运动，则训练样本中来自左手边的样本将占据主导地位。如果最大行动切换到右边，则训练的分布也要跟着切换。训练过程中，很容易注意到不想要的反馈环会出现，参数陷入局部最小值甚至灾难性地发散。采用经验回放后，先前状态的参与平均了行为的分布，抹平了学习，从而可以避免参数的振荡甚至发散。要注意的是通过经验回放学习时，必须学习离策略，因为当前的参数不同于生成样本时使用的参数。正是由于这一点，我们选择 Q-学习。

实践上，算法仅仅将最后 N 个经验元组储存在回放内存中，当履行更新时，从 D 中随机均匀抽样。某些方面这个方案会受到限制，因为内存缓冲区不区分重要的状态转移，而且由于内存空间只有 N，前面的转移总是被当前的转移覆盖。类似地，均匀抽样给予回放内存中所有转移相等的重要性。我们可以设计复杂一些的抽样策略，注重那些重要的状态转移。

为了进一步改善神经网络方法的稳定性，在 Q-学习更新中，采用分离的网络生成目标 y_j。更准确地说，每 C 次更新，通过克隆网络 Q 得到目标网络 $\hat{Q}$，并且对于接下来针对 Q 的 C 步更新中，采用 $\hat{Q}$ 生成 Q-学习目标 y_j。和标准的在线 Q-学习相比。这一修正使算法更加稳定。标准的在线 Q-学习中，对于所有的行动 a，一个增加 $Q(s_t, a_t)$ 的更新经常增加 $Q(s_{t+1}, a)$，因此也增加目标 y_j，可能导致策略的振荡甚至发散。使用较早的参数集生成目标会在 Q 被更新的时间与该更新影响到目标的时间之间增加延迟，从而大大降低发散或振荡可能性。

将来自更新 $r + \gamma \max\limits_{a'} Q(s', a'; \theta_i^-) - Q(s, a; \theta_i)$ 的误差项限定到 $-1 \sim 1$ 有助于进一步改善算法的稳定性。因为当 x 取负值时，绝对值损失函数 $|x|$ 的导数为 -1；当 x 取正值时，绝对值损失函数 $|x|$ 的导数为 1。对于误差超出（$-1,1$）区间的，对应采用绝对值损失函数。

图 15.2 是与算法 15.1 对应的深度 Q 网络算法流程图。深度 Q 网络中有两个结构完全相同，但是参数却不同的网络。当前网络 Q 是主要网络，它输出将要采取的行动，其网络参数需要训练。目标网络 $\hat{Q}$ 的参数复制自当前网络，由来自经验池的 r_j 和目标网络的输出 $\max\limits_{a'} Q(\phi_{j+1}, a'; \theta_i^-)$ 共同构成目标行动值函数，由其与当前网络的输出 $Q(\phi_j, a_j; \theta)$ 的差异构造损失函数，通过该损失函数的反向传播更新当前网络的参数，完成一次学习过程，学习过程中当前网络的输入来自对经验池的随机采样。当前网络收敛后，智能体和环境之间进行一次交互。图中出现的 ϕ_j 和 ϕ_{j+1} 是状态（如一帧影像）的映射，例如，前面提到的将尺

寸 210 × 160 的输入帧映射为 84 × 84 的图像。

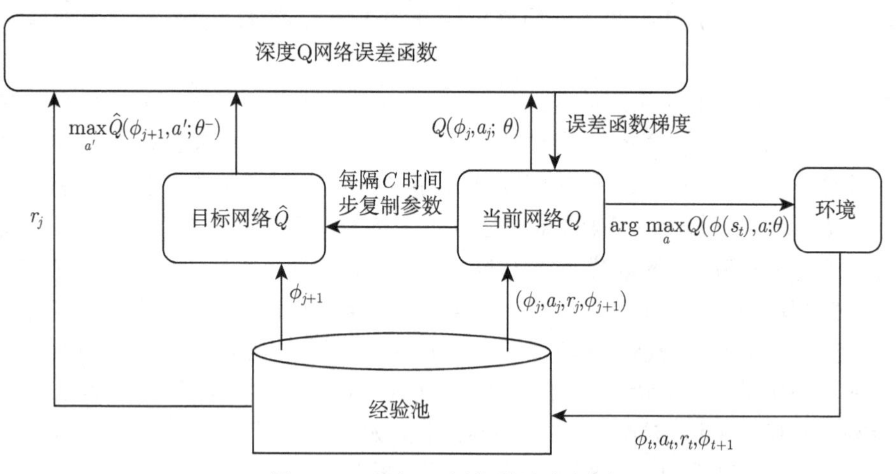

图 15.2 深度 Q 网络算法流程图

深度 Q 网络的训练和评价通过 49 个 Atari 2600 游戏完成。游戏的每一帧都是 128 色 210 像素 × 160 像素的图像，经过预处理后变成 84 × 84 的图像。算法 15.1 中，用映射 ϕ 表示预处理过程。经预处理得到的最新的 4 帧图像堆叠在一起作为 Q 网络的输入。原本的 49 个游戏得分变化范围差别很大，训练 Q 网络时所有的正面奖赏都设定为 1，负面奖赏都设定为 −1，分数不变则奖赏为 0。对于有生命计数的游戏，命数用于标记训练期间一个情节的结束。

深度网络参数的更新采用 RMSprop 算法，通过 ϵ-贪心改进行为策略，在前一百万帧，ϵ 的值从 1.0 线性退火到 0.1，之后保持在 0.1 不变。网络的训练共用了 5000 万帧图像，100 万最近帧用作经验回放。

尽管每个游戏都有各自的 Q 网络，但是具有相同的网络架构（表 15.1）、学习算法和相同的超参数（由表 15.2 给出）。

扩展阅读

（1）许多实际应用需要人工智能体在复杂环境中与其他智能体竞争和协调。作为通向这一目标的垫脚石，由于其在最困难的专业电子竞技和在原始复杂性和多智能体挑战方面与现实世界的关联中具有标志性和持久性地位，星际争霸已经成为人工智能研究的一个重要挑战。为解决星际争霸复杂性及其游戏理论方面的挑战，AlphaStar 融合了深度学习、迁移学习、强化学习和多智能体学习，在所有三个星际争霸赛中都被评为大师级，在官方排名超过 99.8%的人类玩家。AlphaStar 的强化学习算法建立在策略梯度算法的基础之上。更新在回放的经验上异步实行，根据先前策略生成的经验更新当前策略，这样的强化学习属于离策略学习。

关于 AlphaStar，请阅读（Vinyals et al.，2019）。

（2）建立在策略梯度算法基础之上的深度强化学习算法不同于本章建立在 Q-学习上的深度强化学习算法。关于策略梯度算法，请参考（Mnih et al.，2016）。

表 15.2　深度 Q 网络超参数

超参数	值	描述
小批量尺度	32	每次执行随机梯度下降时所采用的训练样例数量
回放记忆尺寸	1000000	执行随机梯度下降时，组成采样空间的最近帧的数量
智能体历史长度	4	智能体经历的最近帧的数量，即 Q 网络输入帧的数量
目标网络更新频率	10000	算法 15.1 中赋予参数 C 的值
折现因子	0.99	Q-学习中 γ 的取值
行动重复	4	智能体每个行动重复的次数，这样一来智能体只能看到第 4 帧输入
更新频率	4	在相继的随机梯度下降更新间智能体选择的行动数量
学习率	0.00025	RMSprop 算法采用的学习率
梯度动量	0.95	RMSprop 算法采用的梯度动量
平方梯度动量	0.95	RMSprop 算法采用的平方梯度动量
最小平方梯度	0.01	在 RMSprop 算法中加到平方梯度动量中的常量
初始探索	1	ϵ-贪心探索中 ϵ 的初值
最终探索	0.1	ϵ-贪心探索中 ϵ 的终值
最终探索帧数	1000000	从 ϵ 的初值退火到 ϵ 的终值经历的帧数
回放起始尺寸	50000	学习开始前，运行的均匀随机策略的数量，得到的经验用于填充回放空间
无操作最大值 (no-op max)	30	情节起始时由智能体执行的最大无作为行动的数量

参 考 文 献

Cristianini N, Shawe-Taylor J. 2004. 支持向量机导论. 李国正, 王猛, 曾华军, 译. 北京: 电子工业出版社.

Haykin S. 2011. 神经网络与机器学习. 申富饶, 徐烨, 郑俊, 等译. 北京: 机械工业出版社.

Goodfellow L, Courville A. 2017. 深度学习. 赵申剑, 黎彧君, 符天凡, 等, 译. 北京: 人民邮电出版社.

Arjovsky M, Bottou L. 2017. Towards principled methods for training generative adversarial networks. arXiv preprint arXiv: 1701.04862.

Arjovsky M, Chintala S, Bottou L. 2017. Wasserstein gan. arXiv preprint arXiv: 1701.07875.

Browne C B, Powley E, Whitehouse D, et al. 2012. A survey of monte carlo tree search methods. IEEE Transactions on Computational Intelligence and AI in games, 4(1): 1-43.

Chang C C, Lin C J. 2011. LIBSVM: A library for support vector machines. ACM Transactions on Intelligent Systems and Technology, 2(3): 1-39.

Chung J, Gulcehre C, Cho K H, et al. 2014. Empirical evaluation of gated recurrent neural networks on sequence modeling. arXiv preprint arXiv: 1412.3555.

Denisko D, Hoffman M M. 2018. Classification and interaction in random forests. Proceedings of the National Academy of Sciences of the United States of America, 115(8): 1690-1692.

Goodfellow I, Pouget-Abadie J, Mirza M, et al. 2014.Generative adversarial nets. Advances in Neural Information Processing Systems: 2672-2680.

Gulrajani I, Ahmed F, Arjovsky M, et al. 2017. Improved training of wasserstein gans. Advances in Neural Information Processing Systems: 5767-5777.

He K, Zhang X, Ren S, et al. 2016. Deep residual learning for image recognition.Proceedings of the IEEE Conference on Computer Vision and Pattern Recognition: 770-778.

Hochreiter S, Schmidhuber J.1997. Long short-term memory. Neural Computation, 9(8): 1735-1780.

Krizhevsky A, Sutskever I, Hinton G E. 2017. Imagenet classification with deep convolutional neural networks. Communications of the ACM, 60(6): 84-90.

Long J, Shelhamer E, Darrell T. 2015.Fully convolutional networks for semantic segmentation. IEEE Conference on Computer Vision and Pattern Recognition: 3431-3440.

Mnih V, Badia A P, Mirza M, et al. 2016. Asynchronous methods for deep reinforcement learning. International Conference on Machine Learning: 1928-1937.

Mnih V, Kavukcuoglu K, Silver D, et al. 2015. Human-level control through deep reinforcement learning. Nature, 518(7540): 529-533.

Rumelhart D E, Hinton G E, Williams R J.1986. Learning representations by back-propagating errors. Nature, 323(6088): 533-536.

Shi T, Horvath S. 2006. Unsupervised learning with random forest predictors. Journal of Computational and Graphical Statistics, 15(1): 118-138.

Silver D, Huang A, Maddison C J, et al. 2016. Mastering the game of go with deep neural networks and tree search. Nature, 529(7587): 484.

Simonyan K, Zisserman A. 2014. Very deep convolutional networks for large-scale image recognition. arXiv preprint arXiv: 1409.1556.

Sutton R S, Barto A G. 2018. Reinforcement Learning: An Introduction. 2nd ed. Cambridge: MIT Press.

Szegedy C, Ioffe S, Vanhoucke V, et al. 2016. Inception-v4, inception-resnet and the impact of residual connections on learning.arXiv: 1602.06271v1.

Vinyals O, Babuschkin I, Czarnecki W M, et al. 2019. Grandmaster level in StarCraft II using multi-agent reinforcement learning. Nature, 575(7782): 350-354.

Wang Y, Sun Z, Liu C, et al. 2016. MRI image segmentation by fully convolutional networks. 2016 IEEE International Conference on Mechatronics and Automation: 1697-1702.

Zhang J, Peng W, Wang L. 2018. LeNup: Learning nucleosome positioning from DNA sequences with improved convolutional neural networks. Bioinformatics, 34(10): 1705-1712.

附录 A：AlexNet 代码

下面是 AlexNrt 的 PyTorch 源代码。该代码和后续的代码都略显冗余，因为省掉了方法的调用，但是这样一来，代码读起来更加直观明了。每条源代码前都加了序号，这些序号并不是代码的一部分，使用这些代码时要将序号删除。为便于后面的引用，源代码存盘时文件名为 myNet.py。

```
1   from __future__ import division
2   import torch
3   import torch.nn as nn
4   import torch.nn.functional as F
5
6   class BasicBlock(nn.Module):
7        def __init__(self, dataInputChannel, dataOutputChannel, kernalSize,
         stride,paddingSize=0):
8          super(BasicBlock, self).__init__()
9          self.conv = nn.Sequential(
10           nn.Conv2d(dataInputChannel, dataOutputChannel, kernalSize, stride,
             paddingSize),
11           nn.BatchNorm2d(dataOutputChannel),
12           nn.ReLU(inplace=True)
13         )
14      def forward(self, x):
15        out = self.conv(x)
16        return out
17
18  class AlexNet(nn.Module):
19      def __init__(self, num_classes=1000):
20        super(AlexNet, self).__init__()
21        self.layer1 = BasicBlock(3, 96, 11, 4, 0)
22        self.layer2 = BasicBlock(96, 256, 5, 1, 2)
23        self.maxPool1 = nn.MaxPool2d(3, 2)
24        self.layer3 = BasicBlock(256, 384, 3, 1, 1)
25        self.maxPool2 = nn.MaxPool2d(3, 2)
26        self.layer4 = BasicBlock(384, 384, 3, 1, 1)
27        self.layer5 = BasicBlock(384, 256, 3, 1, 1)
```

```
28          self.maxPool3 = nn.MaxPool2d(3, 2)
29          self.classifier = nn.Sequential(
30            nn.Linear(9216, 4096),
31            nn.ReLU(inplace=True),
32            nn.Linear(4096, 4096),
33            nn.ReLU(inplace=True),
34            nn.Linear(4096, num__classes),
35          )
36        def forward(self, x):
37          x = self.layer1(x)
38          x = self.layer2(x)
39          x = self.maxPool1(x)
40          x = self.layer3(x)
41          x = self.maxPool2(x)
42          x = self.layer4(x)
43          x = self.layer5(x)
44          x = self.maxPool3(x)
45          x = x.view(x.size(0), -1)
46          x = self.classifier(x)
47          return x
48
49          if ____name____ == '____main____':
50          net = AlexNet()
51          print(net)
```

代码中第 10 句 `nn.Conv2d(dataInputChannel, dataOutputChannel, kernalSize, stride, paddingSize)` 是二维卷积操作。参数 dataInputChannel、dataOutputChannel、kernalSize、stride、paddingSize 分别是输入的通道数、输出的通道数、卷积核（滤波器）的尺寸、卷积步长和加衬的尺寸。紧接着卷积批处理正则化（11 句）和校正线性单元（12 句）。全连接层体现在 30 句、32 句和 34 句。45 句，`x.view(x.size(0), -1)`将多维度的张量 x 列向量化，该列向量的行数为张量 x 全部元素的个数。

附录 B：Inception 网络代码

在这里，Inception v4 网络借助 PyTorch 实现。为便于后面的引用，源代码存盘时文件名为 myNet.py，当然也可以以其他文件名存盘。参照图 10.3，每一个模块在源代码中都有对应的类，所以有 Stem、InceptionBlockA、InceptionBlockB、InceptionBlockC、ReductionBlockA、ReductionBlockB 等类，然后由这些模块组成整个前向网络。每条源代码前都加了序号，这些序号并不是源代码的一部分，使用这些代码时要将序号删除。

```
1     import torch
2     import torch.nn as nn
3
4     class BasicConv2d(nn.Module):
5         def ____init____(self, dataInputChannel, dataOutputChannel, kernalSize,
          stride, paddingSize):
6             super(BasicConv2d, self).____init____()
7             self.conv = nn.Sequential(
8                 nn.Conv2d(dataInputChannel, dataOutputChannel, kernalSize, stride,
                  paddingSize),
9                 nn.BatchNorm2d(dataOutputChannel), # 批处理正则化
10                    nn.ReLU(inplace=True)
11            )
12        def forward(self, x):
13            return self.conv(x)
14
15    class Stem(nn.Module):
16        def ____init____(self, dataInputChannel=3):
17            super(Stem, self).____init____()
18            self.convblock1 = nn.Sequential(
19                BasicConv2d(dataInputChannel, 32, 3, 2, 0), # 输出 149*149*32
20                BasicConv2d(32, 32, 3, 1, 0), # 输出 147*147*32
21                BasicConv2d(32, 64, 3, 1, 1) # 输出 147*147*64
22            )
23            self.maxpool1 = nn.MaxPool2d(3,2,0) # 输出 73*73*64
24            self.conv1 = BasicConv2d(64, 96, 3, 2, 0) # 输出 73*73*96
25            self.conblock2 = nn.Sequential(
26                BasicConv2d(160, 64, 1, 1, 0),
```

```
27              BasicConv2d(64, 96, 3, 1, 0)
28          )
29          self.conblock3 = nn.Sequential(
30              BasicConv2d(160, 64, 1, 1, 0),
31              BasicConv2d(64, 64, (7,1), 1, (3,1)),
32              BasicConv2d(64, 64, (1,7), 1, (1,3)),
33              BasicConv2d(64, 96, 3, 1, 0)
34          )
35          self.conv2 = BasicConv2d(192, 192, 3, 2, 0) # 输出 35*35*192
36          self.maxpool2 = nn.MaxPool2d(3,2,0) # 输出 35*35*192
37      def forward(self, x):
38          x = self.convblock1(x) # 输出 147*147*64
39          x = torch.cat((self.maxpool1(x), self.conv1(x)), 1) # 输出 73*73*160
40          x = torch.cat((self.conblock2(x), self.conblock3(x)), 1) # 输出 71*71*192
41          x = torch.cat((self.conv2(x), self.maxpool2(x)), 1) # 输出 35*35*384
42          return x
43
44  class InceptionBlockA(nn.Module): # 输出 35*35*384
45      def __init__(self, dataInputChannel=384):
46          super(InceptionBlockA, self).__init__()
47          self.branch0 = nn.Sequential(
48              nn.AvgPool2d(3,1,1),
49              BasicConv2d(dataInputChannel, 96, 1, 1, 0)
50
51          self.branch1 = BasicConv2d(dataInputChannel, 96, 1, 1, 0)
52          self.branch2 = nn.Sequential(
53              BasicConv2d(dataInputChannel, 64, 1, 1, 0),
54              BasicConv2d(64,96,3,1,1)
55          )
56          self.branch3 = nn.Sequential(
57              BasicConv2d(dataInputChannel, 64, 1, 1, 0)
58              BasicConv2d(64, 96, 3, 1, 1),
59              BasicConv2d(96, 96, 3, 1, 1)
60          )
61      def forward(self, x):
62          x0 = self.branch0(x)
63          x1 = self.branch1(x)
64          x2 = self.branch2(x)
```

```
65            x3 = self.branch3(x)
66            out = torch.cat((x0, x1, x2, x3), 1) # 因为有 Batch, 所以是在第 1 维方
              向串接
67            return out
68
69    class InceptionBlockB(nn.Module): # 输出 17*17*1024
70        def ____init____(self, dataInputChannel=1024):
71            super(InceptionBlockB, self).____init____()
72            self.branch0 = nn.Sequential(
73                nn.AvgPool2d(3,1,1),
74                BasicConv2d(dataInputChannel, 128, 1, 1, 0))
75
76            self.branch1 = BasicConv2d(dataInputChannel, 384, 1, 1, 0)
77            self.branch2 = nn.Sequential(
78                BasicConv2d(dataInputChannel, 192, 1, 1, 0),
79                BasicConv2d(192, 224, (1,7), 1, (0,3)),
80                BasicConv2d(224, 256, (7,1), 1, (3,0))
81            )
82
83            self.branch3 = nn.Sequential(
84                BasicConv2d(dataInputChannel, 192, 1, 1, 0)
85                BasicConv2d(192, 192, (1,7), 1, (0,3)),
86                BasicConv2d(192, 224, (7,1), 1, (3,0)),
87                BasicConv2d(224, 224, (1,7), 1, (0,3)),
88                BasicConv2d(224, 256, (7,1), 1, (3,0))
89            )
90        def forward(self, x):
91            x0 = self.branch0(x)
92            x1 = self.branch1(x)
93            x2 = self.branch2(x)
94            x3 = self.branch3(x)
95            out = torch.cat((x0, x1, x2, x3), 1)
96            return out
97
98    class InceptionBlockC(nn.Module): # 输出 8*8*1536
99        def ____init____(self, dataInputChannel=1536):
100           super(InceptionBlockB, self).____init____()
101           self.branch0 = nn.Sequential(
```

```
102            nn.AvgPool2d(3,1,1),
103            BasicConv2d(dataInputChannel, 256 1, 1, 0)
104
105          self.branch1 = BasicConv2d(dataInputChannel, 256, 1, 1, 0)
106          self.cov1 = BasicConv2d(384, 256, (1,3), 1, (0,1))
107          self.cov2 = BasicConv2d(384, 256, (3,1), 1, (1,0))
108          self.cov3 = BasicConv2d(512, 256, (1,3), 1, (0,1))
109          self.cov4 = BasicConv2d(512, 256, (3,1), 1, (1,0))
110          self.branch2 = nn.Sequential(
111            BasicConv2d(dataInputChannel, 384, 1, 1, 0),
112            torch.cat((self.cov1, self.cov2), 1)
113          )
114          self.branch3 = nn.Sequential(
115            BasicConv2d(dataInputChannel, 384, 1, 1, 0),
116            BasicConv2d(384, 448, (1,3), 1, (0,1)),
117            BasicConv2d(448, 512, (3,1), 1, (1,0)),
118            torch.cat((self.cov3, self.cov4), 1)
119        )
120      def forward(self, x):
121          x0 = self.branch0(x)
122          x1 = self.branch1(x)
123          x2 = self.branch2(x)
124          x3 = self.branch2(x)
125          out = torch.cat((x0, x1, x2, x3), 1)
126          return out
127
128  class ReductionA(nn.Module):
129      def ____init____(self, dataInputChannel = 384):
130          super(ReductionA, self).____init____()
131          self.branch0 = nn.MaxPool2d(3, 2 ,0)
132          self.branch1 = BasicConv2d(dataInputChannel, 384, 3, 2, 0)
133          self.branch2 = nn.Sequential(
134            BasicConv2d(dataInputChannel, 192, 1, 1, 0),
135            BasicConv2d(192, 224, 3, 2, 0),
136            BasicConv2d(224, 256, 3, 2, 0)
137          )
138      def forward(self, x):
139          y1 = self.branch0(x)
```

```
140         y2 = self.branch1(x)
141         y3 = self.branch2(x)
142         return torch.cat((y1, y2, y3), 1)
143 
144 class ReductionB(nn.Module):
145     def __init__(self, dataInputChannel = 1024):
146         super(ReductionB, self).__init__()
147         self.branch0 = nn.MaxPool2d(3, 2 ,0)
148         self.branch1 = nn.Sequential(
149             BasicConv2d(dataInputChannel, 192, 1, 1, 0),
150             BasicConv2d(192, 192, 3, 2, 0),
151         )
152         self.branch2 = nn.Sequential(
153             BasicConv2d(dataInputChannel, 256, 1, 1, 0),
154             BasicConv2d(256, 256, (1,7), 1, (0,3)),
155             BasicConv2d(256, 320, (7,1), 1, (3,0)),
156             BasicConv2d(320, 320, 3, 2, 0)
157         )
158     def forward(self, x):
159         y1 = self.branch0(x)
160         y2 = self.branch1(x)
161         y3 = self.branch2(x)
162         return torch.cat((y1, y2, y3), 1)
163 class InceptionV4(nn.Module):
164     def __init__(self, num_classes=1000):
165         super(InceptionV4, self).__init__()
166         self.Stem = stem()
167         self.InceptionA = nn.Sequential(
168             InceptionBlockA(),
169             InceptionBlockA(),
170             InceptionBlockA(),
171             InceptionBlockA()
172         )
173         self.ReductionA = ReductionA()
174         self.InceptionB = nn.Sequential(
175             InceptionBlockB(),
176             InceptionBlockB(),
177             InceptionBlockB(),
```

```
178            InceptionBlockB(),
179            InceptionBlockB(),
180            InceptionBlockB(),
181            InceptionBlockB()
182        )
183        self.ReductionB = ReductionB()
184        self.InceptionC = nn.Sequential(
185            InceptionBlockC(),
186            InceptionBlockC(),
187            InceptionBlockC()
188        )
189        self.avgpool = nn.AvgPool2d(8)
190        self.drop = nn.Dropout(0.2)
191        self.classifier = nn.Linear(1536, num__classes)
192    def forward(self, x):
193        x = self.Stem(x)
194        x = self.InceptionA(x)
195        x = self.ReductionA(x)
196        x = self.InceptionB(x)
197        x = self.ReductionB(x)
198        x = self.InceptionC(x)
199        x = self.avgpool(x)
200        x = self.drop(x)
201        x = x.view(x.size(0), -1)
202        x = self.classifier(x)
203        return x
204    if ____name____ == "____main____":
205    net = InceptionV4()
206    print(net)
```

附录 C：ResNet 代码

在这里，我们借助 PyTorch 实现 ResNet50、ResNet101、ResNet152，参照该代码，可以很容易写出其他残差网络的 PyTorch 脚本源码。仔细考查网络的结构（表 10.2），会发现每一个瓶颈结构的残差层中，第一个 1×1 卷积输出的通道数和第二个 1×1 卷积输出的通道数不一致，对应第一个 1×1 卷积输出的通道数分别为 64、128、256、512，第二个 1×1 卷积输出的通道数分别为 256、512、1024、2048，正好为 4 倍关系。后面的代码中，expansion=4 体现的就是这两个 1×1 卷积输出通道数之间的比值。我们还会发现某些瓶颈结构残差层的输出通道数和输入通道数不一致，这意味着需要采用 1×1 的卷积取代捷径上的恒等映射（参考图 10.11(b)），使其输出的通道数和残差层输出的通道数一致，还要保证两个通道的特征图的尺寸一致，只有这样才能进行两个通道的特征图按位求和。

为便于后面的引用，源代码存盘时文件名为 myNet.py，当然也可以以其他文件名存盘。每条源代码前都加了序号，这些序号并不是源代码的一部分，使用这些代码时要将序号删除。

```
1    import torch
2    import torch.nn as nn
3
4    def Conv1(inChannels, outChannels, stride=2):
5    return nn.Sequential(
6      nn.Conv2d(inChannels, outChannels, kernel__size=7, stride=stride,
       padding=3, bias=False),
7      nn.BatchNorm2d(outChannels),
8      nn.ReLU(inplace=True),
9      nn.MaxPool2d(kernel__size=3, stride=2, padding=1)
10   )
11
12    class Bottleneck(nn.Module):
13        def ____init____(self, inChannels, outChannels, stride=1,
          upsampling=False, expansion = 4):
14          super(Bottleneck, self).____init____()
15          self.expansion = expansion
16          self.upsampling = upsampling
17
18          self.bottleneck = nn.Sequential(
19            nn.Conv2d(inChannels, outChannels, kernel__size=1, stride=1,
```

```
                bias=False),
20              nn.BatchNorm2d(outChannels),
21              nn.ReLU(inplace=True),
22              nn.Conv2d(outChannels, outChannels, kernel_size=3, stride=stride,
                padding=1, bias=False),
23              nn.BatchNorm2d(outChannels),
24              nn.ReLU(inplace=True),
25              nn.Conv2d(outChannels, outChannels*self.expansion, kernel_size=1,
                stride=1, bias=False),
26              nn.BatchNorm2d(outChannels*self.expansion)
27            )
28
29            if self.upsampling:
30              self.upsample = nn.Sequential(
31                nn.Conv2d(inChannels, outChannels*self.expansion, kernel_size=1,
                stride=stride, bias=False),
32                nn.BatchNorm2d(outChannels*self.expansion)
33              )
34            self.relu = nn.ReLU(inplace=True)
35          def forward(self, x):
36            residual = x
37            out = self.bottleneck(x)
38            if self.upsampling:
39              residual = self.upsample(x)
40            out += residual
41            out = self.relu(out)
42            return out
43
44      class ResNet(nn.Module):
45          def __init__(self, blocks, num_classes=1000, expansion = 4):
46            super(ResNet,self).__init__()
47            self.expansion = expansion
48            self.conv1 = Conv1(3, 64)
49            self.layer1 = self.make_layer(64, 64, blocks[0], stride=1)
50            self.layer2 = self.make_layer(256, 128, blocks[1], stride=2)
51            self.layer3 = self.make_layer(512, 256, blocks[2], stride=2)
52            self.layer4 = self.make_layer(1024, 512, blocks[3], stride=2)
53            self.avgpool = nn.AvgPool2d(7, stride=1)
```

```
54          self.fc = nn.Linear(2048,num__classes)
55
56        def make__layer(self, inChannels, outChannels, block, stride):
57          layers = []
58          layers.append(Bottleneck(inChannels, outChannels, stride,
            upsampling=True))
59          for i in range(1, block):
60            layers.append(Bottleneck(outChannels*self.expansion, outChannels))
61          return nn.Sequential(*layers)
62
63        def forward(self, x):
64          x = self.conv1(x)
65          x = self.layer1(x)
66          x = self.layer2(x)
67          x = self.layer3(x)
68          x = self.layer4(x)
69          x = self.avgpool(x)
70          x = x.view(x.size(0), -1)
71          x = self.fc(x)
72          return x
73
74        def ResNet50():
75        return ResNet([3, 4, 6, 3])
76
77        def ResNet101():
78        return ResNet([3, 4, 23, 3])
79
80        def ResNet152():
81        return ResNet([3, 8, 36, 3])
```

在以上代码中，查看 class ResNet。首先，通过调用方法 Conv1 实现最初的卷积核最大值池化，输出的每张特征图的尺寸为 56×56，总共 64 张，组成一个 $56 \times 56 \times 64$ 的三阶张量，输出给后面的残差模块。卷积核的尺寸为 7×7，步长取 2，图像边界加衬 3 个像素点；池化时，尺寸为 3×3，步长为 2，特征图边界加衬 1。然后通过调用方法 make_layer，建立 layer1、layer2、layer3、layer4，各自含有的相同结构残差块的个数由列表 [blocks[0], blocks[1], blocks[2], blocks[3]] 给出，对应于 ResNet50，ResNet101 和 ResNet152，该列表的值分别是 [3, 4, 6, 3]、[3, 4, 23, 3] 和 [3, 8, 36, 3]。以 ResNet152 的 layer3 为例，blocks[2]=36 指的是它的 layer3 含有 36 个相同结构的残差块。

回到 ResNet50。layer1 包含三个参数相同的瓶颈结构，blocks[0]=3。第一个瓶颈结构的残差卷积输入通道数是 64，输出通道数是 256。通过调用方法 make_layer 实现。首先建立一个名为 layers 的空列表，然后在列表中添加第一个残差块，它的输入通道数是 64、输出通道数是 256。这里特别要注意的是当瓶颈结构输入、输出通道数不一致时，捷径上要添加 1×1 的卷积层（参考图 10.11(b)），使来自残差层和来自捷径的三阶张量具有相同的大小。源代码定义了一个名为 upsampling 的逻辑变量控制捷径上是否要做 1×1 的卷积操作。在第一个瓶颈结构后紧接着第 2、第 3 个瓶颈结构。由于这两个残差块的输入、输出通道数都是 256，所以其捷径上不需要卷积操作，直接恒等连接就行。

附录 D：深度卷积神经网络的训练代码

大家学习了 AlexNet、VGG 网络、GoogleNet、ResNet 的结构，也学习了除 VGG 网络外，其他三个网络的 PyTorch 脚本源代码。下面给出深度卷积神经网络参数的训练的 PyTorch 代码。

```
1  # *-- 深度卷积神经网络参数的训练 --*
2  from __future__ import print_function
3  from __future__ import division
4  import numpy as np
5  import time
6  from sklearn.model_selection import train_test_split
7  from sklearn.metrics import accuracy_score, matthews_corrcoef,
   confusion_matrix, roc_auc_score
8  from tqdm import tqdm
9  from tensorboardX import SummaryWriter
10 from torch.autograd import Variable
11 import torch
12 import torch.backends.cudnn as cudnn
13 import torch.utils.data
14 import torch.nn as nn
15 import torch.optim as optim
16 import myNet
17
18 def InitNetParams(net):
19     for m in net.modules():
20         if isinstance(m, nn.Conv2d):
21             nn.init.xavier_uniform_(m.weight)
22         elif isinstance(m, nn.BatchNorm2d):
23             nn.init.constant_(m.weight, 1)
24             nn.init.constant_(m.bias, 0)
25         elif isinstance(m, nn.Linear):
26             nn.init.normal_(m.weight, std=1e-3)
27
28 def performance(labelArr, predictArr):
29     TP, TN, FP, FN, SN, SP = 0., 0., 0., 0., 0., 0.
```

```
30    for i in range(len(labelArr)):
31      if labelArr[i] == 1 and predictArr[i] == 1:
32         TP += 1
33      if labelArr[i] == 1 and predictArr[i] == 0:
34         FN += 1
35      if labelArr[i] == 0 and predictArr[i] == 1:
36         FP += 1
37      if labelArr[i] == 0 and predictArr[i] == 0:
38         TN += 1
39    if TP + FN == 0:
40      SN = 0
41    elif FP + TN == 0:
42      SP = 0
43    else:
44      SN = TP/(TP + FN)
45      SP = TN/(FP + TN)
46    return SN, SP
47
48    def Train(epoch, data__loader):
49    global batch__idx
50    net.train()
51    mylr = 0.02 * (0.97 ** epoch)
52    optimizer = optim.SGD(net.parameters(), lr=mylr, momentum=0.98,
      weight__decay=5e-4)
53    for batch__idx, (train__seqs, train__targets) in
      tqdm(enumerate(data__loader)):
54      if use__cuda:
55         train__seqs, train__targets = train__seqs.cuda(),
           train__targets.cuda()
56      train__seqs, train__targets = Variable(train__seqs),
        Variable(train__targets)
57      optimizer.zero__grad()
58      train__outputs = net(train__seqs)
59      loss = criterion(train__outputs, train__targets)
60      loss.backward()
61      optimizer.step()
62
63    def Valid(data__loader):
```

```
64    global batch__idx
65    net.eval()
66    y__pred, y__true, y__loss = [], [], []
67    for batch__idx, (valid__seqs, valid__targets) in
      tqdm(enumerate(data__loader)):
68      if use__cuda:
69        valid__seqs, valid__targets = valid__seqs.cuda(),
          valid__targets.cuda()
70      valid__seqs, valid__targets = Variable(valid__seqs, volatile=True),
        Variable(valid__targets)
71      valid__outputs = net(valid__seqs)
72      loss = criterion(valid__outputs, valid__targets)
73      __, predicted = torch.max(valid__outputs.data, 1)
74      y__pred.extend(predicted.tolist())
75      y__true.extend(valid__targets.data.tolist())
76      y__loss.append(loss.data.cpu().numpy())
77    return y__true, y__pred, np.array(y__loss)
78
79    if ____name____ == '____main____':
80    x = np.load('positiveData.npy')
81    y = np.load('positiveData__label.npy')
82    x__non = np.load('NegativeData.npy')
83    y__non = np.load('NegativeData__label.npy')
84    x = np.swapaxes(x, 1, 2)[:, :, :, np.newaxis]
85    x__non = np.swapaxes(x__non, 1, 2)[:, :, :, np.newaxis]
86    x = np.concatenate((x, x__non))
87    y = np.concatenate((y, y__non))
88    x__train, x__valid, y__train, y__valid = train__test__split(x, y,
      test__size=0.2, random__state=2100)
89    print('train__dataset:', x__train.shape, y__train.shape)
90    print('valid__dataset:', x__valid.shape, y__valid.shape)
91    batch__size = 16
92    max__epochs = 500
93    train__data = torch.utils.data.TensorDataset(torch.from__numpy(x__train).
      float(), torch.from__numpy(y__train).long())
94    train__loader = torch.utils.data.DataLoader(train__data, batch__size=
      batch__size, shuffle=True, num__workers=2, drop__last=True)
95    valid__data = torch.utils.data.TensorDataset(torch.from__numpy(x__valid).
```

```
    float(), torch.from__numpy(y__valid).long())
96  valid__loader = torch.utils.data.DataLoader(valid__data, batch__size=
    batch__size, shuffle=True, num__workers=2, drop__last=True)
97  print('loader__len:', len(train__loader), len(valid__loader))
98  net = Inception__V4.InceptionV4()
99  exist__weight = 'model.pkl'
100 if exist__weight:
      net.load__state__dict(torch.load(exist__weight))
102 else:
      InitNetParams(net)
104 use__cuda = torch.cuda.is__available()
105 if use__cuda:
106   net.cuda()
107   net = torch.nn.DataParallel(net)
108   cudnn.benchmark = True
109 criterion = nn.CrossEntropyLoss()
110 writer = SummaryWriter()
111 epoch = 1
112 T0 = time.time()
113 with open('result.txt', 'w') as OUTPUT:
114   OUTPUT.write('epoch, train__loss, valid__loss, valid__sn, valid__sp,
      valid__acc, valid__mcc, valid__auc' + '\n')
115 best__val__acc = 0
116 while epoch <= max__epochs:
117   print('\n Epoch:  % d' % epoch)
118   Train(epoch, train__loader)
119   train__true, train__pred, train__loss = Valid(train__loader)
120   valid__true, valid__pred, valid__loss = Valid(valid__loader)
121   valid__acc = accuracy__score(valid__true, valid__pred)
122   valid__mcc = matthews__corrcoef(valid__true, valid__pred)
123   valid__auc = roc__auc__score(valid__true, valid__pred)
124   valid__sn, valid__sp = performance(valid__true, valid__pred)
125   valid__confusion = confusion__matrix(valid__true, valid__pred)
126   print('train__loss:0 valid__loss:1 valid__sn:2 valid__sp:3
      valid__acc:4 valid__mcc:5 valid__auc:6'.format(np.mean(train__loss),
      np.mean(valid__loss), valid__sn, valid__sp, valid__acc, valid__mcc,
      valid__auc))
127   with open('result.txt', 'a') as OUTPUT:
```

```
128         OUTPUT.write(str(epoch) + ',' + str(np.mean(train__loss)) + ',' +
            str(np.mean(valid__loss)) + ',' + str(valid__sn) + ','
            +str(valid__sp) + ',' +str(valid__acc) + ',' + str(valid__mcc) +
            ',' + str(valid__auc) + '\n')
129      writer.add__scalars('scalar/loss', 'train__loss':
         np.mean(train__loss), epoch)
130      writer.add__scalars('scalar/loss', 'valid__loss':
         np.mean(valid__loss), epoch)
131      writer.add__scalars('scalar/acc', 'valid__acc':  valid__acc, epoch)
132      writer.add__scalars('scalar/mcc', 'valid__mcc':  valid__mcc, epoch)
133      writer.add__scalars('scalar/auc', 'valid__auc':  valid__auc, epoch)
134      if valid__acc > best__val__acc:
135         modelname = 'Inception__V4__' + str(epoch) + '__' + str(valid__acc)
            + '.pkl'
136         print('valid__acc improved from 0 to 1, saving model to 2'.format(
            best__val__acc, valid__acc, modelname))
137         torch.save(net, modelname)
138      elif epoch == max__epochs:
139         modelname = 'Inception__V4__' + str(epoch) + '__' + str(valid__acc)
            + '.pkl'
140         torch.save(net, modelname)
141      else:
142         print('valid__acc did not improve')
143      epoch += 1
144
145   writer.close()
146   T1 = time.time()
147   T = T1 - T0
148   minutes, sec = divmod(T, 60)
149   hour, minutes = divmod(minutes, 60)
150   print('Finish!  Cost %d hours and %02d minutes' % (hour, minutes))
```

以上代码中，第 1 句到第 16 句采用 import 语句把指定模块导入当前程序中。第 6 句中，train_test_split 的功能是随机划分训练集和测试集；第 7 句导入几种常见的分类评价指标模块；第 8 句中，tqdm 是一个快速、可扩展的 Python 进度条；第 9 句，导入网络可视化功能；第 10 句中，autograd.Variable 是包的核心类，它包装了张量，并且支持大部分操作。通过调用其 backward() 方法，梯度计算会自动进行；第 15 句中，torch.optim 是一个实现了多种优化算法的包，支持大多数通用优化方法，提供了丰富的接口调用；第 16 句是输入网络结构，如第 10 章中给出的 AlexNet、InceptionNet、ResNet 等。

第 18～26 句定义了函数 InitNetParams(net)，该函数对网络 net（myNet 的对象）的参数进行初始化，包括卷积权重参数的初始化、批处理正则化参数的初始化、全连接层权重参数的初始化。第 28～46 句定义了函数 performance（labelArr, predictArr），调用该函数以计算特异度 SP 和灵敏度 SN，labelArr 是数据标记的类别，predicArr 是预测的类别。

第 48～61 句定义了函数 Train(epoch,data_loader)，通过调用该函数对网络进行训练，其中 epoch 是回合数。要注意 epoch（回合）和 iteration（迭代）的区别。采用随机梯度下降法训练网络，每次训练在训练集中取小批量 (mini-batch) 个训练样本，1 个 iteration 使用 mini-batch 个样本对网络训练一次，包括从输入层，经过中间各个隐层，最后到达输出层，计算各层特征图的前向过程，也包括输出层开始，将损失传递到各个隐层，对网络参数进行更新的反向过程。而 1 个回合（epoch）使用训练集中的全部样本对网络训练一次。假设训练集有 12800 个样本，mini-batch 取 128，那么完成 1 个 epoch 需要 100 次 iteration。该函数中第 51 句 mylr 是学习率，52 句是调用随机梯度下降函数，其输入参数包括网络、学习率、动量等。第 57 句初始化梯度值，第 58 句计算网络输出，第 59 句计算损失，第 60 句求解梯度，第 61 句更新参数。enumerate() 函数用于将一个可遍历的数据对象 (如列表、元组或字符串) 组合为一个索引序列，同时列出数据和数据下标。